从零开始学Excel图表

职场加强版

张发凌◎著

人 民 邮 电 出 版 社
北 京

图书在版编目（CIP）数据

从零开始学Excel图表 ：职场加强版 / 张发凌著
. -- 北京 ：人民邮电出版社，2015.11
ISBN 978-7-115-40559-3

Ⅰ. ①从… Ⅱ. ①张… Ⅲ. ①表处理软件 Ⅳ.
①TP391.13

中国版本图书馆CIP数据核字(2015)第225107号

内 容 提 要

Excel 是每一位职场人士必备的办公工具之一，图表则是 Excel 的关键功能，在数据分析、数据展示方面发挥着不可替代的作用。掌握 Excel 图表设计与制作能让你轻松、高效地完成各种办公事项，成为令大家羡慕的办公高手。

《从零开始学 Excel 图表（职场加强版）》一书系统、全面地介绍了 Excel 图表设计与制作的基本原则与操作方法，并配以丰富、典型的应用实例进行说明。全书共分为八章，分别介绍了图表设计基本原则、选择正确图表类型的方法、图表常用编辑操作、专业图表细节处理、图表高级处理、动态图表制作、图表输出及共享等内容，并分享了众多实用的关于图表制作的学习资源。

本书适用于各个层次的 Excel 用户，既可以作为初学者的入门指南，也可以作为中、高级用户的参考手册，书中大量的操作实例可供读者在实际工作中借鉴。

◆ 著 张发凌
责任编辑 庞卫军
执行编辑 徐晓菲
责任印制 焦志炜

◆ 人民邮电出版社出版发行 北京市丰台区成寿寺路 11 号
邮编 100164 电子邮件 315@ptpress.com.cn
网址 http://www.ptpress.com.cn
北京缤索印刷有限公司印刷

◆ 开本：800×1000 1/16
印张：15.5 2015 年 11 月第 1 版
字数：100 千字 2015 年 11 月北京第 1 次印刷

定价：49.00 元

读者服务热线：(010)81055656 印装质量热线：(010)81055316
反盗版热线：(010)81055315
广告经营许可证：京崇工商广字第 0021 号

Excel 是微软公司 Windows 平台上最成功的应用软件之一，说它是办公必备软件可能已经不足以形容它的“能力”。事实上，在很多公司，Excel 已经完全成为了一种生产工具，在各个部门的核心工作中发挥着重要的作用。无论用户从事哪种行业、所在公司有没有部署信息系统，只要需要和数据打交道，几乎都会用到 Excel。正因为如此，熟练运用 Excel 已经成为衡量一位员工办公能力的标尺之一。

学习任何知识都要讲究方法，学习 Excel 也不例外。正确的学习方法能使人以最快的速度进步；错误的方法则会使人止步不前，甚至失去学习的兴趣。因此，我们策划了《从零开始学 Excel 图表（职场加强版）》这本书，我们的创作初衷是：在时间有限的情况下，我们应该抓住学习重点，掌握快速学习的路径，以高效分析和展示办公过程中的庞大数据为学习目标。

通过多年的观察，我们发现，在当代这种快节奏的办公环境下，有以下两类读者会挤出时间来读书与学习。

第一类读者是为了增加知识储备、为兴趣而读书。他们基本不会感到读书是一种压力与负担，而是抱怨每天可用于读书的时间太少。这类读者进入阅读状态很快，理解书中内容也很快，闲暇时间都能抽出时间来读书。

第二类读者是为了现实的需求而读书，这也是很多人目前的状态。大部分专业领域都会有一些无形或有形的门槛，你必须为迈过这些门槛而学习。或许有点无奈，但是为了工作，读书和学习是必须要做的事情。

我们希望《从零开始学 Excel 图表（职场加强版）》这本书能够同时满足以上两类读者

的阅读需求，因此非常看重内容的可读性与实用性。全书各章内容在结构上既相互关联，又有一定的独立性，读者既可以从前往后进行系统学习，也可以随时查阅需要使用的知识点和操作方法。在写作手法上，本书尽量贴近读者的实际办公需求，语言和排版风格比较轻松活跃，尽量调起读者兴趣，能够让读者在愉快的阅读体验中学到实用的知识和技能。

我们希望通过这本书能给即将走入职场的人再“镀个金”，帮助他们成为招聘单位青睐的优秀人才；也能让企业在职人员重新认识 Excel。它绝不只是一个用来做简单表格的软件，它能让复杂、烦闷的计算和数据处理过程变得更加轻松，让本来需要花几小时完成的工作在几分钟之内完成。

在此需要特别声明的是，本书是团队合作的结果，参与本书编写工作的人有吴祖珍、陈媛、姜楠、汪洋慧、彭志霞、张万红、陈伟、韦余靖、徐全锋、张铁军、陈永丽、高亚、彭丽、李勇、沈燕、杨红会等，全书由张发凌策划与统撰定稿。

尽管我们希望做到精益求精，但疏漏之处在所难免。如果您在阅读本书的过程中发现了问题，或者是有一些好的建议，请发邮件到 witren@sohu.com 与我们交流。

非常感谢您的支持！祝您阅读愉快！

目录

第 3 章

专业课一
——不可不知的
图表编辑技术

第 4 章

专业课二
——作图就要
做到更专业

第6章
提升课二
——动态图表制作

第7章
分享课
——图表输出及共享

第 8 章
学无止境
——要做多看、
多学、多留意
的智者

第1章

入职第一课
——正确认识才能准确使用

1.1 思考大趋势

本书并不会谈什么宏观的社会趋势，但我们时刻被无形的脚步追赶着。在这个用数据、用图说话的时代，相信你的合作伙伴、领导甚至你自己都在想尽办法让数据可视化，努力将结果迅速、准确地传达给对方。因此，“数据可视化”成了热门话题，而图表正是实现“数据可视化”的常用手段。图表可以形象地表示正文所述结果，换言之，图表是传递信息最有效的方式。

我们身处数据可视化的时代

我们每天都在产生数据，每天都在消费数据。数据正在成为我们日常生活的一部分。然而，再有价值的数据如果不经分析也只是一堆数据而已。分析可以起到一个把数据变得更“人性化”的作用，让数据变得更加实用，而可视化设计则可以让结果更加直观。

数据是符号的集合，信息是有用的数据。只要将数据和信息用图形和图像表示出来，就能为获得宝贵的知识创造条件。总之，数据可视化可以加快数据的处理速度，使时刻都在产生的海量数据得到有效利用；可以促进人与数据、人与人之间的沟通，从而使人们观察到数据中隐含的规律。

数据可视化有多种不同途径，本书将 Excel 图表设计归为视觉传达设计范畴。图表是对知识挖掘和信息直观生动传达起关键作用的图形结构，是一种很好的将对象属性数据直观、形象地“可视化”的手段。一张制作完善的图表至少具有如下几个方面的作用。

（1）迅速传达信息。这是应用图表的首要目的，即一目了然地反映数据的特点和内在规律，在较小的空间里承载较多有用的结论，为决策提供帮助。

（2）直接专注重点。让结论可视化，瞬间将重点传入读者脑海，摒弃非重点信息，提升工作效率。

（3）塑造可信度。真实数据传达给人的是专业性与信任感。图表是服务于数据的，将数据转换化为图表增强了数据的可视化效果。

（4）使信息的表达鲜明生动。图表能让枯燥的数据生动起来，无论是撰写报告还是商务演示，制作精良的图表都能在传达信息的同时丰富版面效果。

图表是商务沟通的有效工具

实践证明，设计精良的图表确实能给读者带来愉悦的体验，时刻向对方传达着制作者的职业形象。

一个好的图表可以用于文字沟通、语言沟通，乃至多媒体沟通（见图 1-1）。

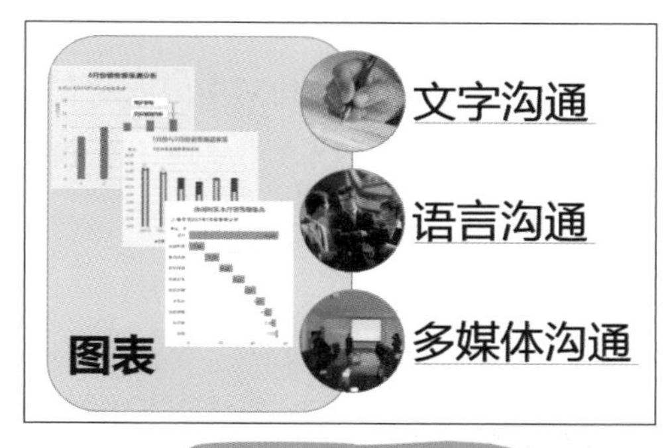

图 1-1 图表应用场景

当然，我们这里所说的设计精良并非是指一味追求复杂图表。相反，越简单的图表，越容易理解，越能让人快速理解数据，这才是数据可视化最重要的目的和最高追求。因此我们追求的是按分析目的组织源数据，选用正确的图表类型，再辅以商务风格的美化设计。

懂业务更要懂图表

要通过商务报告打动客户或者你的老板，真实可信的数据无疑非常重要，而图表正是清晰呈现数据的最有力工具之一。因此，图表在现代商务办公中是非常重要的，比如总结报告、商务演示、招投标方案等，几乎无时无刻都离不开数据图表的应用。

因此，图表并非只有专业的分析人员才会使用，无论你就职于哪个部门，在熟知自身业务的同时，图表的应用肯定必不可少。学会制作商务图表非常重要，往往一个很小的操作就可能给工作带来巨大转机。

例如，要将图表写进报告，可以先制作清晰、高质量的图表，随后撰写结果部分。图表可以按逻辑一步步推进你的论证，或巩固你的假设。我们可以给每个主要结果分配一个图表和一个小节，小节的标题应和相应的标注相似，小节内的正文简要叙述相应图表内的结果。其中，统计分析结果要叙述完整，需要展示更多细节时可告知读者参见图表。

图 1-2 是麦肯锡公司对中国电动车市场的分析报告的部分文档。图 1-3 中是应用于 PPT 演示文稿中的图表。

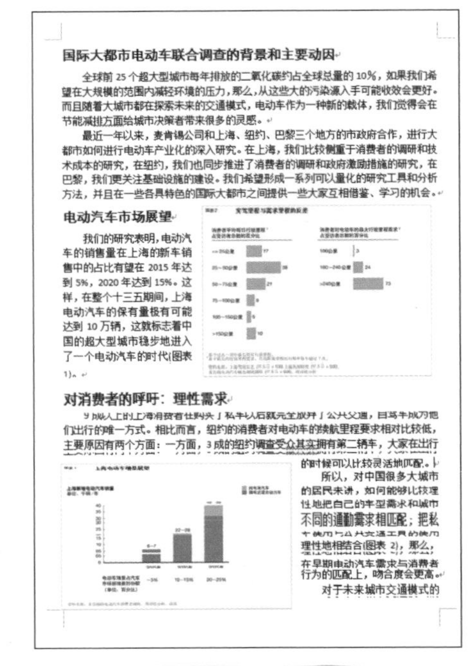

国际大都市电动车联合调查的背景和主要动因

全球前 25 个超大型城市每年排放的二氧化碳约占全球总量的 10%，如果我们希望在大规模的范围内减轻环境的压力，那么，从这些大的污染源入手可能收效会更好。而且随着大城市都在探索未来的交通模式，电动车作为一种新的载体，我们觉得会在节能减排方面给城市决策者带来很多的灵感。

最近一年以来，麦肯锡公司和上海、纽约、巴黎三个地方的市政府合作，进行大都市如何进行电动车产业化的深入研究。在上海，我们比较侧重于消费者的调研和技术成本的研究，在纽约，我们也同步推进了消费者的调研和政府激励措施的研究，在巴黎，我们更关注基础设施的建设。我们希望形成一系列可以量化的研究工具和分析方法，并且在一些各具特色的国际大都市之间提供一些大家互相借鉴、学习的机会。

电动汽车市场展望

我们的研究表明，电动汽车的销售量在上海的新车销售中的占比有望在 2015 年达到 5%，2020 年达到 15%。这样，在整个十三五期间，上海电动汽车的保有量极有可能达到 10 万辆，这就标志着中国的超大型城市稳步地进入了一个电动汽车的时代(图表 1)。

对消费者的呼吁：理性需求

9 成以上的上海消费者在购买了私车以后就完全放弃了公共交通，自驾车成为他们出行的唯一方式。相比而言，纽约的消费者对电动车的续航里程要求相对比较低，主要原因有两个方面：一方面，3 成的纽约调查受众其实拥有第二辆车，大家在出行的时候可以比较灵活地匹配。

所以，对中国很多大城市的居民来讲，如何能够比较理性地把自己的车型需求和城市不同的通勤需求相匹配；把私车使用与公共交通工具的使用理性地相结合(图表 2)，那么，在早期电动汽车需求与消费者行为的匹配上，吻合度会更高。

对于未来城市交通模式的

图 1-2　用于报告的图表

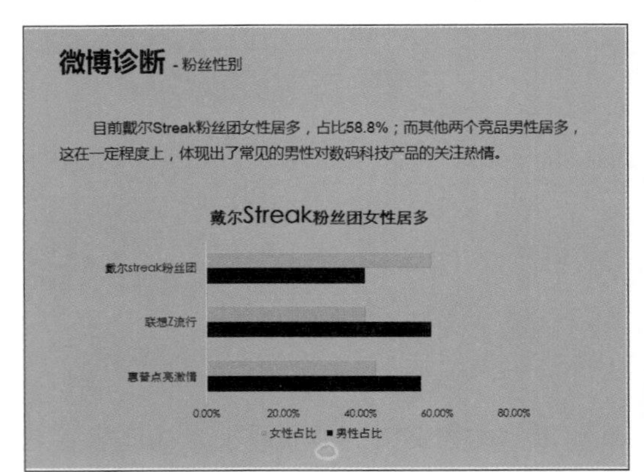

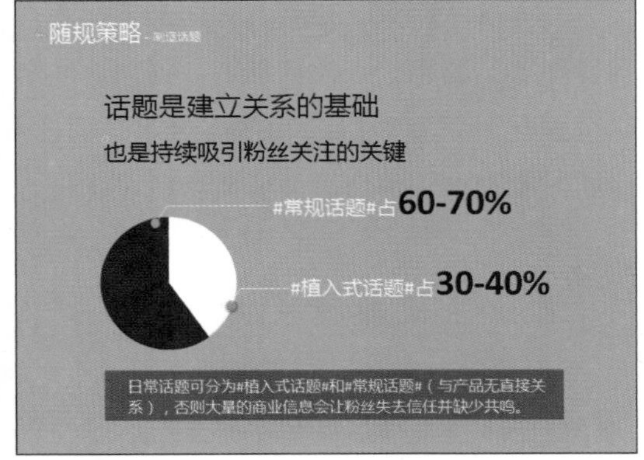

图 1-3　应用于 PPT 的图表

用最经济有效的工具做专业图表

Excel是绝大部分办公人士都在使用的软件，普及率很高，而图表又是Excel内置的功能，因此我们所缺的只是对图表的正确认识，以及一点专业知识。只要我们有了专业的认识和设计思路，也可以把最简单的图表处理成专业的样式。例如，图1-4中的三张图表都是用Excel制作出来的。

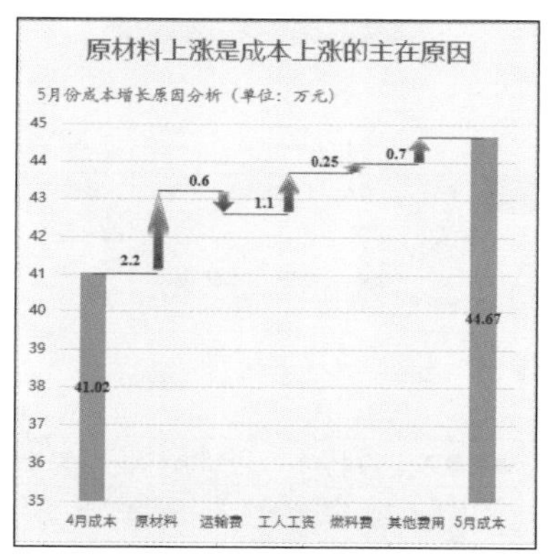

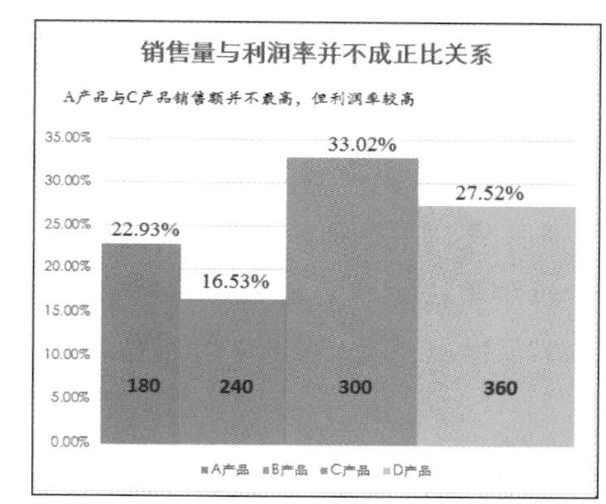

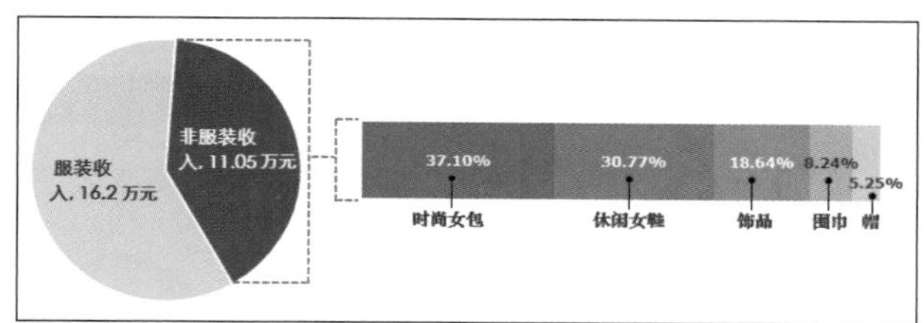

图1-4 用Excel创建的图表

Excel 2013中的图表

Excel 2013在图表功能上有比较大的改进，主要体现在推荐的图表、快速套用样式（效果比较过去版本好很多）、快速布局等方面。

推荐的图表

Excel 2013 提供了“推荐的图表”功能，它可以根据当前选中的数据源给出一些推荐的图表类型，如果推荐的图表类型中正好有满足需求的，则可以快速套用。对于初学者来说，这是一项不错的功能。

	A	B	C	D
1	销售收入	2013年	2014年	同比增长率
2	7月	￥ 135,852.00	￥ 149,320.00	9.9%
3	8月	￥ 142,500.00	￥ 150,300.00	5.5%
4	9月	￥ 158,500.00	￥ 169,500.00	6.9%

图 1-5　数据表

在如图 1-5 所示的工作表中，我们要创建图表比较 2013 年与 2014 年各个月份的销售收入并同时比较增长率，可按下述步骤操作。

1. 在如图 1-5 所示的数据表中，选中 A1:D4 单元格区域，在“插入”选项卡的“图表”选项组中单击“推荐的图表”按钮（见图 1-6），弹出“插入图表”对话框。

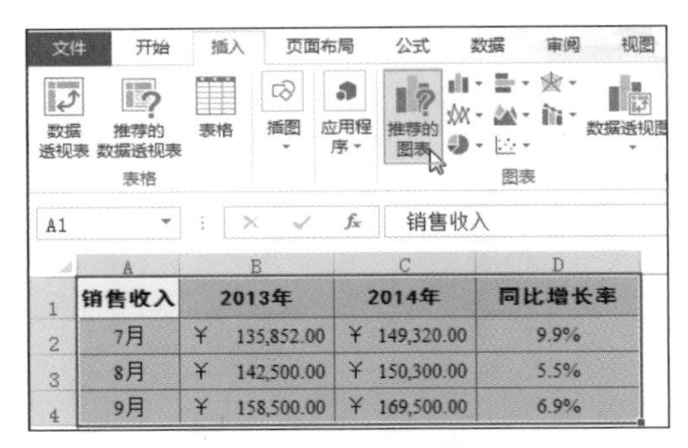

图 1-6　单击“推荐的图表”按钮

2. 此时可以看到 Excel 推荐的混合型图表，如图 1-7 所示。

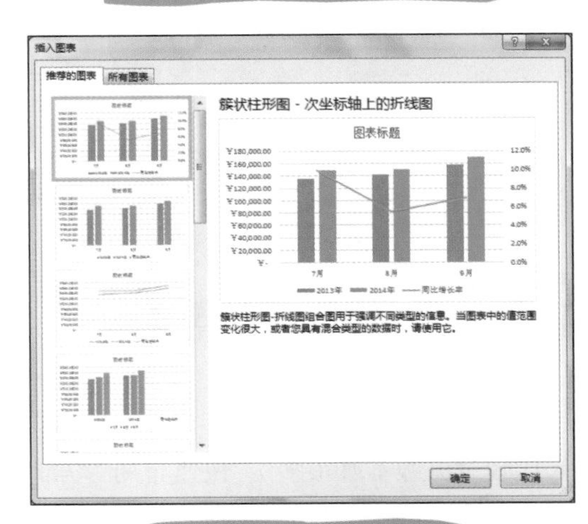

图 1-7　“插入图表”对话框

3 单击“确定”按钮，创建的图表如图 1-8 所示，可以看到百分比值直接绘制到了次坐标轴上，这也正是我们所需要的图表效果。

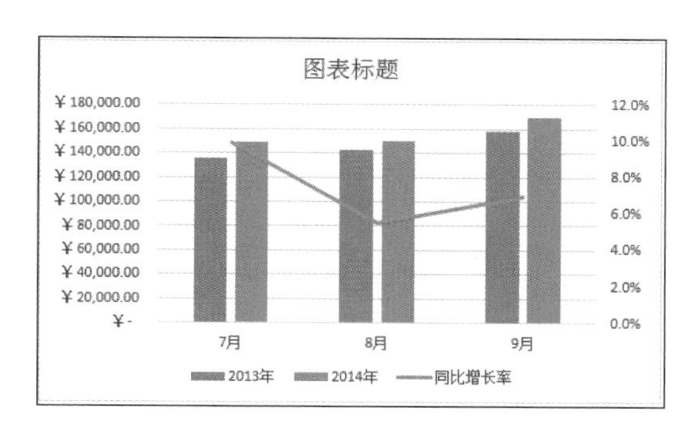

图 1-8 创建图表

小贴士

如果采用普通的绘图方式，需要经过多步操作，才能出现折线图并绘制于次坐标轴上，而使用推荐的图表则可以一步得到图表雏形。

套用样式

过去版本的 Excel 中也有套用图表样式的功能，但一般只针对系列颜色、图表区颜色等，在美化方面起不到任何作用。Excel 2013 中提供的一些样式集配色、布局、特殊效果等于一身，有些效果也很不错。如果对自己的设计没有把握，可以尝试套用，说不定会有意外收获。

选中图表，在“图表工具—设计”选项卡的“图表样式”选项组中，可以看到为该图表设计的可供套用的样式，如图 1-9 所示。单击 按钮，还可查看更多样式。

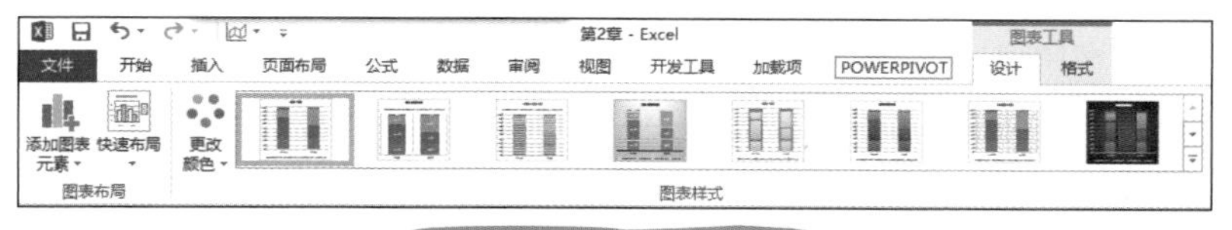

图 1-9 可套用的图表样式

小贴士

“图表样式”选项组中的样式根据当前图表类型的不同，也会有所不同。例如，选中饼图时会出现如图 1-10 所示的样式，选中簇状柱形图时会出现如图 1-11 所示的样式。

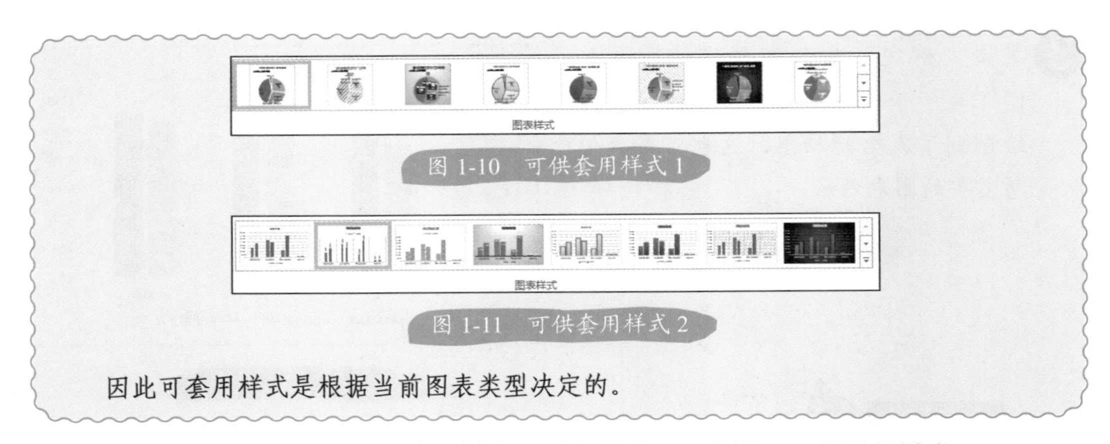

图 1-10　可供套用样式 1

图 1-11　可供套用样式 2

因此可套用样式是根据当前图表类型决定的。

如图 1-12 所示的图表，通过套用样式即可变成图 1-13 和图 1-14 所示的样式。

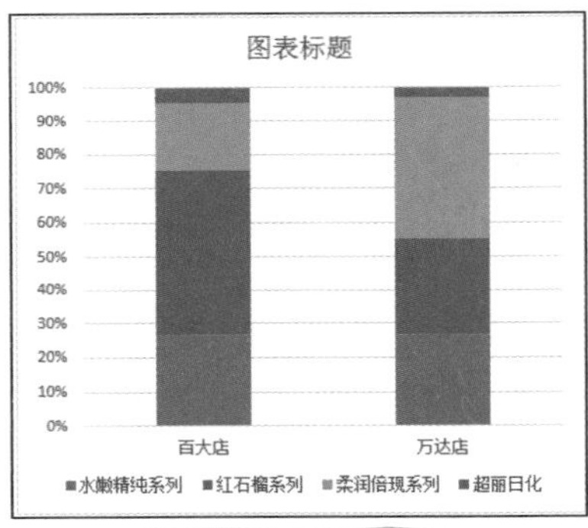

图 1-12　默认图表

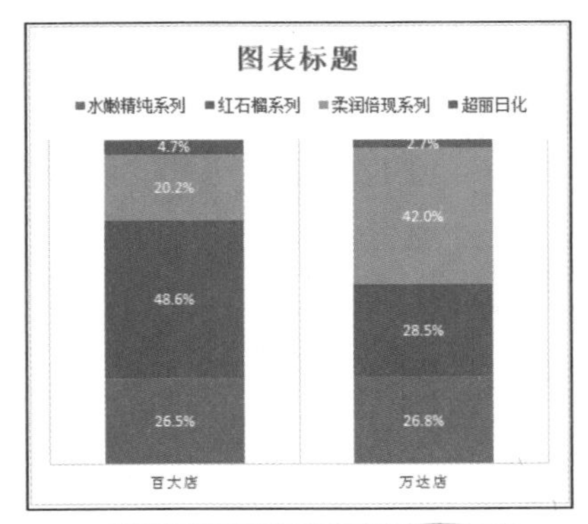

图 1-13　套用样式后的图表 1

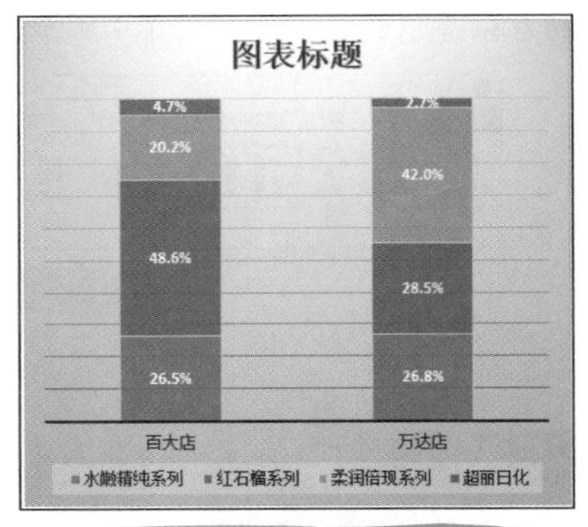

图 1-14　套用样式后的图表 2

套用的样式不一定能完全满足我们的设计与美化需要，因此建议先套用样式，然后再进行局部更改。

套用颜色

Excel 2013 在图表配色方面提供的新功能能根据当前的主题颜色，提供了“彩色”与“单色”两个类别的配色机制，也可以很方便地套用。

在“图表样式”选项组中单击“更改颜色”按钮，在弹出的下拉列表中（见图 1-15），用鼠标指向色块可在图表中立即显示预览效果，如果对效果满意，单击相应色块即可应用。

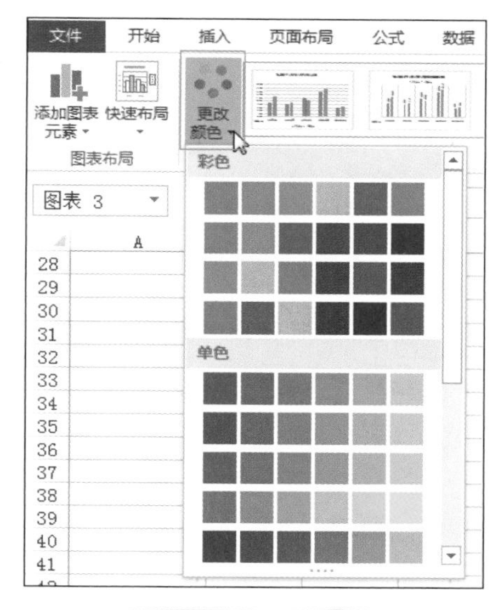

图 1-15 更改颜色按钮

图 1-16 中的左、中、右三张图分别使用了“更改颜色”按钮下的不同配色方案。

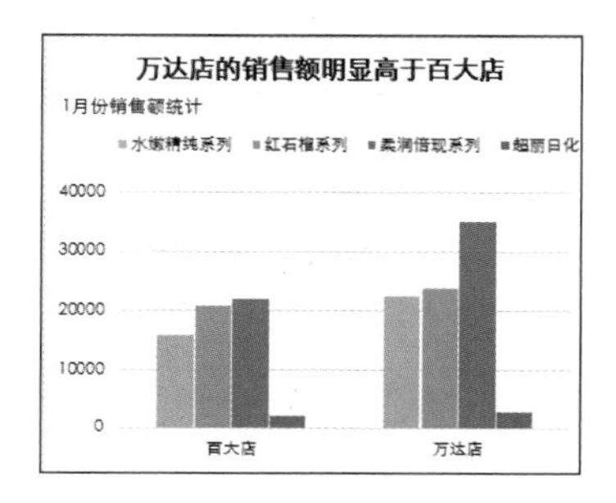

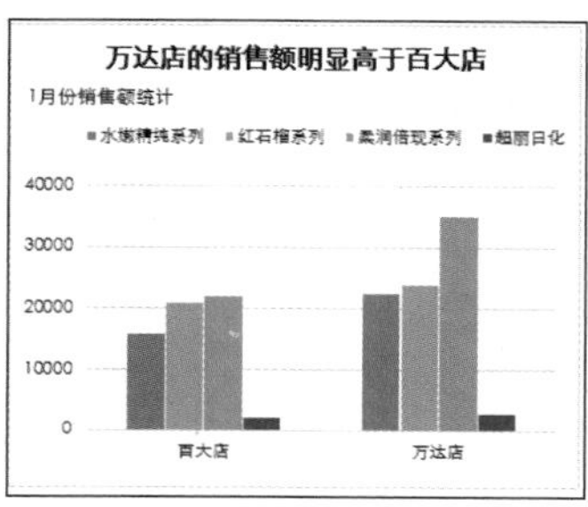

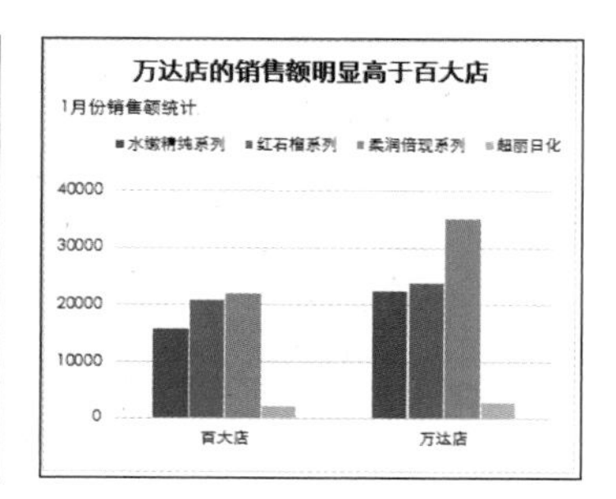

图 1-16 不同配色方案

仔细观察一下不难发现，这里的配色方案大致运用了同色系、邻近色、对比色这些配色原则，只是程序提供的这些配色方案是固定的，我们只需套用即可。

快速布局

快速布局不是 Excel 2013 中特有的，但是我们这里也要说一下。通过套用布局可以一次完成多步编辑操作，我们只需要在“快速布局”列表中找到自己想要的布局即可。或者也可以套用布局后再补充设置，这样做既省时又省力。

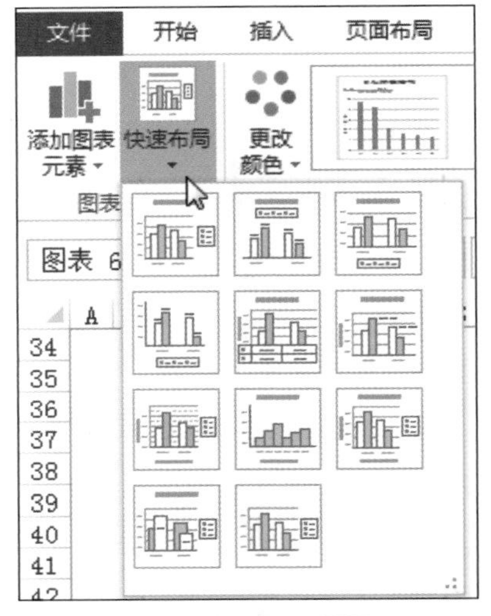

图 1-17　布局列表

选中图表，在“图表布局”选项组中单击“快速布局”按钮，即可弹出可套用的布局列表，如图 1-17 所示。单击相应的布局即可应用。

图 1-18 所示的图表通过一次布局即可得到图 1-19 所示的样式。

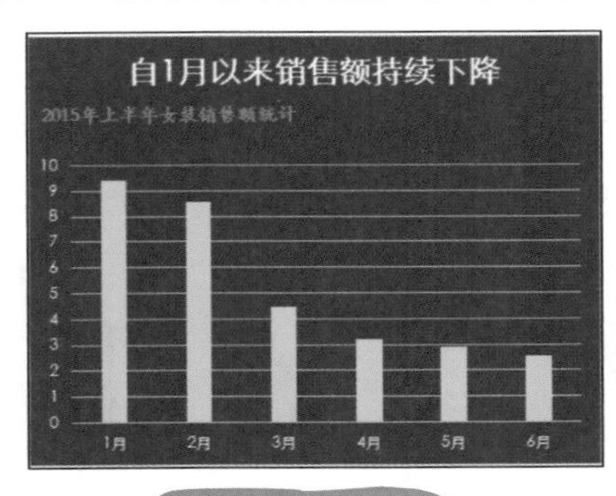

图 1-18　原图表

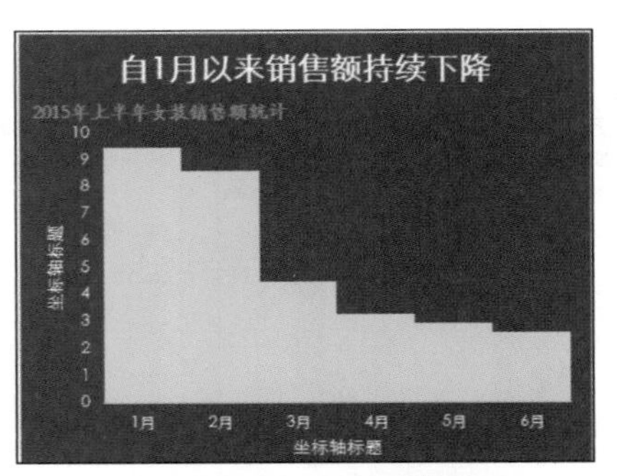

图 1-19　套用布局后的效果

1.2 图表要能登大雅之堂

正因为图表越来越广泛地应用于商务沟通之中，所以图表不仅是传达数据的载体，还要把图表处理得有设计感、商务感。专业的图表不仅能让数据分析结果更显眼，同时也向受众传达了制作者的专业态度，既能增强数据的可信度，又能提升报告的整体质量。

认识默认布局的不足

随着Excel版本的变更，图表的默认布局（即创建图表时不做任何更改的样子）在细节上是有一些变化的，图1-20为Excel 2003中图表的默认布局，图1-21为Excel 2007/2010中图表的默认布局，图1-22为Excel 2013中图表的默认布局。通过对比发现，Excel 2013中无论是各个元素的布局还是配色，都进行了一些“懒人式”的优化，各方面都有了明显进步，让不懂设计的人也可以拿来即用。

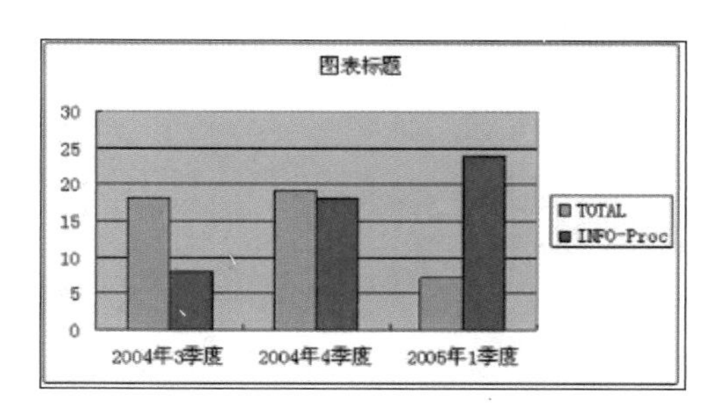

图1-20 Excel 2003的图表

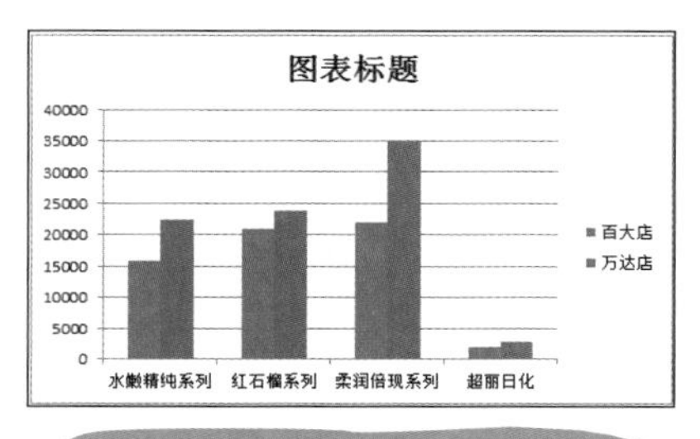

图1-21 Excel 2007/2010的图表

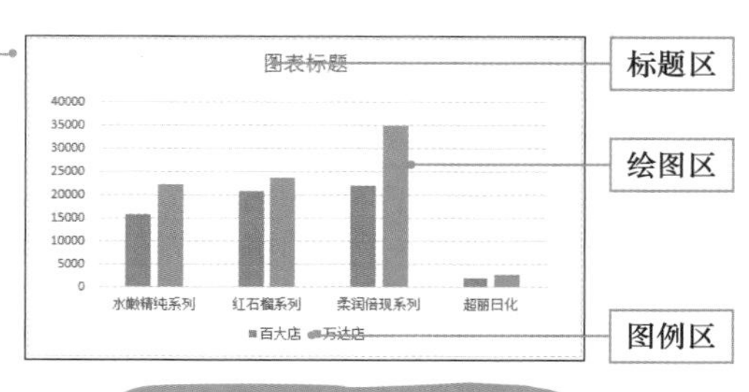

图1-22 Excel 2013的图表

无论是哪个版本，默认都会包括标题区、绘图区、图例区三个部分，还有这种横向构图方式也随着几代的软件更新在人们头脑中形成了根深蒂固的印象。其实，事实并非如此，默认的图表布局在商业图表的大潮中也在逐渐改变。根据笔者的经验，拿到默认的图表我们首先会进行如下的改变：

- 增大标题区所占面积，给附加标题预留空间；
- 缩小绘图区所占面积，给备注信息留出空间；
- 修改默认字体；
- 图例并不是必不可少的；
- 改变默认的横向构图方式；
- 采用更灵活的排版方式。

下面通过例子来具体说明。

错误做法

先看看图 1-23 所示的图表，它是一张默认样式的、普通的图表。

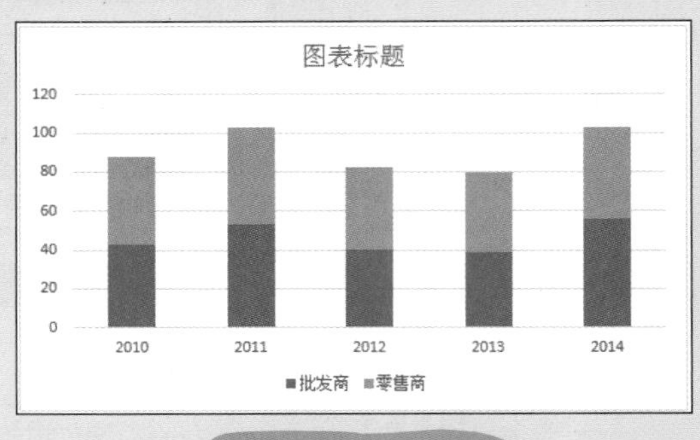

图 1-23 原始图表

正确做法

再看看图 1-24 所示的图表，这就好比一个没有见过世面穿着极朴素的姑娘，经设计师的打造后，瞬间变得时尚感十足。回到正题来说，根据上面的总结点，一一对比此图表来看，基本都对默认格式进行了改变。

图 1-25 为专业咨询公司的图表，图表排版可以说是得心应手。

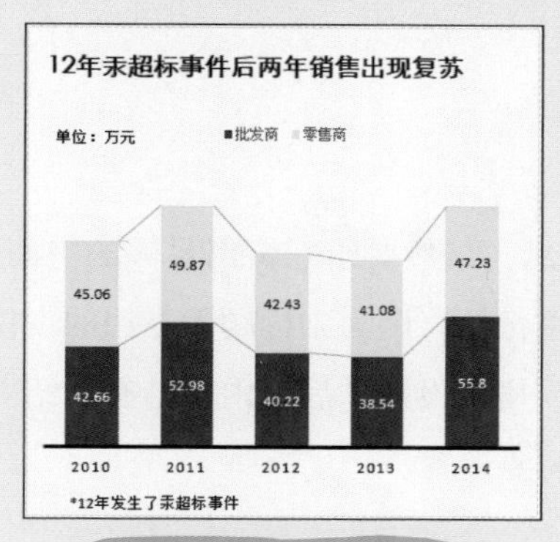

图 1-24 优化后的图表

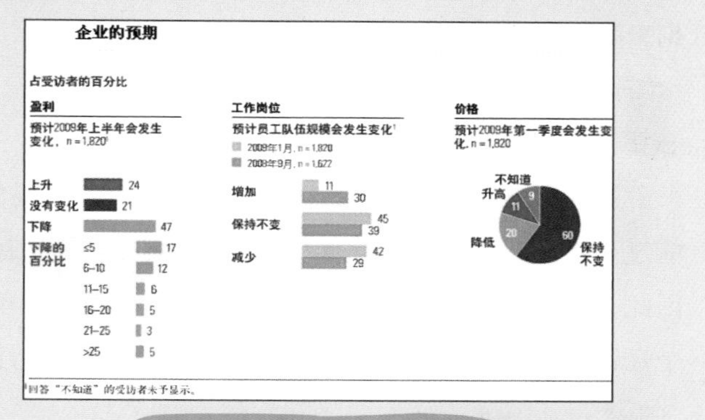

图 1-25 专业咨询公司的图表

商业图表的布局特点

我们先来看一个典型的商业图表的图例。图 1-26 是世界知名商业杂志《经济学人》中的图表。

再留意麦肯锡、罗兰·贝格、《商业周刊》《华尔街日报》等使用的图表，无一不符合构图原则，这就是我们做商务图表时要看齐的标杆。由此，我们对商务图表的布局进行了如下归纳。

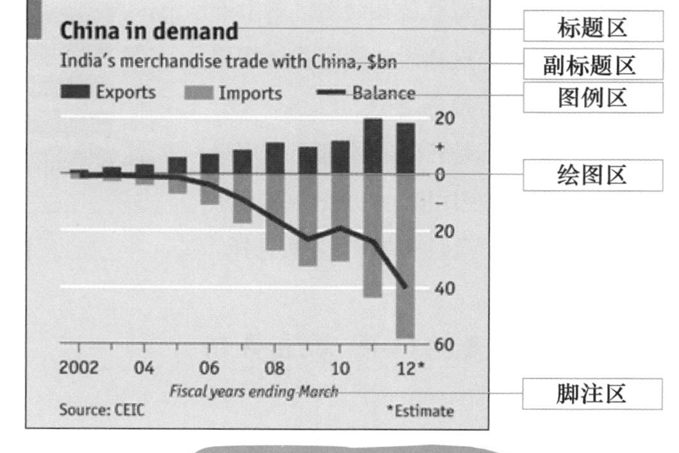

图 1-26 典型的商业图表

构图要素要完整

一般情况下，图表中包括五个要素，即主标题、副标题、图例、绘图和脚注，除图例外（若是单数据系列，有时会删除图例），其他元素都是必不可少的。副标题与图例是突破默认布局添加的两个要素，这两项信息都旨在让图表表达的信息与观点更加明确。简言之，有了这两块区域，就可以写更多的文字，也可以将图表的分析结果描述得更详细，同时数据来源等脚注也充分表达了数据的可靠性。

突出的标题区

主标题要能让人瞬间捕捉到图表传达出的主要信息，显然要给它留出足够的空间，不能过于狭窄，而且要使用加大的字号。副标题要紧接主标题，因为副标题无专用的占位符，因此一般是通过添加文本框予以呈现，也可以借用单元格来设计（后面内容会有介绍）。两个标题是靠左、靠右放置，还是居中放置，全凭设计需要设置。

竖向的构图方式

商业图表更多采用竖向构图方式。选中图表，将鼠标指针指向图表右下角位置，出现斜向对拉箭头时按住鼠标左键，并拖动鼠标，即可调整纵横比例。如果要使用图例区，则一般将其放在绘图区的上部或融入绘图区。这样做能使图表结构更紧凑，方便用于报告之中。

当然，并不是任何时侯都要使用纵向构图。当图表使用横向构图效果更理想时（见图 1-27），我们没有理由不去选择。

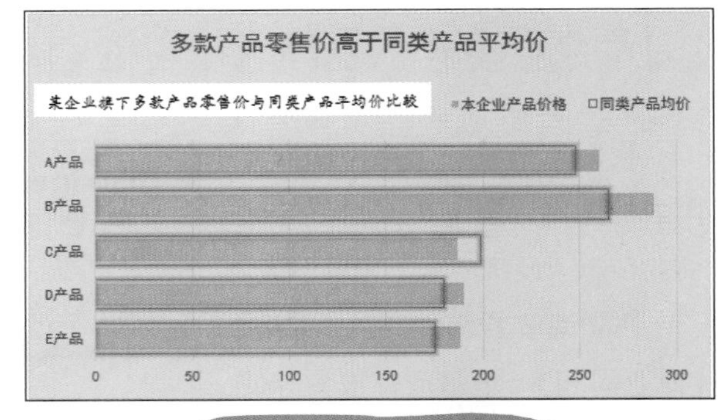

图 1-27 横向构图的图表

商业图表的作图方法分析

前面讲到过在图表中添加文本框是用来写副标题或是添加脚注信息，这一做法能突破图表的默认布局，让图表活跃起来，而不是墨守成规。

由于商业图表的特殊作用，商业图表的制作越来越多地融入了设计的概念。在编辑商业图表的过程中要充分利用各种元素，如文本框、图片、图形、单元格等辅助设计元素，不要受默认布局的限制。只要最终呈现的效果既能传达数据信息，又能给人不凡的视觉感受，就是成功的做法。

单元格辅助设计

过去我们在设计图表时，总是在图表区中进行各种补充设计与美化，实际上借助于单元格也可以很好地实现图表的辅助设计。

图 1-28 所示的图表中，将标题输入 B2:D2 合并单元格区域中，并将单元格区域的填充颜色设置为标题的底色；将副标题输入 B4:C4 单元格区域中并设置填充颜色；把图表做成去除标题的样式，将其放置在 B5 单元格的位置，并调整为与标题同宽。标题所强调的价格区域也是先调整好单元格的列宽，然后设置底纹色，以达到突显的目的。

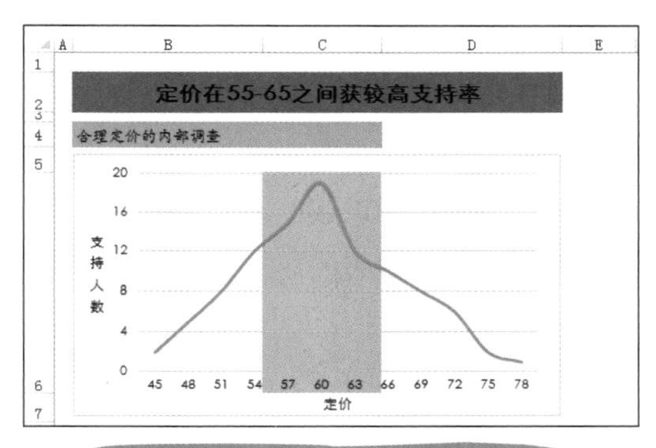

图 1-28　单元格辅助设计的图表效果

在设计这类图表时，很多时候需要对单元格的行高、列宽进行调整。默认情况下，图表的大小与位置都会随着行高、列宽的调整而变化，这样就增加了反复设置的过程。因此，我们可以双击图表区，打开“设置图表区格式”右侧窗格，选择“属性”标签，在“属性”栏中选中“大小和位置均固定”单选按钮（见图 1-29），从而固定图表的相对位置与大小。

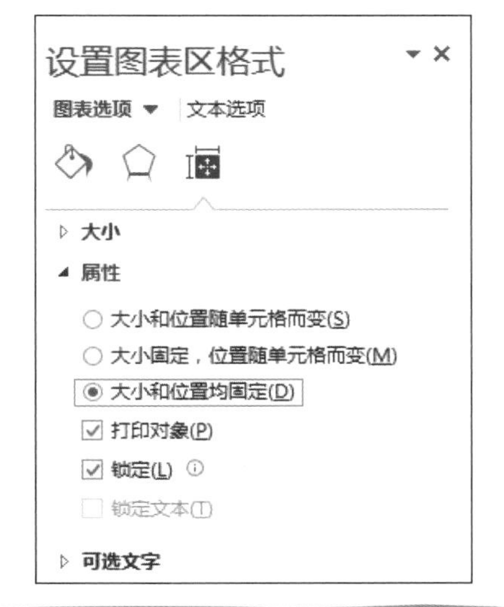

图 1-29　选中“大小和位置均固定”单选按钮

在设置单元格的格式时，由于图表的遮档会导致无法选中目标单元格，因此可以在名称框中输入目标单元格地址，按回车键即可准确选中。

图形图片辅助设计

图形图片辅助设计在商务图表中也十分常见，因为单凭图表中几个默认的元素，通常很难达到充分传达信息的要求。把图表作为版面整体的一部分，辅以其他图形、图片、文本框等修饰元素后，图表的商务效果会得到很大提升，如图 1-30 所示。

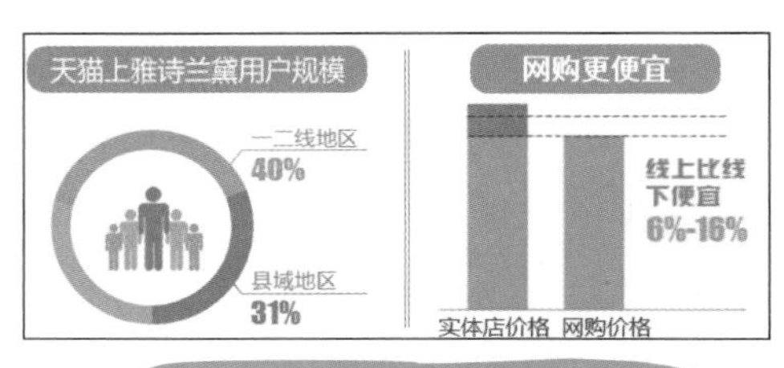

图 1-30　应用图形图片后效果

图 1-31 为折线图，图例采用了与折线颜色色调相一致的色块，并没有使用默认线条。这是添加自选图形与文本框后实现的效果。这样做的好处在于，本例中的折线图图例文字较长，再加长线条会造成整个图例不好放置，因此使用图表与文本框来设置图例会让图例更可控、效果更好。

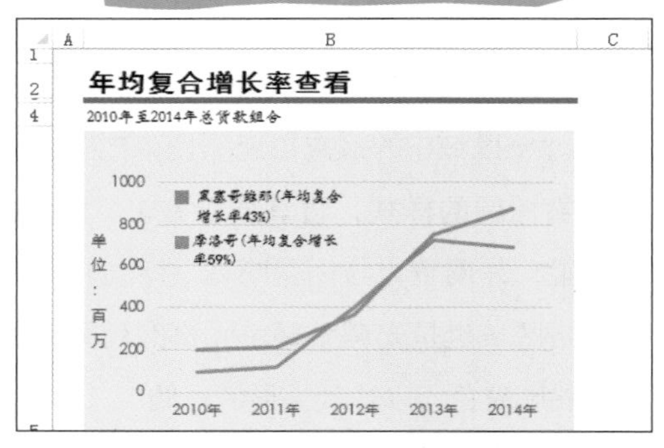

图 1-31　图表与文本框设计图例

更灵活的排版方式

图 1-32 中的图表是否是在 Excel 中做的？再看图 1-33 中的图有大量在 Excel 软件中建立的痕迹，答案显而易见。

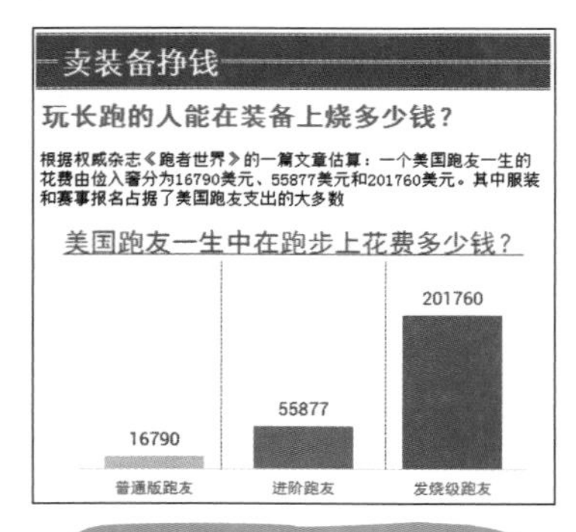

图 1-32　图表的排版效果

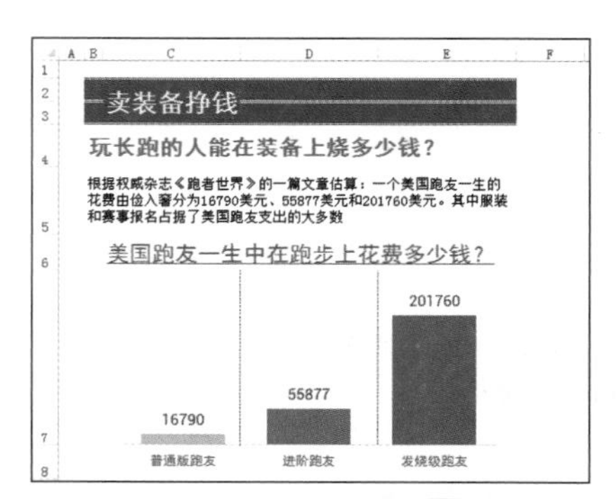

图 1-33　在 Excel 中建立的图表

多小图的呈现方式

图 1-34 为麦肯锡的图表，这是商务图表要简洁、不将过多元素放入一张图表中的典型做法。它将需要表达的观点分为几个部分，每一部分都用了极其简单的图表。这类图表重在设计思路与排版方式，将这两点做好就足够了。

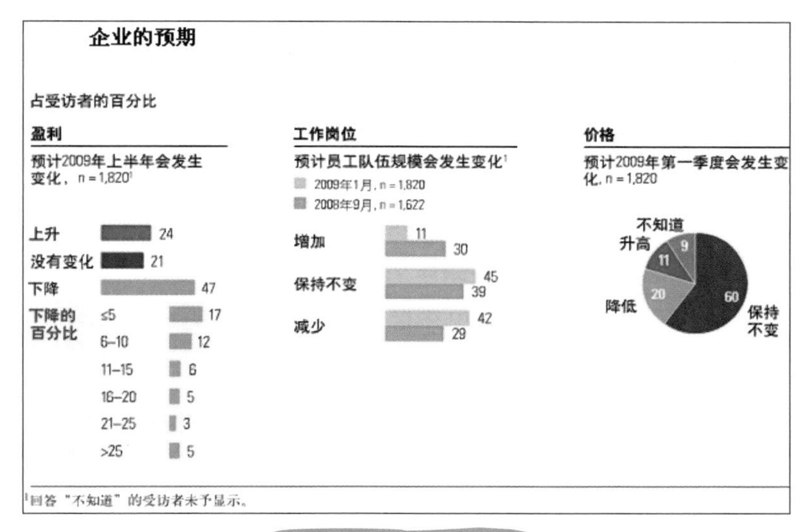

图 1-34 多小图的图表

图表以简单、直观的特点一直辅助着数据分析，做图表的难处就在于是否有排版思路及美化思路。我们要做的就是让自己成为一个有思路、有想法的设计师。

商业图表的字体选择

商业图表强调视觉效果，因此对字体的选择要予以重视，因为选用正确的字体能提升图表的品质。

图表的字体主要有有衬线和无衬线两种类型。有衬线的字体在大笔划的末端都有小笔划，无衬线字体则具有清晰的样式且通常使用粗细均匀的线。

无衬线字体的特点如下：

- 提供较多可供选择的字体；
- 通常更受传统主义者欢迎；
- 为在屏幕上使用而进行过优化；
- 字体较小时阅读更方便。

有衬线字体的特点如下：

- 打印时更容易阅读；
- 原型是手写文字和打印印刷文字；
- 可能存在字体粗细的问题；
- 通常可以将更多文字压缩到较小的空间里。

新建图表时，图表标题默认为 14 号宋体字，其他信息无论是数据还是文字都是 9 号宋体字。这一默认设置在商务图表的设计中并非不可改变，因此在“默认的图表布局”这一小节中我们将“修改默认字体”作为一个要点提出。

图表标题的文字可以根据图表风格选择相对规则的字体（有衬线、无衬线均可），在此我们不建议使用艺术体。对于数据标签，如果是中文字体，建议选择无衬线字体；英文与数字建议全部使用黑体或 Arial 字体，这样可以让字号不宜过大的数据标签更加清晰可见。

图 1-35 和图 1-36 所示的两张图表，我们只是改变了右图中的字体，对比感受一下两者的风格。

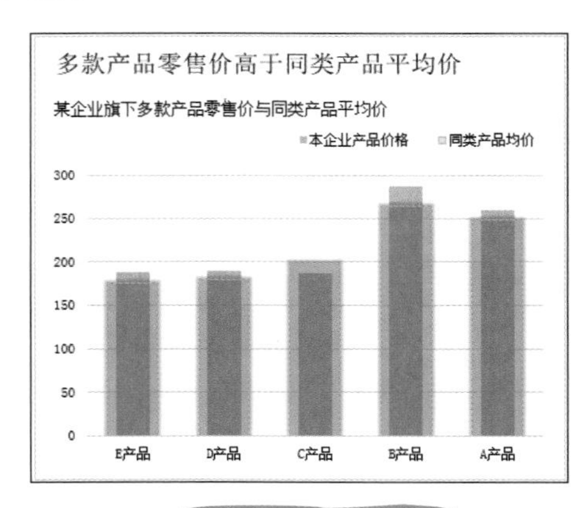

图 1-35　字体修改前

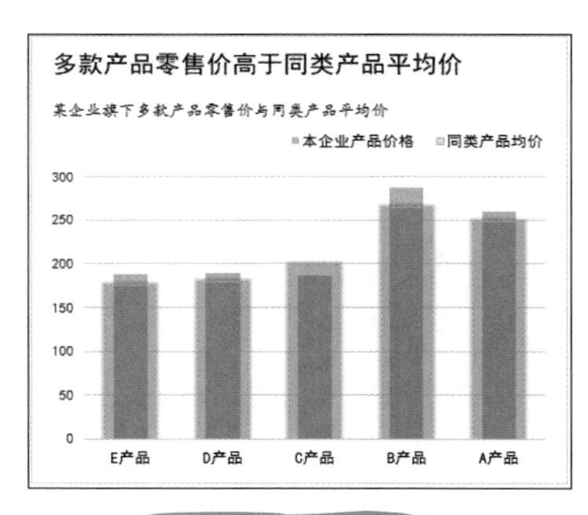

图 1-36　字体修改后

商业图表的经典用色

运用色彩是一门艺术，若非专业设计人士，很少有人能把五颜六色的色彩运用自如。要想学会不在行的事情，最有效的方法就是模仿。模仿的过程也是不断学习与自我提升的过程，久而久之，相信每个人在配色方面都会有自己独到的见解。下面来看一些知名商业杂志、咨询公司的图表，这些图表的配色是我们学习的标杆。

单数据系列的配色

当图表中只有单数据系列时（见图 1-37），配色相对容易一些，一般不会与其他颜色发生冲突。

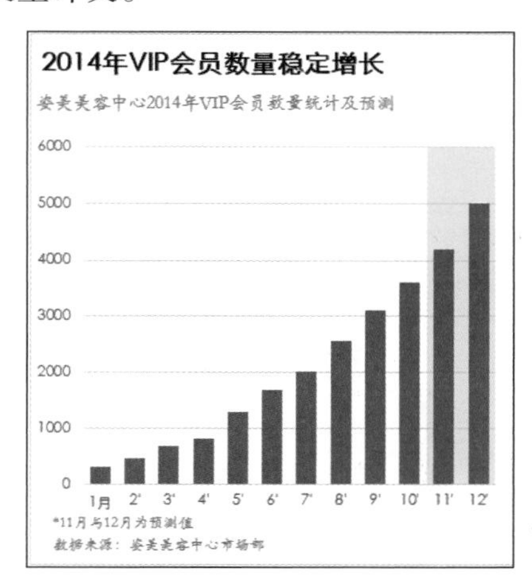

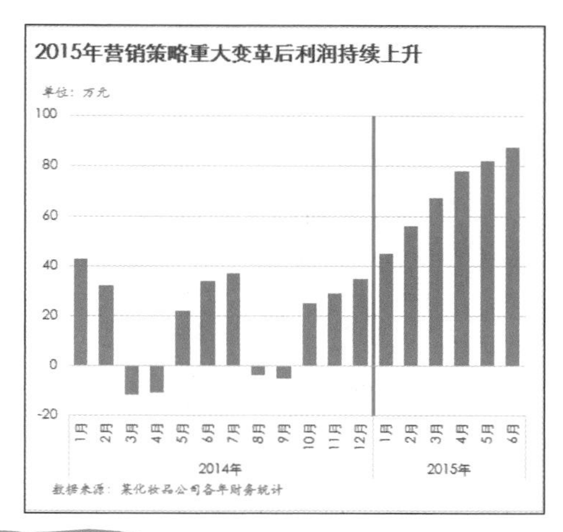

图 1-37 单色图表

经典水蓝色

蓝色属于冷色调，给人的视觉感受为镇定、科技、理性、深邃，非常适合用于商业图表。图 1-38 左边为《经济学人》的水蓝色图表范例，右边为麦肯锡的水蓝色图表范例。

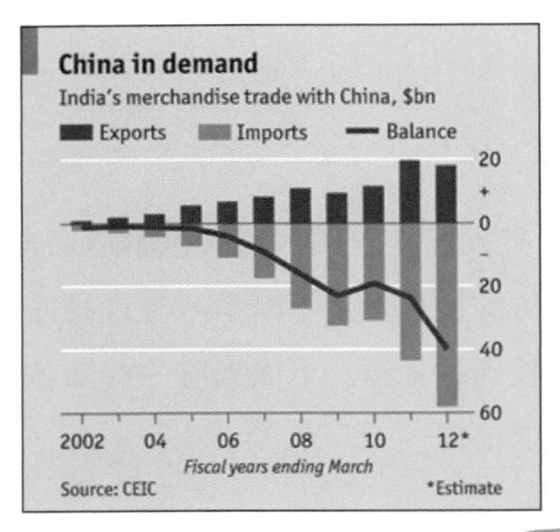

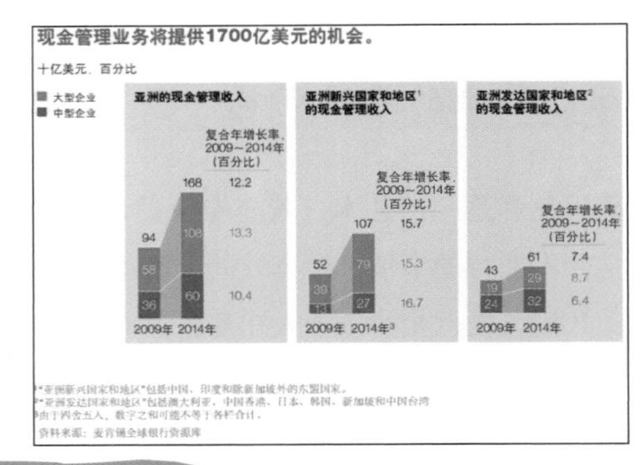

图 1-38　水蓝色图表

协调自然的同色深浅

同色系的配色组合的优点是高雅、文静、协调、自然，并且操作简单，容易被初学者掌握。但是可能会导致画面平淡，对象之间的区分度不够，对比力度不强，容易让受众忽视对象之间的差别。图 1-39 为同色系的搭配效果。

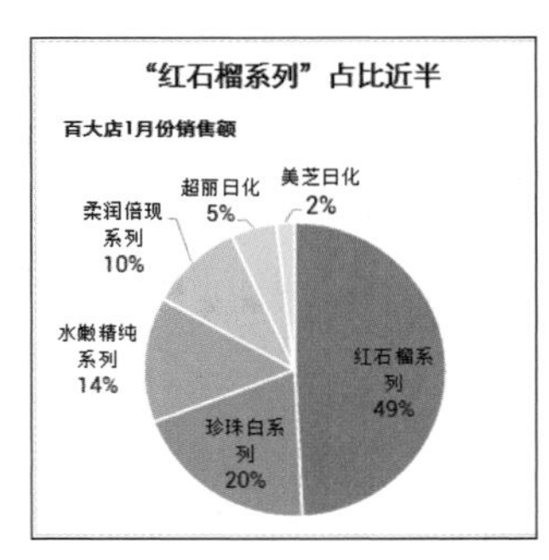

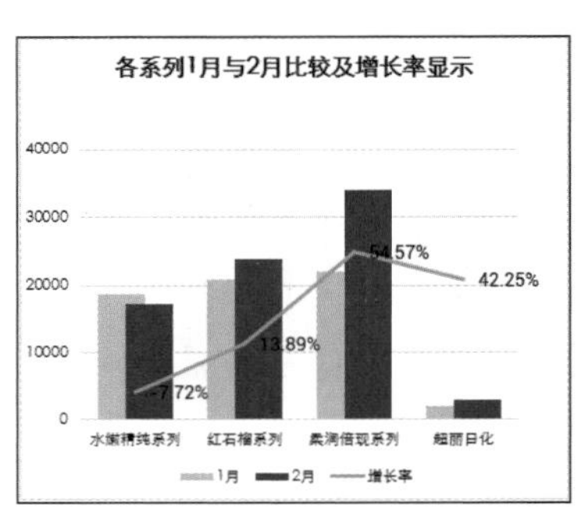

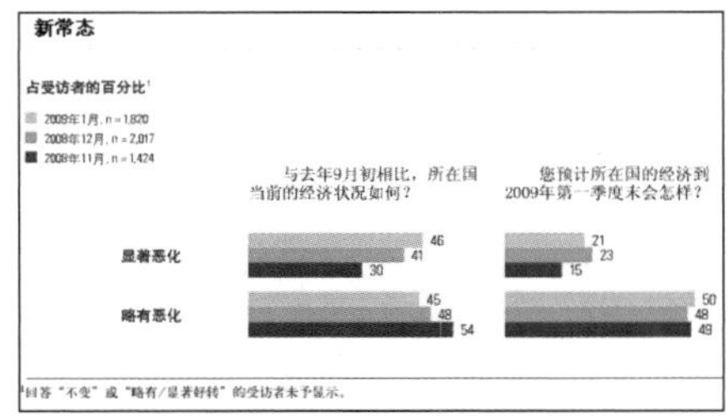

图 1-39　同色系搭配效果

《商业周刊》中的黑底图表

在使用黑底或深灰底时，要注意把图表中系列的颜色设置得浅一些、亮一点，这样可以增强对比效果。图 i-40 为黑底图表。

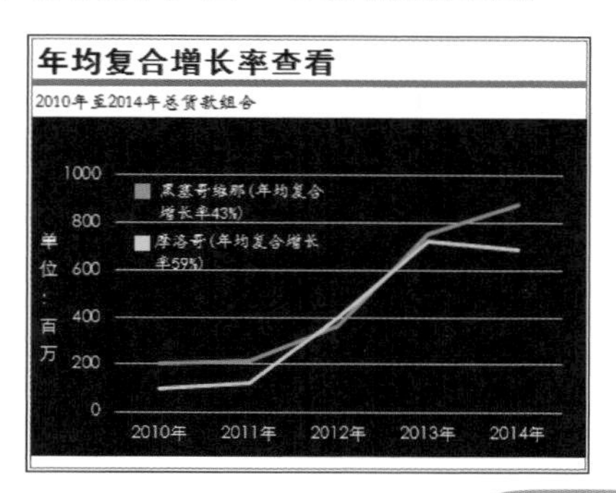

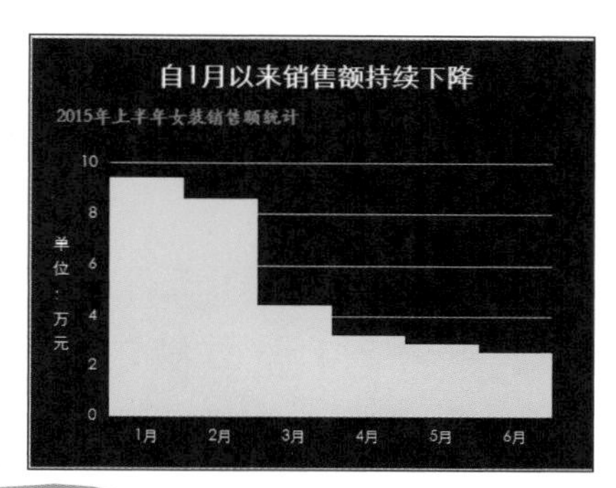

图 1-40 黑底图表

黑 / 灰色与鲜亮彩色的搭配

从心理学角度来说，黑 / 灰色带有严肃、含蓄、高雅的心理暗示，可让所搭配的鲜亮颜色轻易融入严肃的商务会议。因此，黑 / 灰色与鲜亮彩色搭配也可以有不凡的表现，如橙灰搭配、黑蓝搭配、黑黄搭配等，都有很好的效果。图 1-41 为黑 / 灰色与其他颜色的搭配效果。

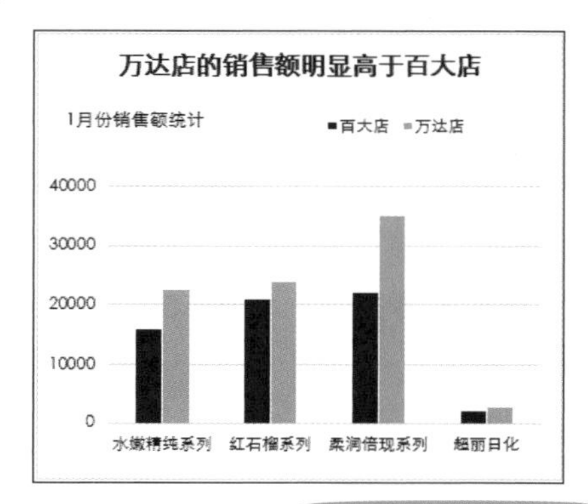

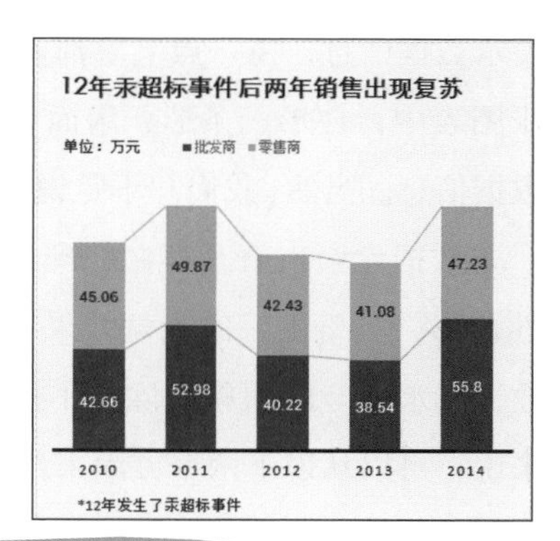

图 1-41 黑 / 灰色与其他颜色的搭配效果

经验之谈

拾取颜色

准确定义一个颜色需要利用 RGB 值。但很多时候，我们无法准确记住某个颜色的 RGB 值。如果想要准确套用某个颜色，最有效的方法是拾取颜色。目前 Excel 还不具备直接拾取颜色的功能，我们可以使用 ColorS 这款小软件，非常方便。

1.3 以设计的原则作图

由于商务图表在制作上越来越强调设计的元素，因此设计已经不只是设计师的事情了。既然是设计，基本的设计理念与设计原则就必须要遵守，如“最大化数据墨水比”“保持均衡”“突出对比”等。

最大化数据墨水比

将最大化数据墨水比这一设计理念应用到图表设计中，是指一幅图表的绝大部分笔墨应该用于展示数据信息，每一点笔墨都要有其存在的理由。

在一张图表中，柱形、条形、扇面等代表的是数据信息，而网格线、坐标轴、填充色等都是非数据信息。当然，我们并不是说不要使用所有非数据元素，这样的图表会过于简单，甚至简陋。非数据元素也有其存在的理由，它可以起到辅助显示、美化修饰的作用，让图表富有个性色彩，具备更好的视觉效果。因此，我们要求的是最大化数据墨水比，其计算公式为：数据墨水比 =1– 可被去除而不损失任何数据的墨水比例。

具体来说，可以从以下两个方面来最大化数据墨水比。

1. 减少和弱化非数据元素

- 背景填充色因图而异，需要时使用淡色。

- 网格线有时不需要，需要时使用淡色。
- 坐标轴有时不需要，需要时使用淡色。
- 图例有时不需要。
- 慎用渐变色。
- 不需要应用 3D 效果。

2. 增强和突出数据元素

在弱化非数据元素的同时增强和突出了数据元素。

图 1-42 中的两张图表都是最大化数据墨水比的成功范例，它们都做到了该删除的删除，该保留的保留，该弱化的弱化。

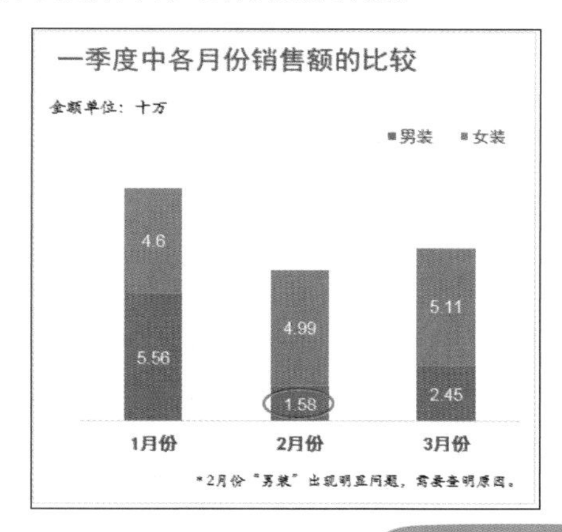

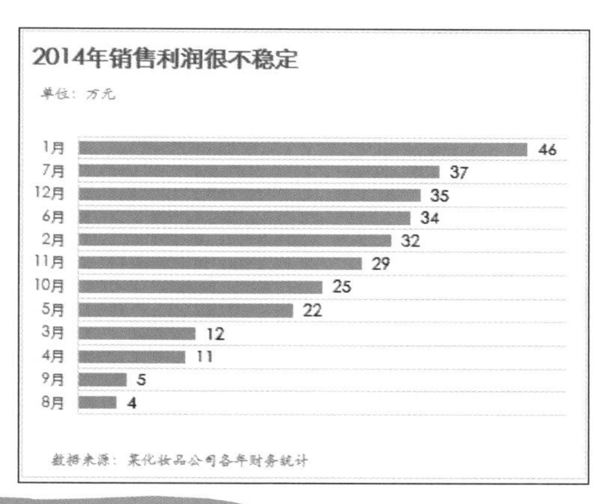

图 1-42 最大化数据墨水比的图表

突出对比

突出对比就是要突出不同元素之间的差异。对比是最重要的图表设计原则之一，也是增强图表视觉效果的主要途径之一。

对比的目的是强调。试想，如果将某个要素与其他要素形成对比，那么无形间就对该要素进行了强调。比如，标题的突出字体、重点数据系列的特殊色调，再到设计方面的变色、

反衬等都是对比原则的具体运用。

图 1-43 所示的饼图中，在表达重点部位使用了特殊色调来实现对比强调的效果；图 1-44 所示的图表中除了使用特殊色调外，还将要强调的数据点分离拖出，效果很好。

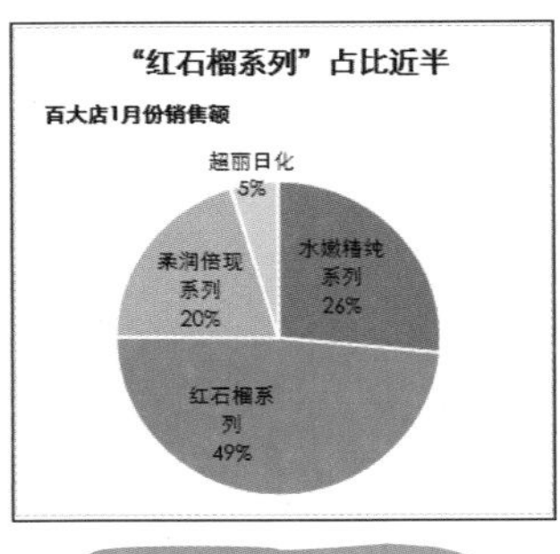

图 1-43　颜色对比

“超丽日化”未达5%的最低限额
万达店1月份销售额
超丽日化
3%
水嫩精纯
系列
27%
柔润倍现
系列
42%
红石榴系
列
28%

图 1-44　分离对比

图 1-45 所示的图表中对“增长率”这个系列添加了数据标签并使用大红色，也起到了对比强调的作用。

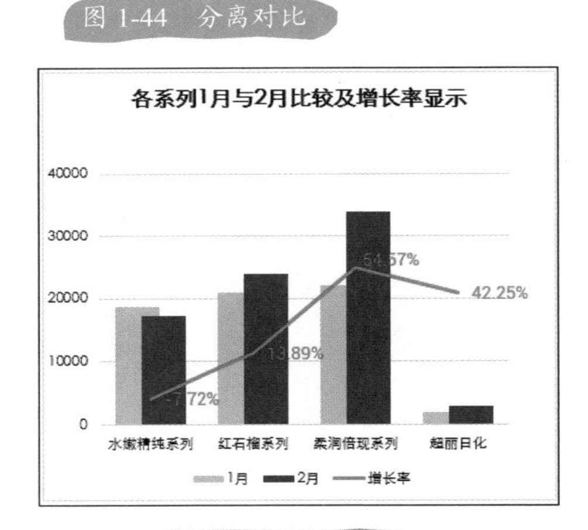

图 1-45　对比强调

保持均衡

一张图表中包含多种元素，每一种元素都涉及形态、方向及数值。要让整个版面产生一种平衡感，就要通过安排及调整元素将视觉重心放在中心位置上。

毫无疑问，一张图表的视觉中心应该是最重要的数据元素。如果单讲平衡，只有一个中心点也是一个均衡的画面，但我们不能把商务图表做得如此简陋，毕竟鲜明风格、专业外观、赏心悦目是商业图表的构图要求。这就要求我们合理设计非数据元素。副标题、数据来源、图表注释、图形图片等都是非数据元素，适当、合理地运用它们既能修饰图表，又能促进图表信息的传达。

图 1-46 所示的图表中，给人们的视觉感觉是左重右轻。此时可以采用手工添加图形和文本框的方式来添加数据标签（见图 1-47），让图表立即呈现出平衡状态。

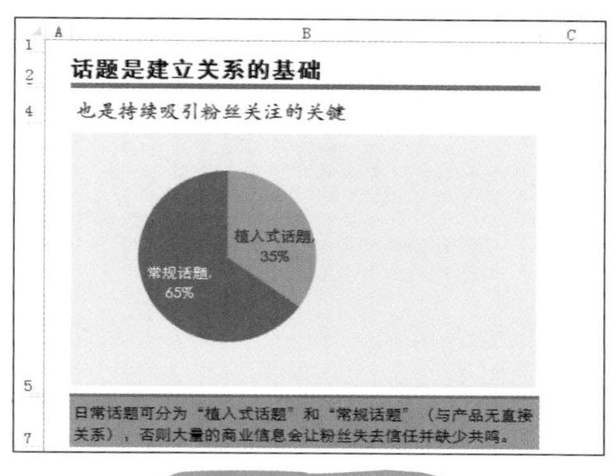

图 1-46　画面不平衡

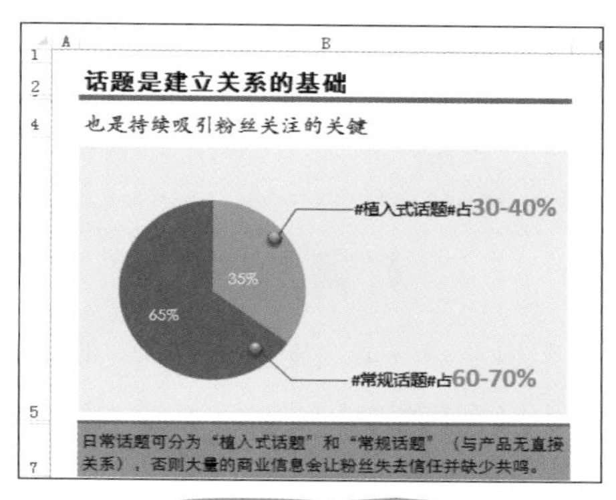

图 1-47　画面平衡

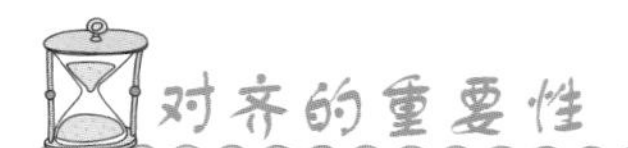

对齐的重要性

图表设计中的对齐是指任何元素都不能在页面中任意放置，每个元素都应该与另一个元素有某种关联，否则各个组成部分就显得各不相干，更无从谈起设计感。对齐排列能产生整齐划一、互相衔接的感觉。

对大多数设计来说，各组成部分要在行列和栏中对齐排列，或者沿中线排列。如果各个组成部分不按行列或者栏的格式排列，就要考虑突出对齐路径。居中对齐是最为安全的对齐方式，但通常也很平淡，在视觉上只能提供比较模糊的对齐提示。左对齐和右对齐的文本块能比中间对齐的文本块提供更加有效的对齐提示。

图 1-48 所示的图表中，标题、副标题、条形图、图表注释一致采用左对齐方式，效果不错。左对齐方式在图表排版中比较常见，图 1-49 所示的图表就是采用了左对齐方式。

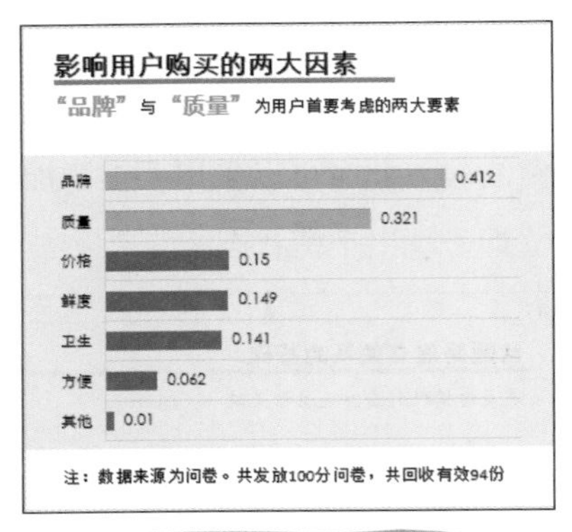

图 1-48　左对齐方式 1

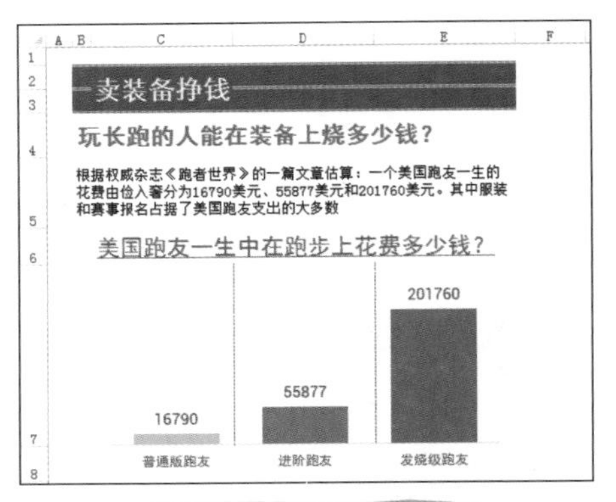

图 1-49　左对齐方式 2

在采用左对齐或右对齐方式时，要时刻关注画面是否均衡。图 1-50 所示的图表中，整体趋于右对齐，考虑到平衡的原则，我们将图表区向右侧移动，再在左上添加企业 Logo（见图 1-51），不平衡的感觉瞬间消失。

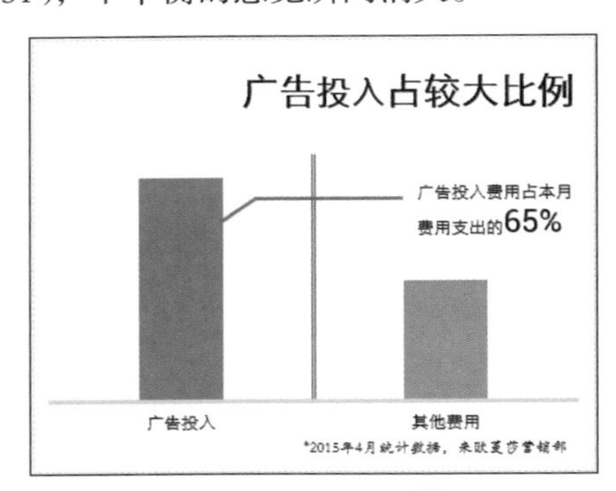

图 1-50　右对齐画面失衡

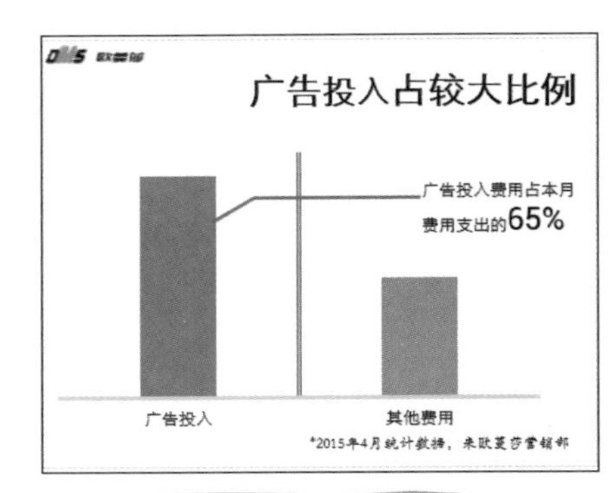

图 1-51　右对齐画面平衡

第2章

理论课

——图表诞生记

2.1 确定要表达的信息

一张图表诞生于源数据，但决定使用何种图表类型的因素并不仅仅是数据本身，更重要的是根据应用环境确定所要表达的信息。同样一份数据，因为每个人的注意力不同，他们所发现的信息、得出的结论往往也不同，所以根据分析目的的不同，一般要采取不同的处理方式。

不同图表表达的意思不同

不同的图表类型具有不同的分析重点，如饼图用于显示局部与整体的关系、折线图用于显示变化趋势等。只有明确了想要表达的具体信息，才能正确选择图表类型。我们可以通过下面两个要点来确定所要表达的信息。

1月份销售统计

商品系列	百大店	万达店
水嫩精纯系列	15790	22340
红石榴系列	28900	23803
柔润倍现系列	12000	35005
超丽日化	2800	2245

图 2-1 数据表

针对图 2-1 所示的数据表格可以建立多种不同的图表，最关键是要根据想要表达的具体信息选用最合适的图表类型。

图 2-2 所示的饼图中强调的是两个店面的组合销售额不同。

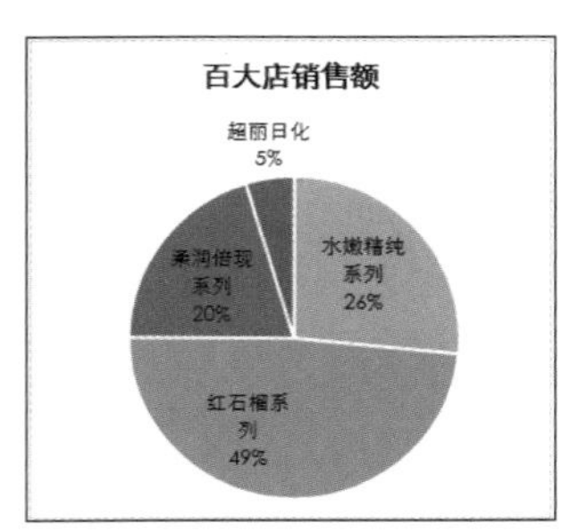

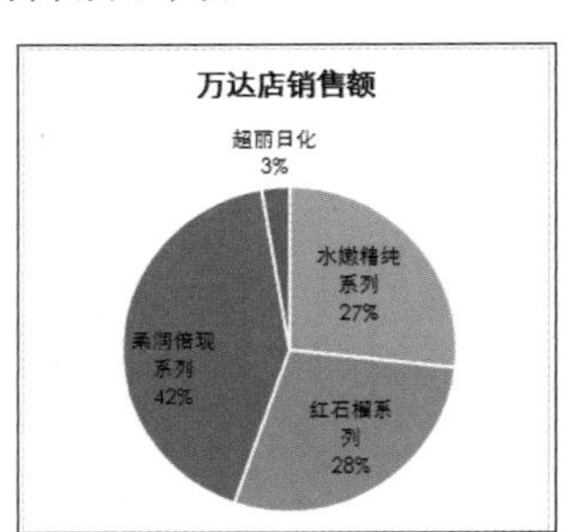

图 2-2 饼图

图 2-3 所示的条形图中强调的是两个店铺中各系列商品销售的排名情况。

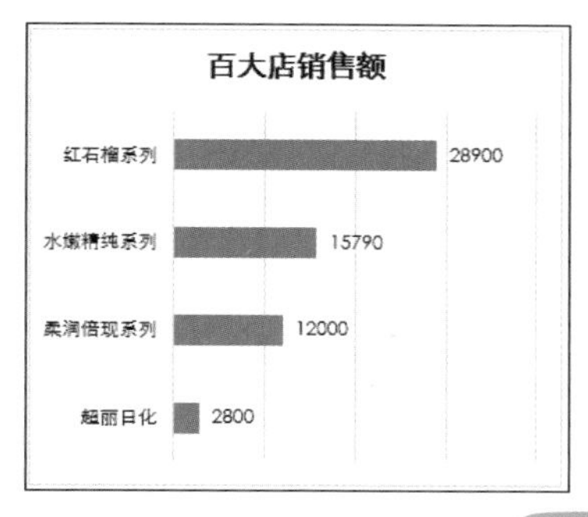

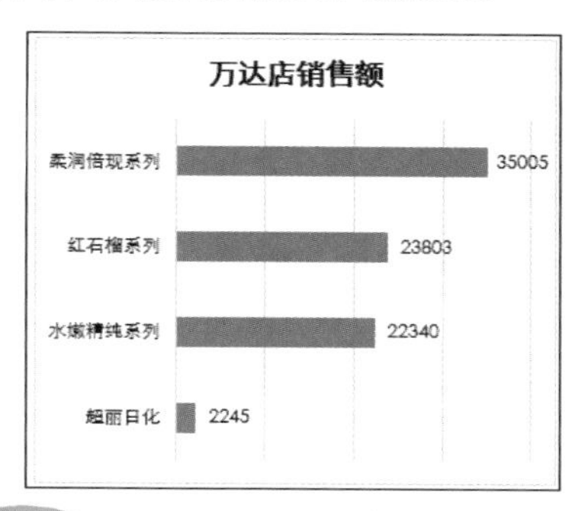

图 2-3 条形图

图 2-4 所示的簇状柱形图便于对两个店面中同一系列商品销售额的比较；图 2-5 所示的堆积柱形图能直观地显示出本月中各系列商品的销售总额。

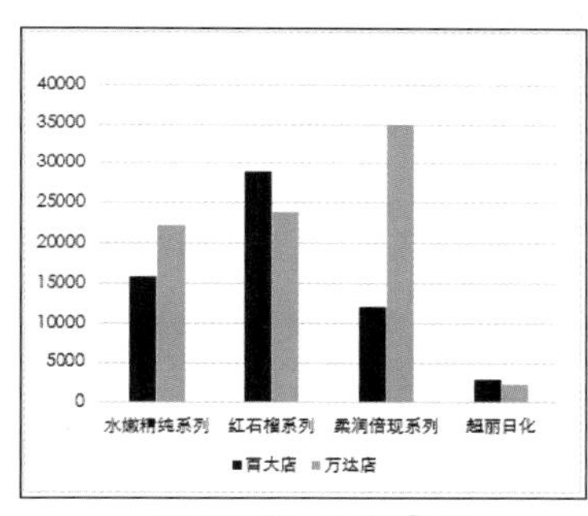

图 2-4 簇状柱形图

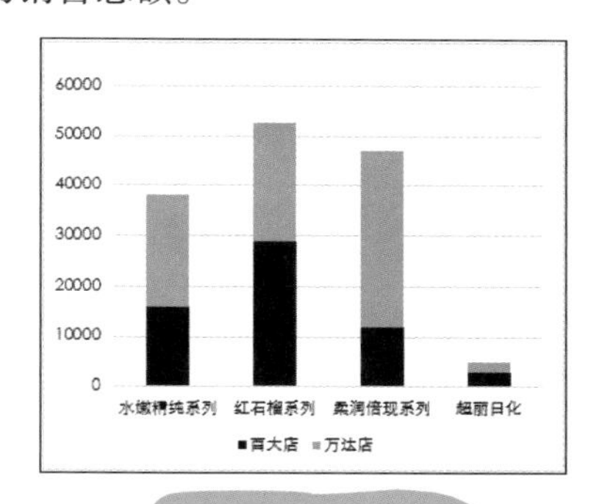

图 2-5 堆积柱形图

小贴士

关于作图数据源的组织相关知识，将在第 3 章详细介绍。

把想要表达的关键信息写入标题

如果一张图表没有标题，读者就会按照自己的意愿理解图表所传达的信息，因此将想要表达的关键信息写入标题就显得尤为重要。它能明确地表明此图表所要表达的重点信息。

图 2-6 所示的图表，读者可以理解成“红石榴系列”销售得很好，也可以理解成“超丽日化”销售得很差，而且这是一年的销售额还是一个月的销售额都没有明确的表明，因此应将图表的标题更改为图 2-7 所示的关键信息。

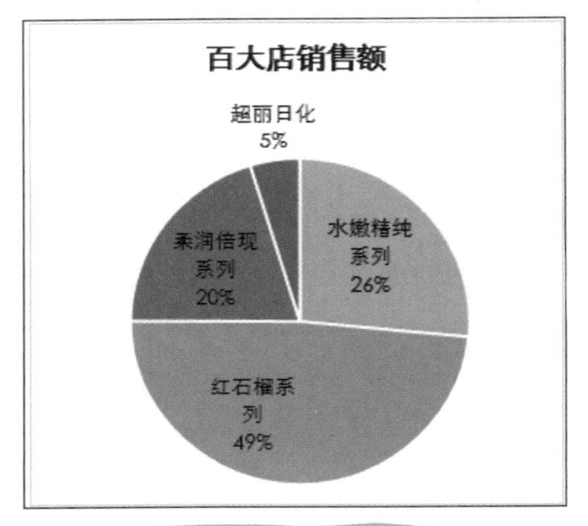

图 2-6 标题不明确

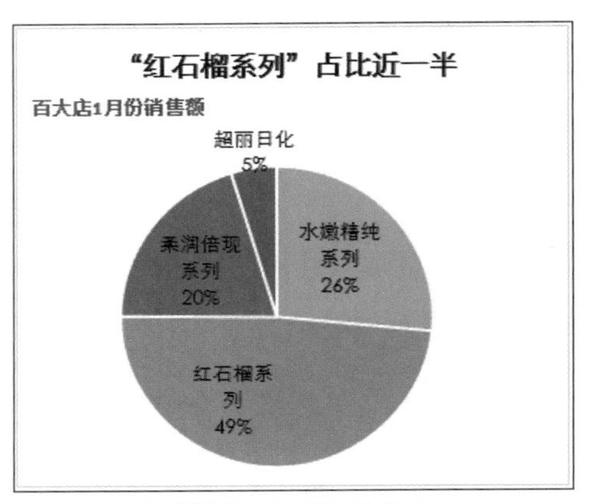

图 2-7 明确的标题 1

同理，图 2-8 和图 2-9 所示的图表也都应用了能直观地表明关键信息的标题。

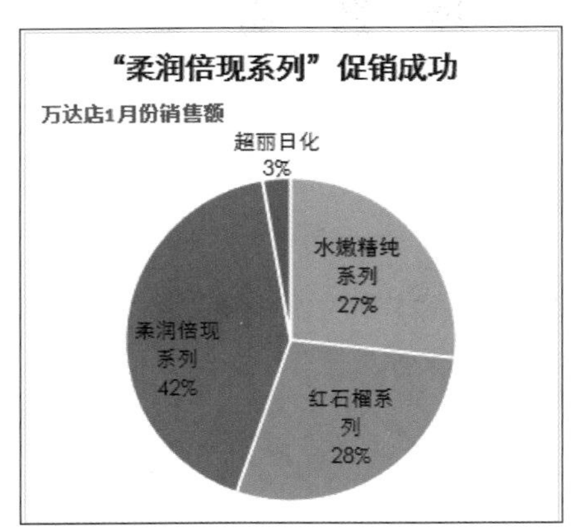

图 2-8 明确的标题 2

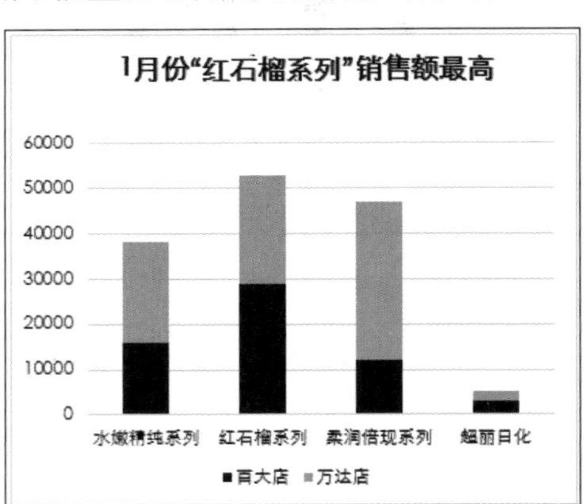

图 2-9 明确的标题 3

2.2 按数据关系选择图表类型

在明确了想要表达的信息之后，需要分析这些信息所属的数据关系种类。数据之间的关系可以归纳为五类，即项目比较、成分关系、时间序列、相关性和频率分布。不同的图表类型可以表达出不同的数据关系，如果图表类型不合适，图表外观设计得再美观也是无效的。因此，只有确定了数据关系才能正确的选择图表类型。

首先做一个简图，对不同图表形式所能表达的数据关系进行分类，再进行细致的讲解。

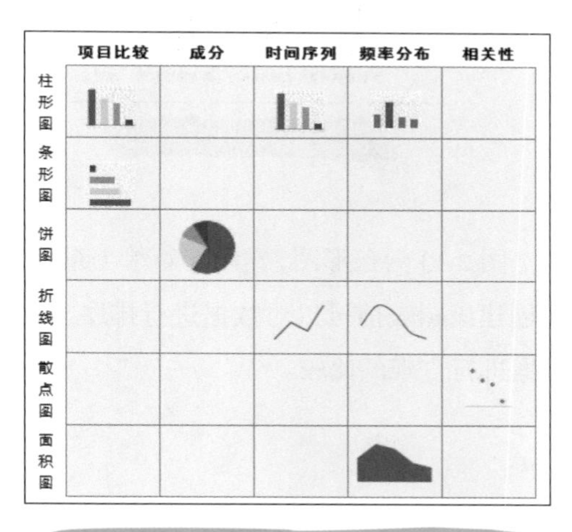

图 2-10 不同的图表类型表达的数据关系

项目比较的图表

项目比较就是对数据大小的比较。这是非常常见的一种数据关系，如“1 月利润额”与“2 月利润额”就可以形成数据大小比较关系。表达这种数据关系时，最常用的是柱形图与条形图。

图 2-11 为柱形图，从中可以直观地看到“万达店”的销售额明显高于“百大店”。

图 2-12 为簇状柱形图，从中可以直观地看到 1 月份“柔润倍现系列”的销售额最高。

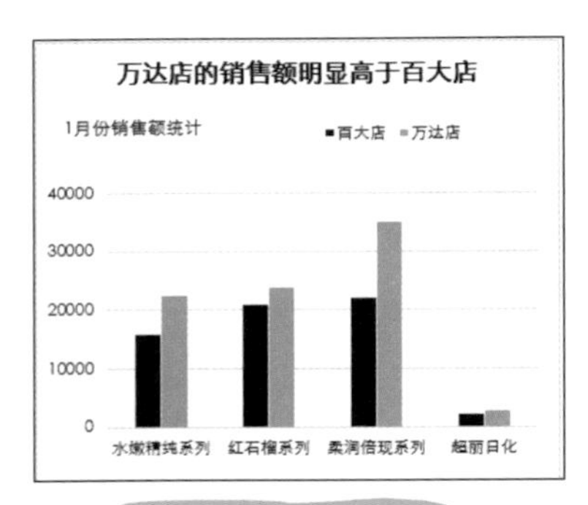

图 2-11　簇状柱形图

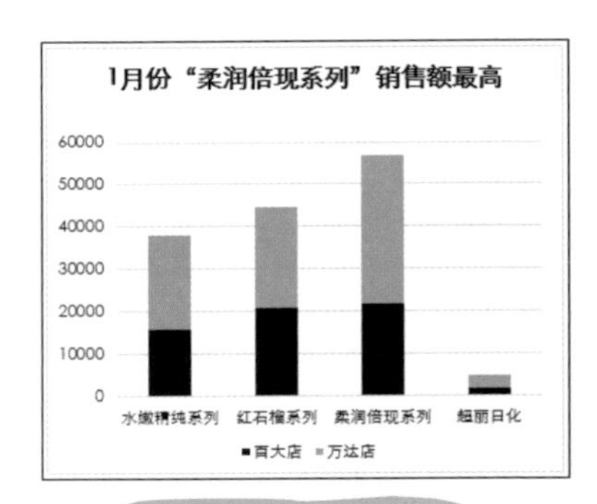

图 2-12　堆积柱形图

图 2-13 为条形图，它用于对单个系列值的比较，在创建该图表前可以对数据进行排序，从而对最终数据进行直观的比较。

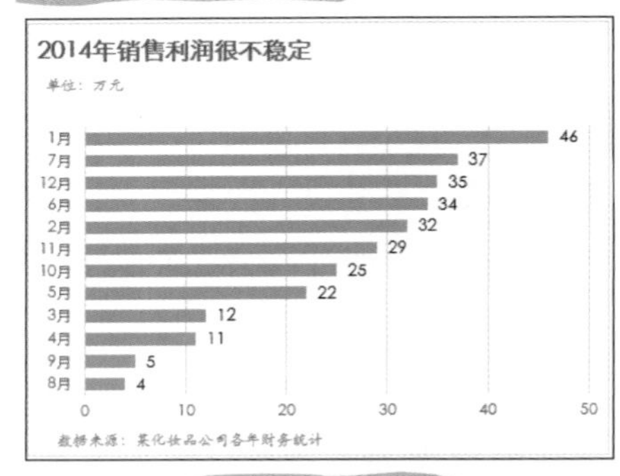

图 2-13　条形图

成分关系的图表

成分关系，即局部与整体的关系，它反映的是局部占总体的百分比。为了让图表所表达的信息更加醒目与直观，可以对图表的重点表达部分进行强调设计。

图 2-14 所示的图表除了利用标题强调外，还利用了颜色强调（强调大）；图 2-15 所示的图表除了利用标题强调外，还利用了颜色强调（强调小）。

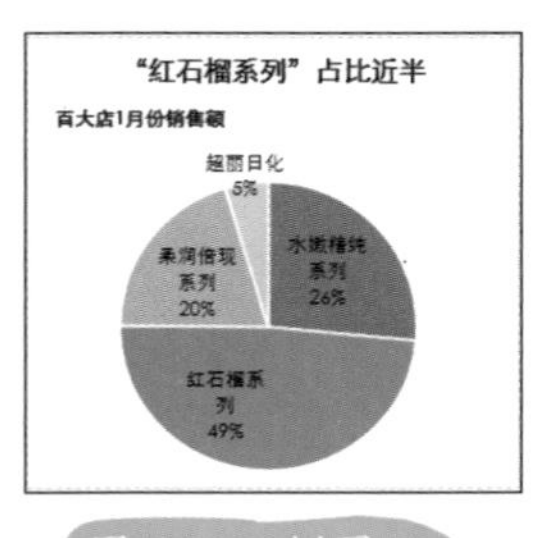

图 2-14　饼图 1

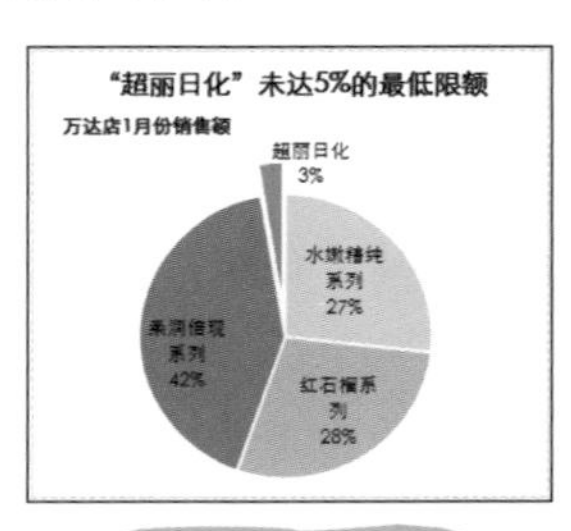

图 2-15　饼图 2

圆环图在商务办公中使用比较频繁，沿用上面的图表，可以建立圆环图，效果如图 2-16 所示。

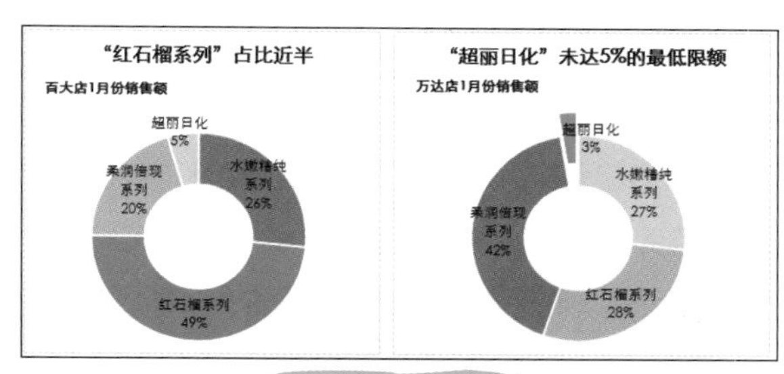

图 2-16　圆环图

饼图只能用来表达图表中单一数据局部与整体的关系，如果想要利用一张图表表达多组数据局部与整体的关系，可以选择将两张饼图排放在一起；但这不是最明智的做法，因为这不能准确地看出各个分类项目的变化趋势及其幅度。这时，可以采用百分比柱形图与百分比条形图来表达。

图 2-17 所示的图表可以同时显示两个店面中各个系列销售额的占比情况，也可以实现同系列商品之间的相互比较。

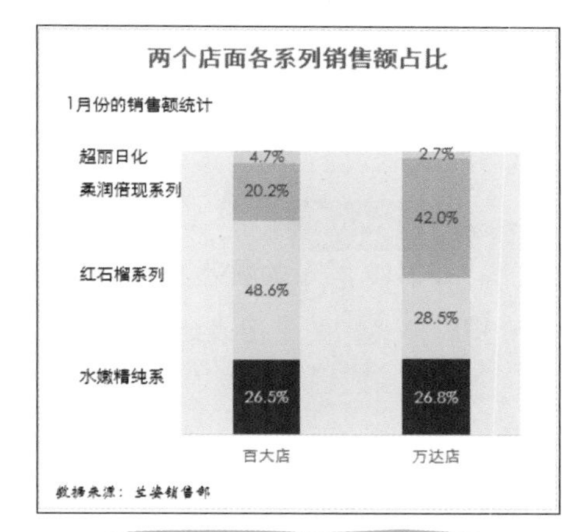

图 2-17　百分比堆积柱形图

小贴士

用饼图时不宜多于 6 种成分，如果超过 6 种，应该选择 6 种最重要的成分，并将未选中的成分列为"其他"范畴。因为人们的眼睛习惯于顺时针方向进行观察，所以应该将最重要的部分紧靠 12 点钟的位置，并且使用强烈的颜色对比以突出显示（如在黑色背景下使用黄色），或者在黑色图表中使用最强列的阴影效果，还可以将此部分与其他部分区分开。

时间序列的图表

表达走势、趋势关系一般是以时间序列为依据，表示体现出某事物在一定时间顺序的发展趋势。它的每周、每月、每季度和每年的变化趋势是增长的、减少的、上下波动的或是基本保持不变的。

表达趋势关系最常用的是折线图，如图 2-18 所示的图表，从中可以直观地看到 1 ~ 6 月的销售额呈下降趋势。

表达趋势关系也可以使用柱形图，如图 2-19 所示的图表，从中可以直观地看到数据的变化趋势。

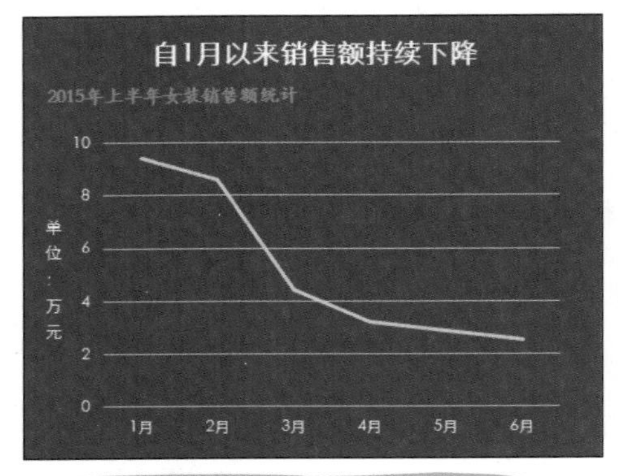

图 2-18 折线图表达数据变化趋势

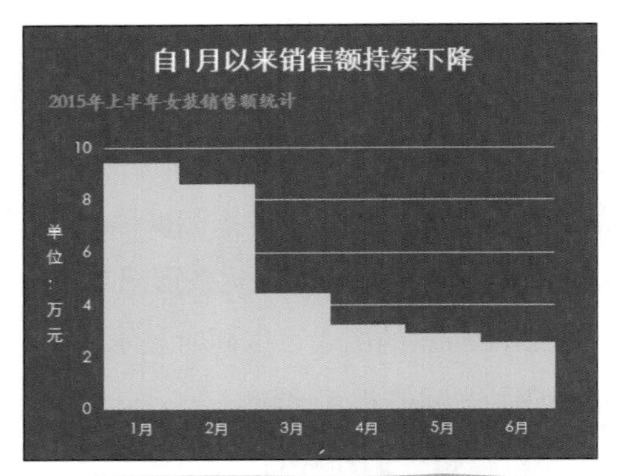

图 2-19 柱形图表达数据变化趋势

小贴士

图 2-19 所示的柱形图是先建立柱形图后，再将分类间距调整为 0，这样就形成了阶梯的样式。关于图表的编辑技术，在后面的章节中会介绍到。

经验之谈

折线图与柱形图都能表示时间序列的趋势，选择哪个更好

在此需要说明的是，是选择柱形图还是选择折线图，取决于用哪一个更方便。

柱形图更强调各数据点的值及其之间的差异，折线图更强调起伏变化的趋势印象。

柱形图更适合于表现离散型的时间序列，折线图更适合于表现连续的时间序列。如果是展示少量的数据，建议采用柱形图；如果是用大量数据展现趋势，那么应该使用折线图。

相关性的图表

相关性表示两个变量的关系是否符合所想要证明的模式。表达相关性数据关系通常采用散点图和气泡图。

散点图将两组数据分别绘制于横坐标与纵坐标，在创建此图表时最好对其中一组数据进行排序，让其呈上升或下降的趋势。如果另一组数据也呈上升或下降的趋势，表示二者具有相关性，相互影响着。

图 2-20 所示的图表，从中可以看到在价格呈不断上升趋势的同时，销量呈不断下降的趋势。

图 2-21 所示的图表，从中可以看到随着销售量的上升，工作年限并未完全呈上升趋势，因此判断出销售业绩与工作年限之间无明显关系。

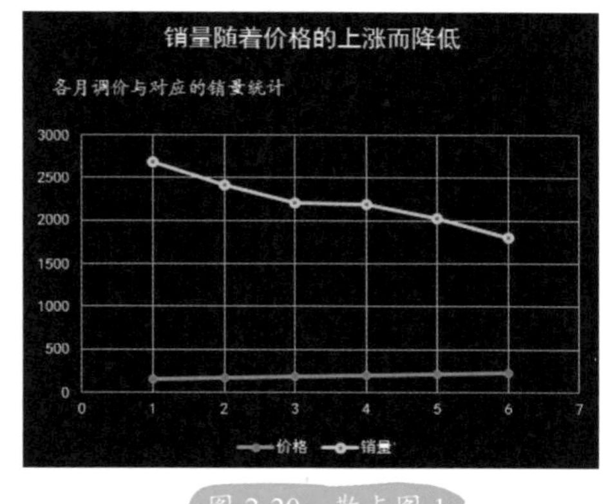

图 2-20 散点图 1

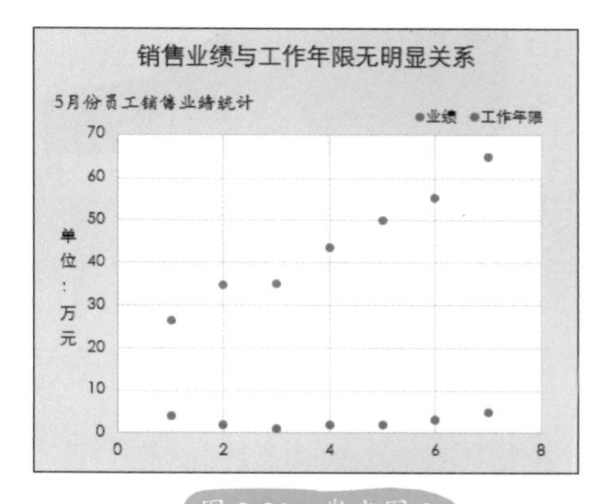

图 2-21 散点图 2

小贴士

气泡图与 XY 散点图类似，不同之处在于 XY 散点图对成组的两个数值进行比较，而气泡图对成组的三个数值进行比较，且第三个数值确定气泡数据点的大小。

频率分布的图表

使用频率分布的图表主要有两种应用：一是在所有样本中进行归纳，用来检测风险、可能性或者机会；二是描述确定性或不确定性。在进行频率分布分析时，过于少量的数据一般无太大意义，通常需要在一系列数据中找寻规律。反映频率分布数据关系的图表通常为折线图与面积图。

图 2-22 为面积图，从中可以通过图例的占用面积来判断数据分布于哪一部分区域。

图 2-23 为折线图，从中可以看到多数人赞成定价在 55 ~ 65 元。

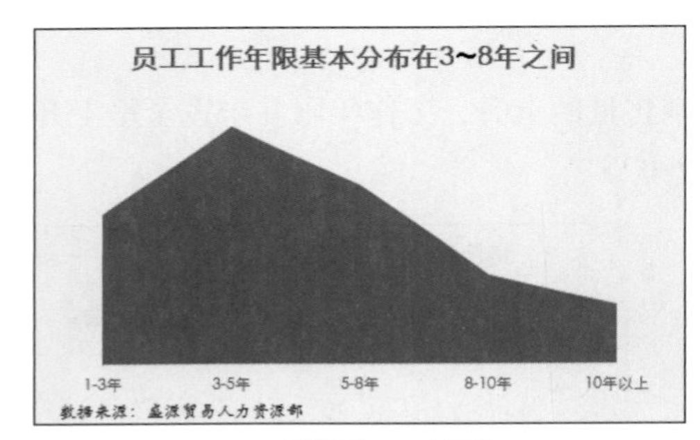

图 2-22 面积图

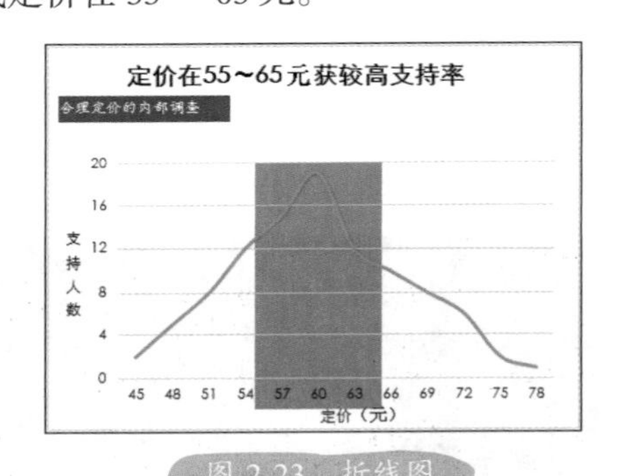

图 2-23 折线图

关于其他图表类型

图表类型包括柱形图、折线图、饼图、条形图、面积图、散点图、股价图、曲面图、雷达图共九类。其中各类图表中包含多个子图表类型，加起来总共有 70 多种图表。

回顾日常工作中使用到的一些图表，柱形图、折线图、饼图、条形图比较常用。其中有的是基本类型，有的看上去效果很不一样，其实也是对基本类型经过编辑得到不同的布局效果，图 2-24 所示的图表，其基本类型为柱形图；图 2-25 所示的漏斗图是由条形图变化而来的。

这一变化过程需要涉及图表的编辑技术，这部分内容会在后面的章节中介绍到。

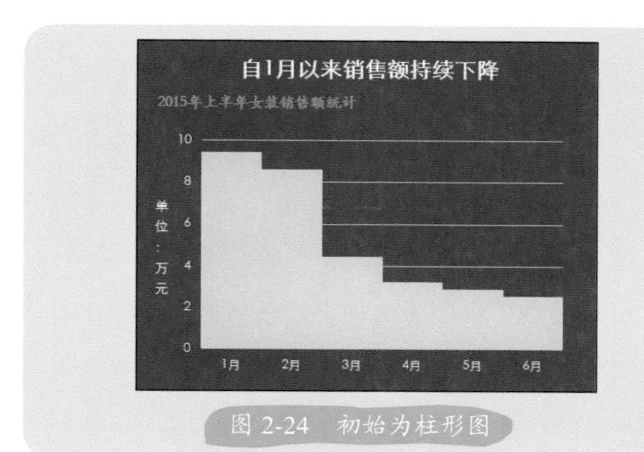

图 2-24 初始为柱形图

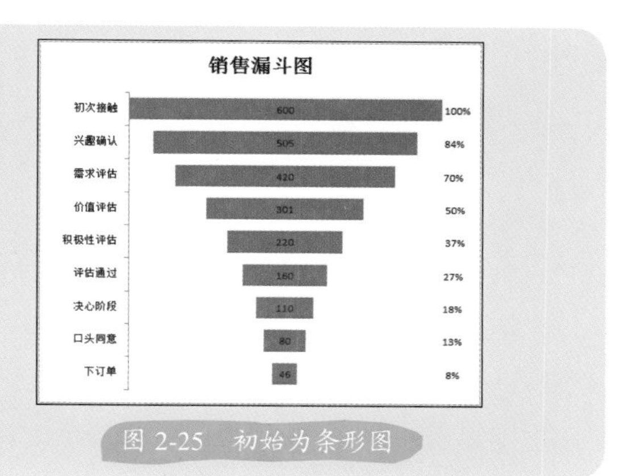

图 2-25 初始为条形图

双图表类型的应用

我们经常会在一些商务图表中看到折线图与柱形图混用的例子，如图 2-26 所示的两张图表。

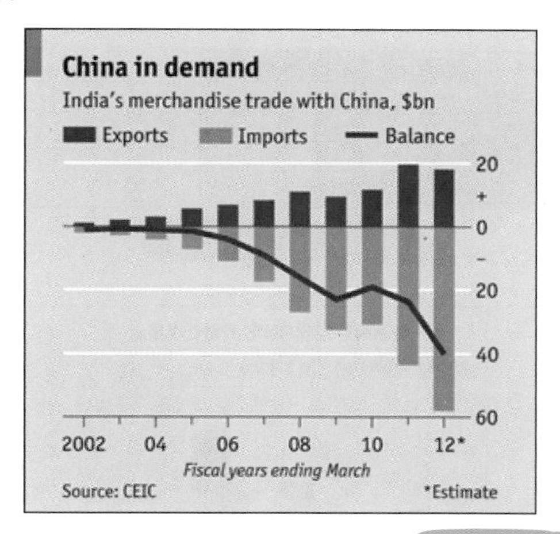

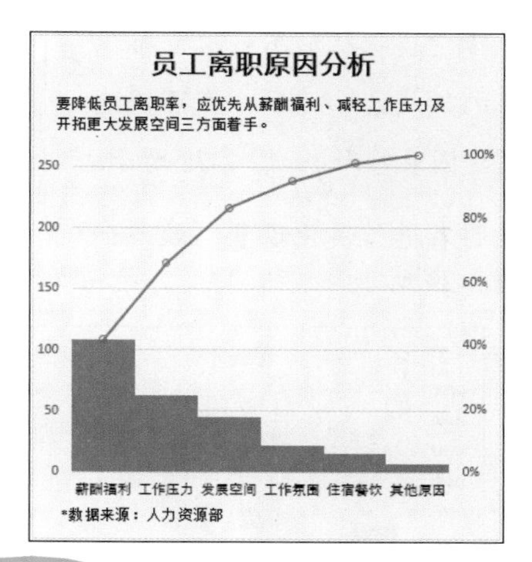

图 2-26 双图表类型

双图表类型最主要的设置是要设置某个数据系列沿次坐标轴绘制，因为两种不同的图表类型表达的不是同一种数据类型。例如，一个是销售额，另一个是百分比，显然这两种数据不能在同一坐标轴中体现。

小贴士

需要注意的是，并非是任意两种图表类型可以绘制于同一张图表中，最常用的是柱形图与折线图的混用。柱形图与面积图也可以混合使用。

Excel 2013 提供了一个“组合图”功能，其中包含三种图表类型：簇状柱形图—折线图（两种图表类型使用同一坐标轴）、簇状柱形图 - 次坐标轴上的折线图（两种图表类型使用不同坐标轴）、堆积面积图 - 簇状柱形图（默认两种图表使用同一坐标轴，可以在建立后手工设置启用次坐标轴）。

1. 在如图 2-27 所示的数据源中，选中 A2:D6 单元格区域，在“插入”选项卡的“图表”选项组中单击“组合图”按钮，然后选择“簇状柱形图—次坐标轴上的折线图”选项，即可快速创建图表雏形，如图 2-28 所示。

2. 对图表进行美化设置，效果如图 2-29 所示。

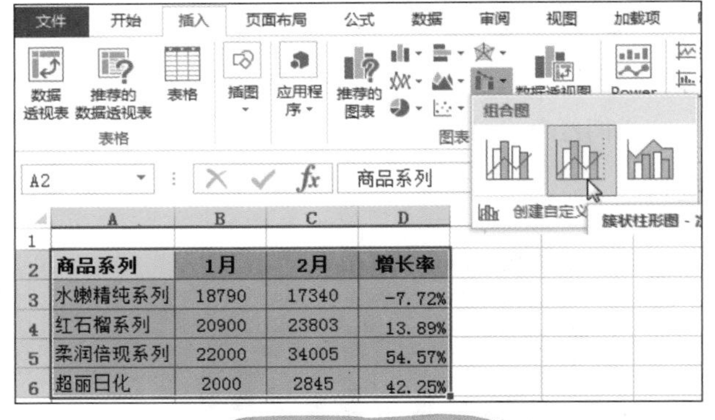

商品系列	1月	2月	增长率
水嫩精纯系列	18790	17340	-7.72%
红石榴系列	20900	23803	13.89%
柔润倍现系列	22000	34005	54.57%
超丽日化	2000	2845	42.25%

图 2-27　选择组合图

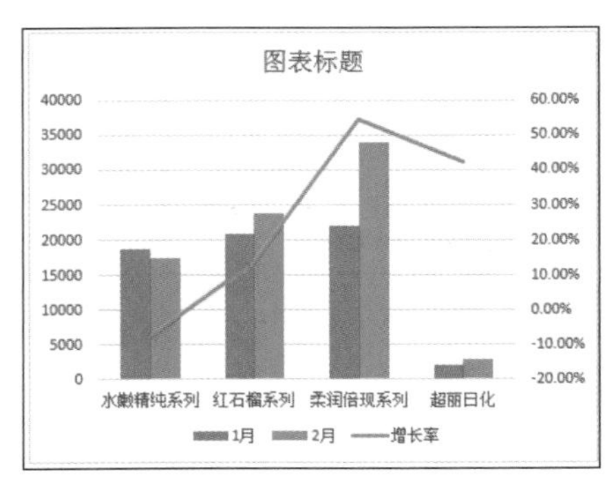

图 2-28　快速创建组合图

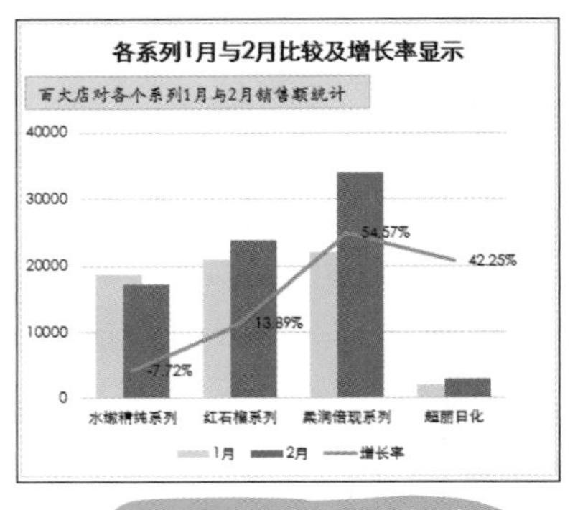

图 2-29　美化后的图表

2.3 别让图表犯错

要想做出专业的图表，首先要保证图表中没有错误。数据正确不代表做出来的图表就一定正确，如果在制作图表的过程中出现错误，很可能会让正确的数据传达出错误的信息。因此，在制作图表时，要有职业精神和专业的态度。

图表不是用来琢磨的

做图表的目的在于让数据更直观地显示出来。如果做出来的图表无法表达其所要表达的意思，那么就违背了作图的初衷。

重要元素不能缺失

错误做法

图 2-30 所示的图表，从中找出其存在的错误。

该图表中存在的最大错误在于元素残缺不全。我们提倡图表要简洁，即在保证重要元素不缺失的前提下作图，但关键信息绝不能缺失。该图表中存在的问题如下。

（1）没有标题。

（2）没有图例。

（3）数据没有金额单位。

（4）对于出现显著变化的数据没有特殊标注或备注。

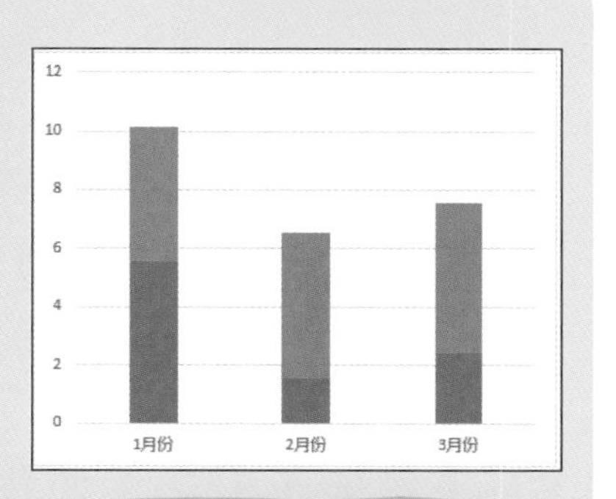

图 2-30 存在错误的图表

根据上述四个问题，我们将图表修改成图 2-31 所示的样式。

通过这个图表可以直观地显示出 1～3 月份中，1 月份的总销售金额最高，也可以直观地看到销售额出现严重滑坡的项目，并找出原因，对症下药。

因此，图表中凡是要传达信息的元素，不该省的一定不能省。让人看明白图表要表达的信息是最基本的要求。

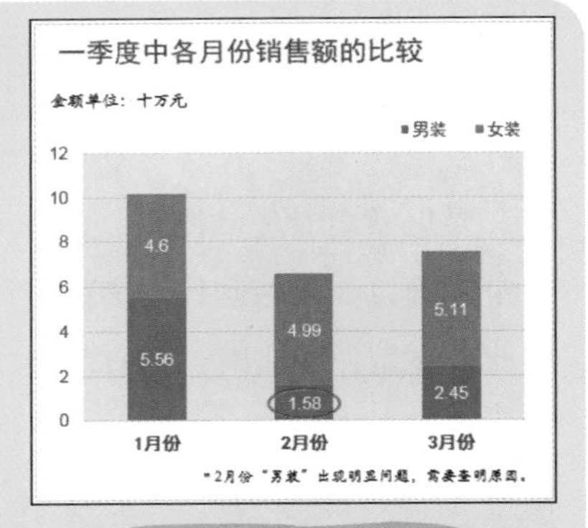

图 2-31　正确的图表

过于复杂的图表

过于复杂的图表简言之仍然是违背了用图说话的作图原则。图 2-32 所示的图表就是一个例子。

专业化的图表应具备简约的特点。简约是指图表只是为了说明一个观点。当需要表达多个观点且必要时，建议分开作图。

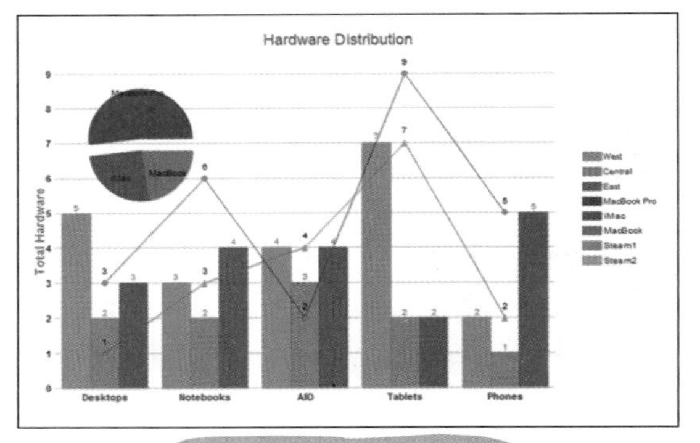

图 2-32　过于复杂的图表

把图表做成上述的样式一般是因为将过多的数据建立到同一张图表中，要知道图表本身不具有数据分析的功能，它只是服务于数据，因此要学会提炼分析数据，将数据分析的结果用图表来展现才是最终目的。因此，过于复杂的数据不适合用来建立图表。

不要把不同类型的数据创建到同一张图表中

不同类型的数据不具有可比性，在创建图表时严禁将不同类型的数据创建到同一张图表中，否则非但不能传递出相关信息，还会起到误导的作用。

错误做法

图2-33所示的图表中，就把“合计”数据与“1月份”等单月数据绘制到了同一张图表中，其错误在于合计值与单月值没有可比性。

该图表只能反映出“女装”的总销售额最高，很难传递出其他信息。

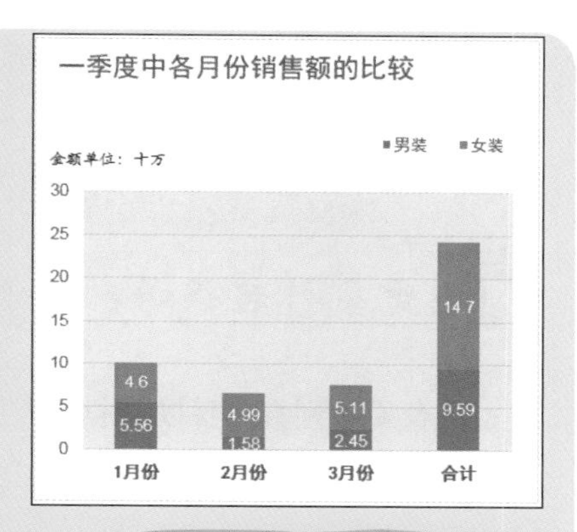

图2-33 错误的图表

正确做法

想要更加直观地显示合计数据，可以为其单独做一张图表。

1. 按住“Ctrl”键，选中A2:A6、E2:E6单元格区域，如图2-34所示。

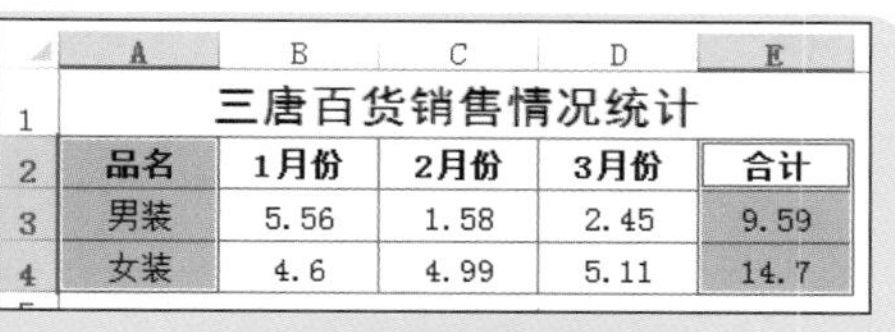

	A	B	C	D	E
1	三唐百货销售情况统计				
2	品名	1月份	2月份	3月份	合计
3	男装	5.56	1.58	2.45	9.59
4	女装	4.6	4.99	5.11	14.7

图2-34 数据表

2. 在“插入”选项卡的“图表”选项组中单击“插入饼图或圆环图”按钮，在弹出的下拉菜单中选择“二维饼图”选项，插入的图表雏形如图2-35所示。

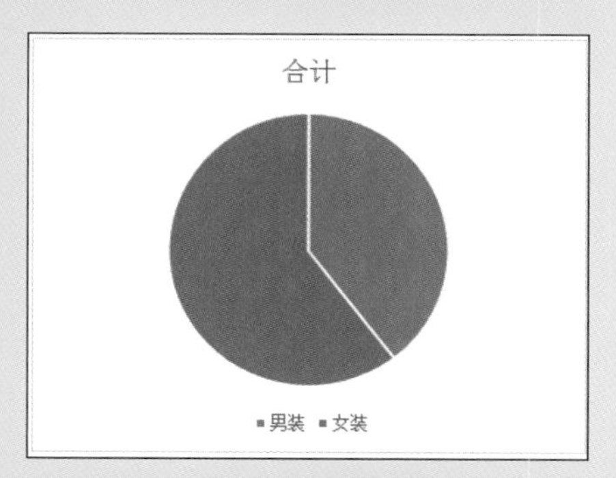

图2-35 正确的图表

③ 对图表进行美化设置（步骤略），得到的效果如图 2-36 所示。

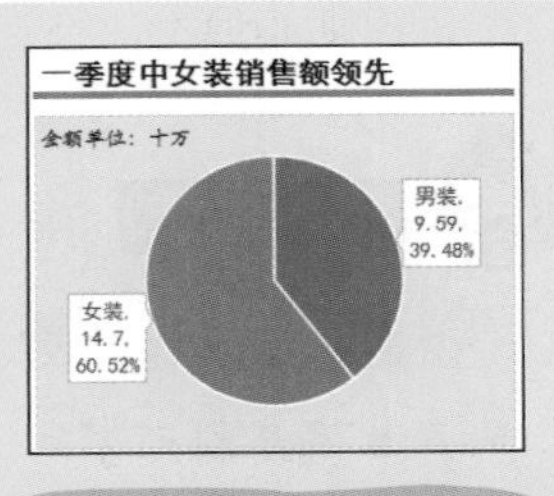

图 2-36 优化后的图表

避免易引起误导的图表

图表要做到真实反映数据情况，是一件很严肃、专业的事。下面从两个方面来说明此观点，旨在引起读者注意，其他未尽事宜，读者在学习中要多加留意。

时间序列不能乱

错误做法

图 2-37 所示的图表中，乍一看数据呈递减趋势。

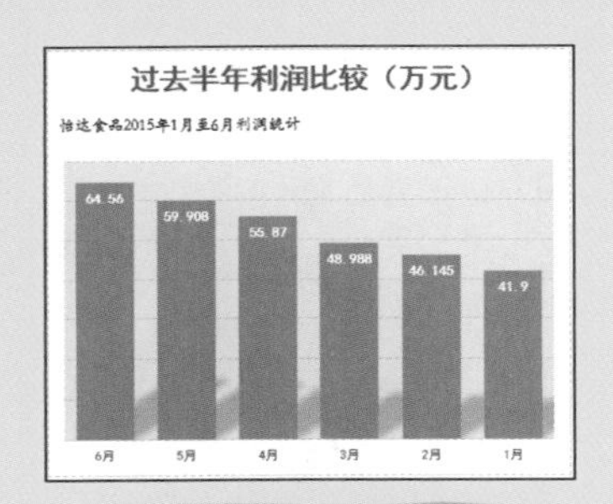

图 2-37 误导的图表

正确做法

实际上并非如此，它的横坐标是从 6 月到 1 月顺序排列的，变成逆序类别了，如果采用默认的从 1 月到 6 月的顺序排列，那么数据应呈递增趋势，如图 2-38 所示。

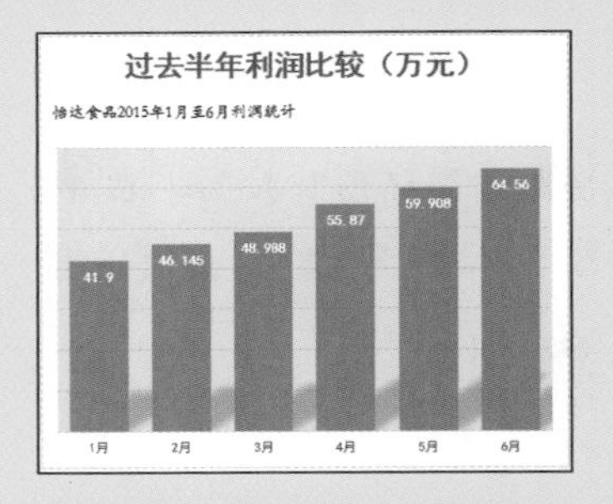

图 2-38 正确的图表

谨慎坐标轴的起始刻度

纵坐标轴刻度一般从0开始，否则会在无意间夸大数据的变化幅度。图2-39所示的图表，乍一看费用的起伏幅度非常大。

实际上并非如此，它的纵标轴的最小值刻度被修改过了，整体数值跨度小了，如果只看图表中的折线，会误认为费用差额很大。实际上，起伏状况是非常平稳的，如图2-40所示。

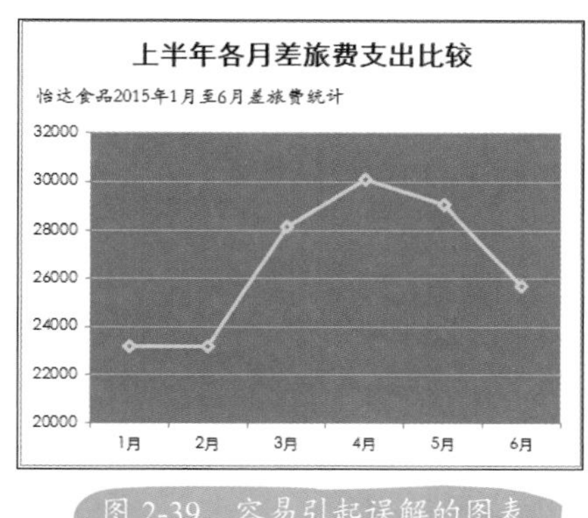

图2-39 容易引起误解的图表

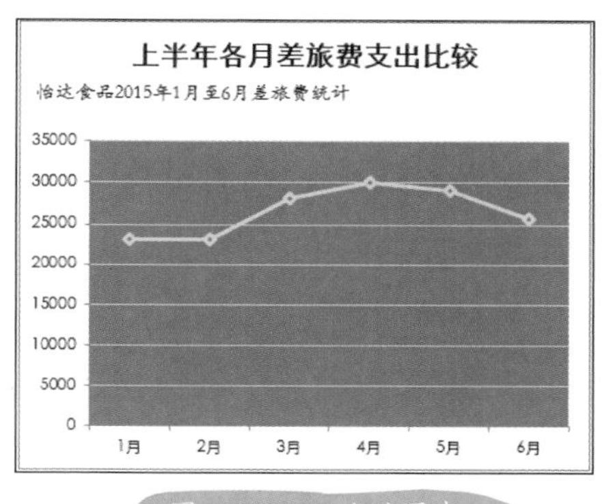

图2-40 正确的图表

错误的图表

如果称某图表为错误的图表，那么这张图表肯定表达出的信息不明确，或者存在误导读者的嫌疑。

根据源数据与分析目的选择合适的图表类型是避免产生错误图表的基础，同时心中还要时刻记住创建图表的目的。下面来看几种错误的图表，旨在引起读者注意，其他未尽事宜，读者在学习中要多加留意。

非直角的三维图表

本身三维图图表不是商业图表的应用范畴，如果三维图图表的坐标轴不是 90° 直角，那么这种图表就是错误的图表，如图 2-41 所示。

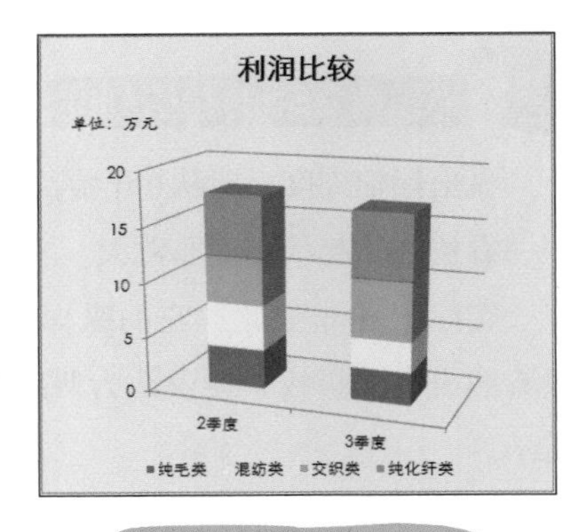

图 2-41　错误的图表

双层的饼图

图 2-42 为双层饼图，它是将外层的某一个扇面的构成分类情况利用内层的分区再次展现。如果只有两层还勉强可以接受，层数多了就会显得很乱。Excel 中的复合饼图可以将需要再次分类的那个扇面的构成再形成一个构图，这样效果会更加清晰。

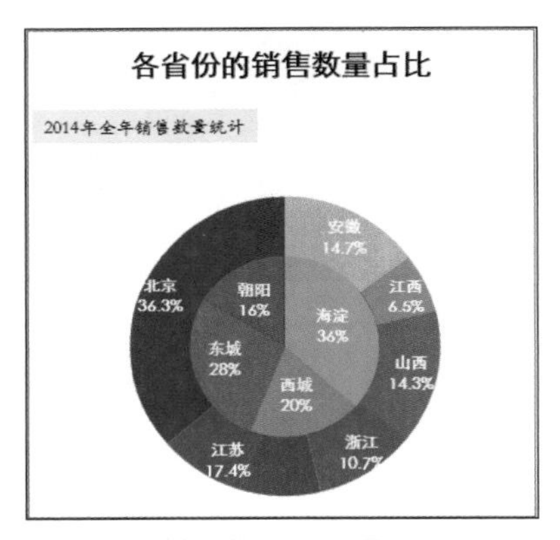

图 2-42　双层饼图

饼图与其他图表类型混用

图 2-43 所示的图表混合使用了饼图与折线图，除了图表样式特殊之外，对数据的表达效果并不好。

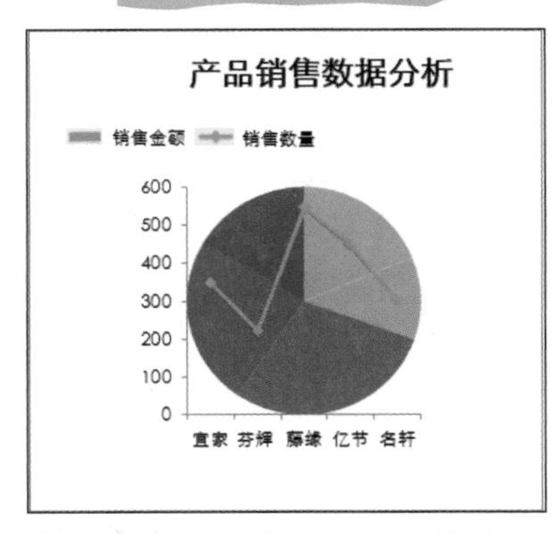

图 2-43　饼图与折线图混合使用的效果

多 Y 轴的图表

当多个系列的数量级差距悬殊时，如数值与百分比，这时就需要使用次坐标轴。如果只是左右两条坐标轴，还是可以理解的，它至少解决了将不同量纲数据绘制于同一张图表的问题。图 2-44 所示的图表中，需要读者不断地左右对照，才能寻找到想要的结果，这样的效果明显很不好。

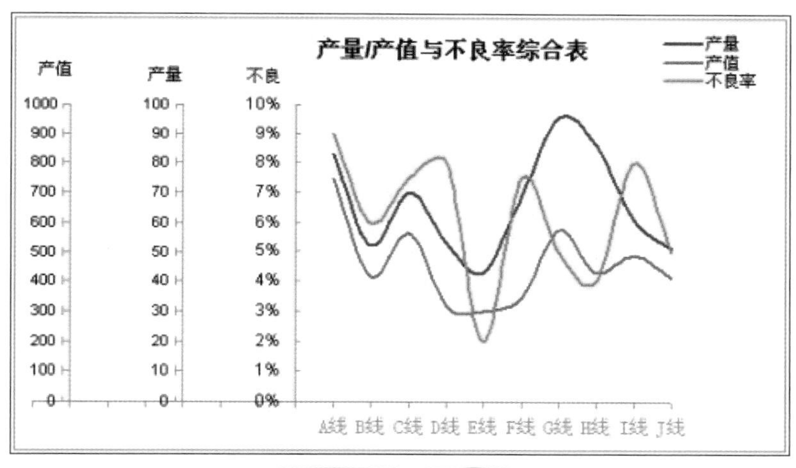

图 2-44 多 Y 轴的图表

所以，在作图时，与其把各种参数都合并在一张图表中，不如考虑分别用一个简单子图表示然后拼成一个组图。

不必要的图表

每张图表必须要有明确、必要的目的。图表是为了让数据分析结果更加直观、更加便于理解。如果图表展示出的效果未能给人带来这样的心理感受，这张图表就是不必要的图表。

图 2-45 所示的图表，这一组数据变化微弱，建立柱形图毫无比较意义；图 2-46 所示的图表，相同的问题，数据显示到饼图中，没有起到任何比较作用。

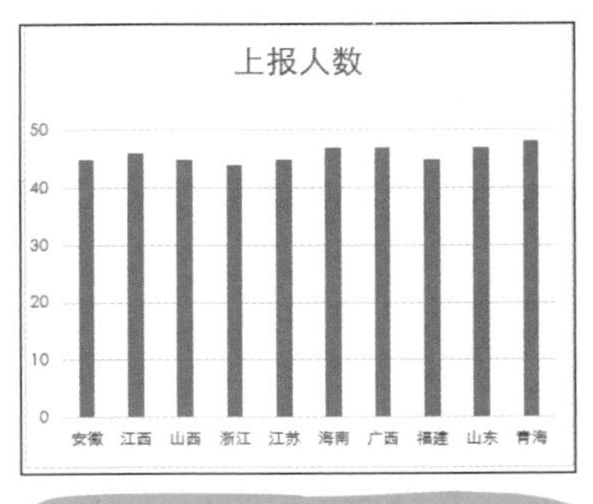

图 2-45 变化微弱对比不强 1

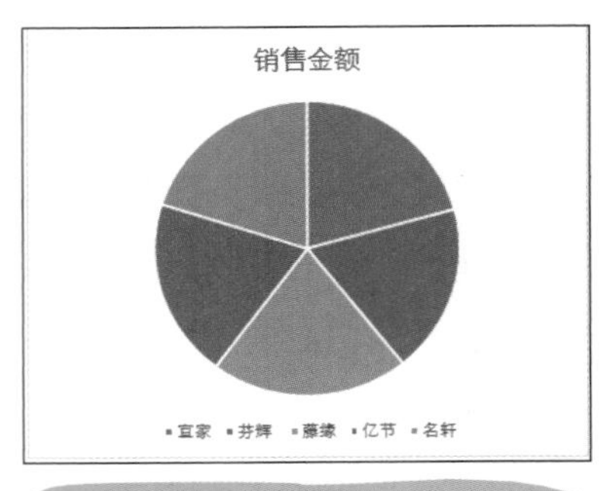

图 2-46 变化微弱对比不强 2

不同图表类型的特殊问题

在选择了图表类型之后，在进行美化设置时需要了解该图表类型所应注意的问题，从而扬长避短，让图表取得最佳的表达效果。

饼图要注意的问题

（1）数据项应保持在六种以内。如果超出六种，应该选择六种最重要的，并将未选择的部分归纳为其他种类。

（2）不要使用爆炸式或 3D 效果的饼图。图 2-47 所示的爆炸式饼图和图 2-48 所示的 3D 效果图表，都很容易出现难于比较数据大小的情况。

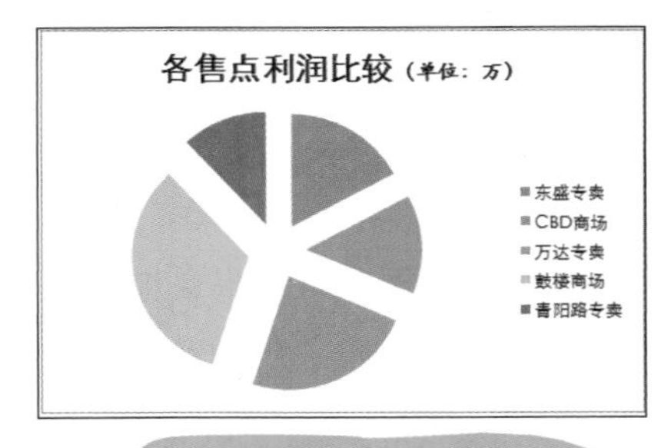

图 2-47 爆炸式饼图

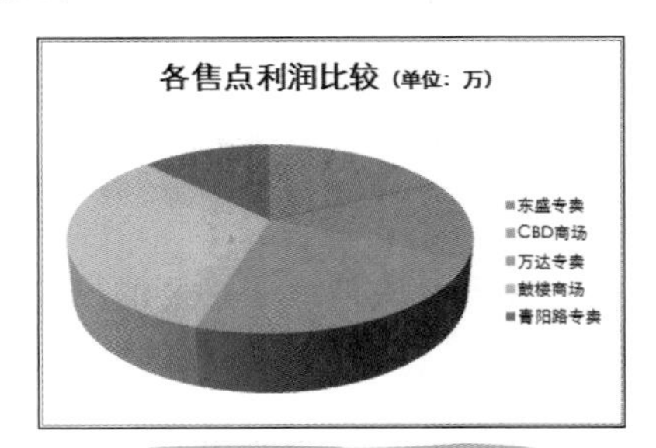

图 2-48 3D 效果饼图

（3）各扇面使用白色边框线，具有较好的切割线感。图 2-49 所示的图表中，各扇面很好地被切割。在 Excel 2013 中默认的饼图就具有这种切割扇面的白线条。

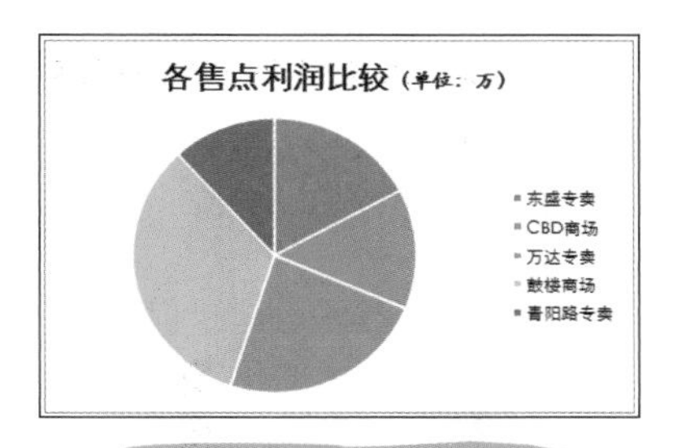

图 2-49 有切割感的饼图

（4）饼图添加类别名称数据标签后就不要再使用图例。当为图表添加了类别名称标签后，图例已不具备存在的意义，可以将其删除，让图表更加简洁，如图 2-50 所示。

（5）使用标签引导线时，注意一定要调整好各扇面的位置，避免凌乱（见图 2-50）。

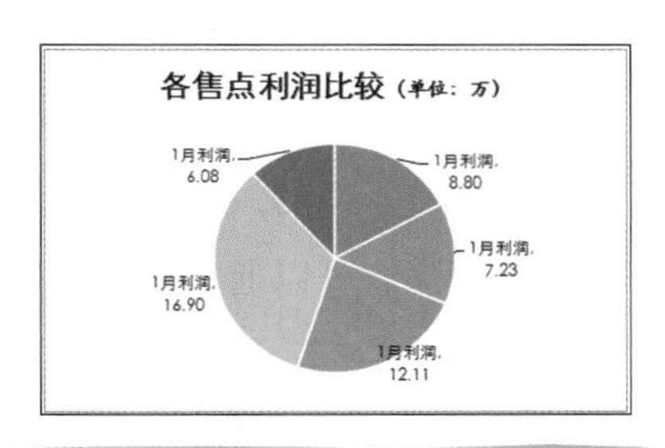

图 2-50 不使用图例且使用引导线的饼图

柱形图需要注意的问题

使用柱形图时，需要注意以下几个问题。

（1）同一系列使用相同的颜色。如果图表中不只包含一个数据系列，如柱形图、条形图通常要用来比较不同的数据系列，而同一个系列要使用同一种颜色才能便于查看与观察。

图 2-51 所示的图表中有“百大店”与“万达店”两个系列，按常规来说应该是一个系列使用一种颜色，而该图表中却使用了三种颜色，如图 2-51 所示。虽然图表中使用了三个色系，但此图表中却只有两个数据系列，显然混淆了图表的表达效果。正确的做法是同一系列使用同一颜色，图表中有几个系列就使用几个色系，如图 2-52 所示。

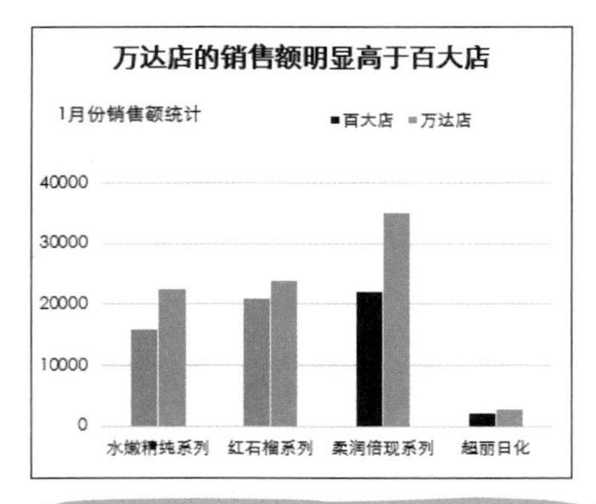

图 2-51 同一系列采用不同颜色的图表

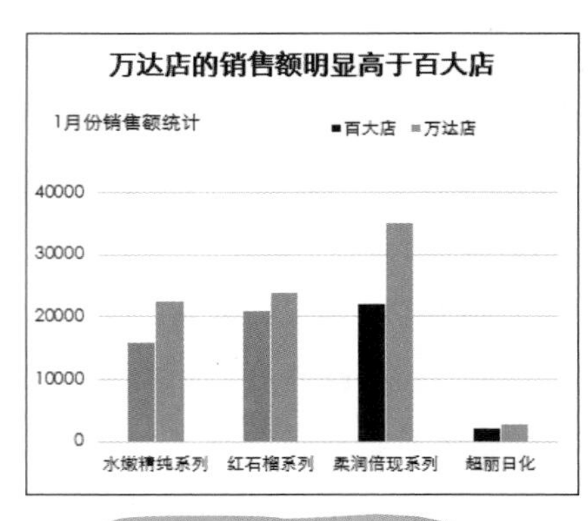

图 2-52 正确的色系

（2）不要使用倾斜的标签。倾斜的标签既影响阅读，又会使绘图区缩小，如图 2-53 所示。我们可以通过缩小标签字号来解决这一问题，如果不能解决，建议做成条形图。

（3）柱形图最好添加数据标签，同时删除刻度线和网格线。添加数据标签的好处在于可以让人直观地看到具体数值。添加了数据标签后，需要删除坐标轴与网格线，这样做可以让图表更加简洁，如图 2-54 所示。

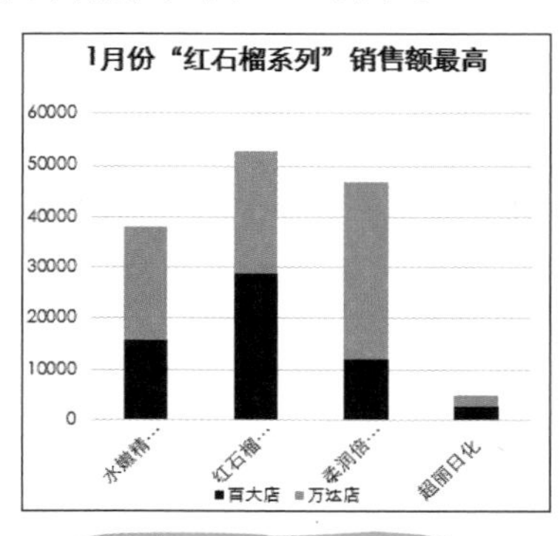

图 2-53 倾斜的标签

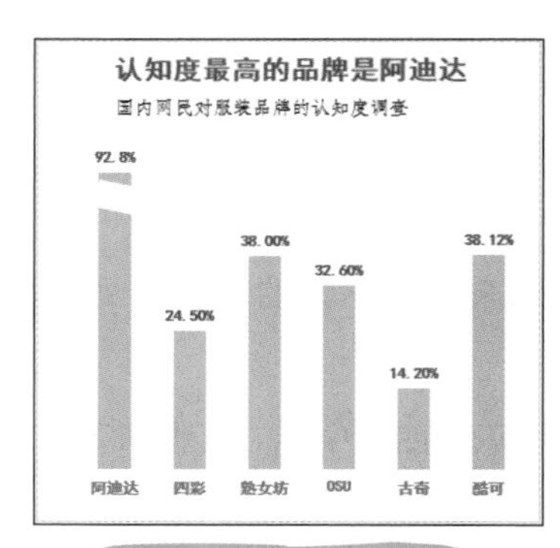

图 2-54 添加数据标签

条形图需要注意的问题

条形图可以看成是旋转了 90° 的柱形图，因此应该注意问题与相关要求方面与柱形图相似，具体归纳如下。

（1）同一数据系列使用相同的颜色（同柱形图）。

（2）尽量让数据从大到小排序。经过排序的数据可以让人直观地看出数值大小，同时也便于比较差值，如图 2-55 所示的图表。只要对图表的数据源执行排序即可得到相应的图表。

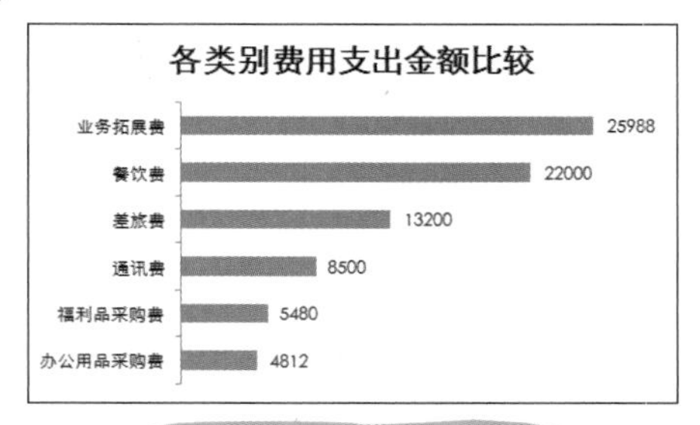

图 2-55 排序后的条形图

（3）不要使用倾斜的坐标轴标签（同柱形图）。

（4）最好添加数据标签（同柱形图）。

（5）分类项为时间顺序时，要反转分类次序（详见 6.3 小节“反转条形图的分类次序”）。

折线图需要注意的问题

（1）线条（即数据系列）不易过多。折线图中一根线条代表一个系列，系列过多时不适合做成拆线图，否则线条交织在一起表达效果很不好，如图 2-56 所示的图表。

（2）折线线型要相对粗些。

（3）不要使用倾斜的坐标轴标签（同柱形图）。

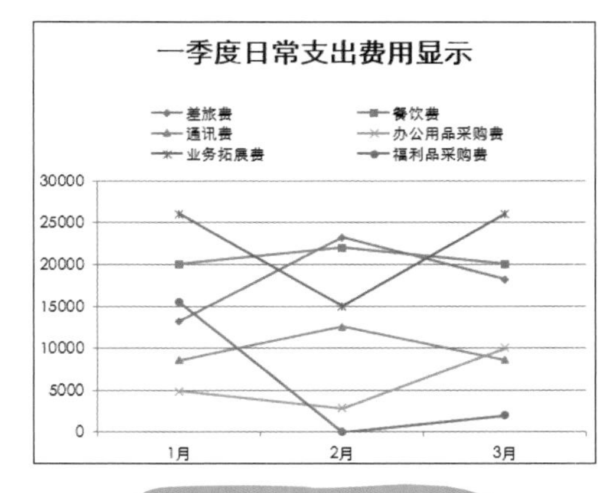

图 2-56 折线过多的图表

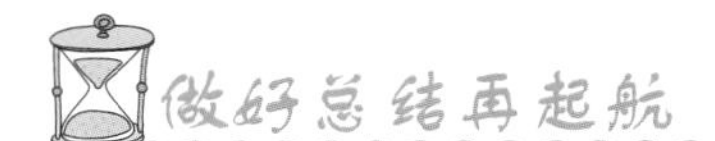

做好总结再起航

回顾本章内容，一句话概括，就是在探讨如何做出一张正确的图表。在这里，我们将细枝末节的问题进行如下总结。

创建原则

（1）图表要有明确的作用，不要把图表建立得没有重点。

（2）图表标题直接点明想要表达重点，避免让读者站在错误的角度去理解。

（3）副标题可以是数据来源说明或是对图表表达观点的补充，这样既能弥补主标题的不足，又能体现出专业感。

（4）脚注可以是数据来源说明或是备注信息，这也是专业图表的要求。

（5）图表要简洁、易懂，表达的信息要让人一目了然。

（6）所有三维格式图表都不推荐使用。

（7）不要为了秀技术把图表建立得过于复杂。

（8）当图表更能表达结果时就做，不做不必要的图表。

（9）成功的图表设计者需要具备按图塑造数据源的素质。

格式化原则

（1）图表要有设计感，作图时时刻要以设计的原则要求自己。

（2）不要总是懒于改变默认值，默认的颜色、字体、布局等都有不足，要在模仿过程中不断求新。

（3）色彩不可滥用，商务图表的配色应该趋于简洁和稳重。

（4）3D、透视、演染等修饰方式不适合用于商业图表。

（5）Y 轴刻度值应从 0 开始，若使用非 0 起坐标，至少要有明显的截断标识。

第3章

专业课一
——不可不知的图表编辑技术

3.1 作图数据也要组织

建立图表时，一般都是以现有的数据来创建，但有一些图表使用默认的数据是根本无法实现的。因此，这样的图表要在作图数据上下一番功夫。通过对数据进行组织和安排，可以实现一些特殊的图表。在这一节中，我们首先要树立这样一种认识，随着后面接触到更多的图表样式，我们就可以理解这种处理价值。

原始数据不等于作图数据

很多时候，原始数据并不能满足作图的要求，如原始数据是一堆数据明细表或是其他正式表格，有时我们需要得到分析的数据，有时我们需要提取作图数据。因此，在建立图表前要有为作图而准备数据的习惯。将作图数据分离开来，就能拥有更多的自由空间，就能根据作图需要进行各种组织、编排等，如添加辅助系列、用空行组织数据、让系列占位、用公式计算辅助值等。

用数据分析的方法获取作图数据

由于图表是直观反映数据的工具，因此数据做成什么样，图表才能显示出什么样。作为数据分析人员或是报告撰写人员，要根据自身实际需要去收集、整理作图数据，乃至分析作图数据。

下面是某家旅游特产店铺的例子，现在需要针对该店本月的销售情况写一份营销报告，报告的分析重点为以下三个方面：

- 分析哪 10 种单品最畅销；
- 分析哪个价格区间商品最畅销；
- 各系列商品本月销售额占比。

目前手上只有一张销售数据明细表，如图 3-1 所示。

日期	单号	产品编号	系列	产品名称	规格（克）	数量	销售单价	销售额	折扣	交易金额
6/1	0800001	AS13002	碳烤薄烧	碳烤薄烧（橘子）	250	6	10	60	1	60
6/1	0800001	AS13001	碳烤薄烧	碳烤薄烧（椰果）	250	2	10	20	1	20
6/1	0800001	AE14008	其他旅游	合肥公和狮子头	250	2	15.9	31.8	1	31.8
6/1	0800001	AE14001	其他旅游	南国椰子糕	200	5	21.5	107.5	1	107.5
6/1	0800002	AH15001	曲奇饼干	手工曲奇（草莓）	108	2	13.5	27	1	27
6/1	0800002	AH15002	曲奇饼干	手工曲奇（红枣）	108	2	13.5	27	1	27
6/1	0800003	AP11009	伏苓糕	礼盒（伏苓糕）海苔	268	25	20.6	515	0.9	463.5
6/1	0800003	AP11010	伏苓糕	礼盒（伏苓糕）黑芝麻	268	25	20.6	515	0.9	463.5
6/1	0800004	AH15002	曲奇饼干	手工曲奇（红枣）	108	4	13.5	54	0.95	51.3
6/1	0800004	AH15001	曲奇饼干	手工曲奇（草莓）	108	4	13.5	54	0.95	51.3
6/1	0800004	AL16002	甘栗	甘栗仁（香辣）	180	5	18.5	92.5	0.95	87.875
6/1	0800004	AE14001	其他旅游	南国椰子糕	200	10	21.5	215	0.95	204.25
6/1	0800004	AH15003	曲奇饼干	手工曲奇（迷你）	68	10	12	120	0.95	114
6/2	0800005	AS13002	碳烤薄烧	碳烤薄烧（橘子）	250	5	10	50	1	50
6/2	0800005	AP11006	伏苓糕	伏苓糕（椒盐）	200	10	9.8	98	1	98
6/2	0800005	AP11003	伏苓糕	伏苓糕（香芋）	200	6	9	54	1	54
6/2	0800005	AP11001	伏苓糕	伏苓糕（花生）	200	7	9	63	1	63
6/2	0800005	AS13001	碳烤薄烧	碳烤薄烧（椰果）	250	5	10	50	1	50
6/2	0800005	AE14004	其他旅游	上海龙须酥	200	1	12.8	12.8	1	12.8
6/2	0800006	AP11007	伏苓糕	伏苓糕（芝麻）	200	15	9.8	147	1	147
6/2	0800007	AE14004	其他旅游	上海龙须酥	200	2	12.8	25.6	1	25.6
6/2	0800007	AE14005	其他旅游	台湾芋头酥	200	10	13.5	135	1	135
6/2	0800007	AH15001	曲奇饼干	手工曲奇（草莓）	108	2	13.5	27	1	27
6/2	0800007	AS13004	碳烤薄烧	碳烤薄烧（杏仁）	250	2	10	20	1	20
6/2	0800007	AS13003	碳烤薄烧	碳烤薄烧（醇香）	250	2	10	20	1	20
6/2	0800008	AH15003	曲奇饼干	手工曲奇（迷你）	68	15	12	180	1	180
6/2	0800008	AS13003	碳烤薄烧	碳烤薄烧（醇香）	250	1	10	10	1	10
6/2	0800009	AE14007	其他旅游	河南道口烧鸡	400	1	35	35	0.95	33.25
6/2	0800009	AS13003	碳烤薄烧	碳烤薄烧（醇香）	250	20	10	200	0.95	190
6/2	0800009	AL16002	甘栗	甘栗仁（香辣）	180	10	18.5	185	0.95	175.75
6/2	0800009	AH15002	曲奇饼干	手工曲奇（红枣）	108	2	13.5	27	0.95	25.65
6/2	0800009	AS13005	碳烤薄烧	碳烤薄烧（208*2礼盒）	盒	10	25.6	256	0.95	243.2

图 3-1 销售数据明细表

其实，上面要求的几个分析重点都可以从这一张明细表中获取，当然要利用 Excel 强大的数据计算与分析能力，包括函数与数据透视表。下面，我们逐一讲解这三项数据的获取及图表的创建。

分析哪 10 种单品最畅销

我们首先会想到排序，但由于销售数据明细表中一种商品可能销售了多次，因此需要先把各个商品的销售数量统计出来，然后再进行排序，结果就一目了然了。要想统计出各个商品的销售数量，可以借助数据透视表。

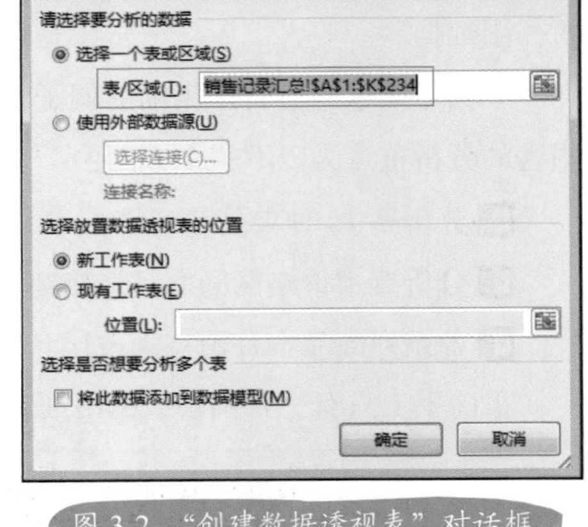

图 3-2 “创建数据透视表”对话框

1 选中数据区域的任意单元格，在“插入”选项卡的“表格”选项组中单击“数据透视表”按钮，弹出“创建数据透视表”对话框，如图 3-2 所示。

图 3-3 数据透视表统计结果

2 保持默认设置，单击“确定”按钮即可在一个新工作表中创建数据透视表。将新表格命名为“畅销产品分析”。然后将“产品名称”设置为行标签，数值标签设置为“数量”，即可得到初步的统计结果，如图 3-3 所示。

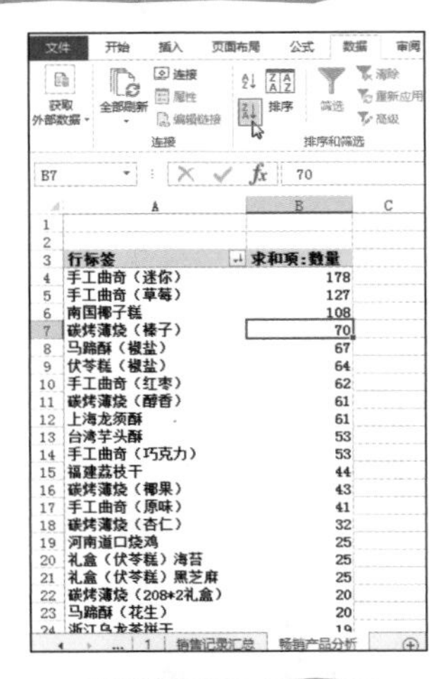

图 3-4 排序数量

3 选中求和项下任意单元格，在“数据”选项卡的“排序和筛选”选项组中单击“降序”按钮，即可完成排序，如图 3-4 所示。

4 排序结果中的前 10 行数据就是我们需要的目标数据，将它们复制下来，如图 3-5 所示。

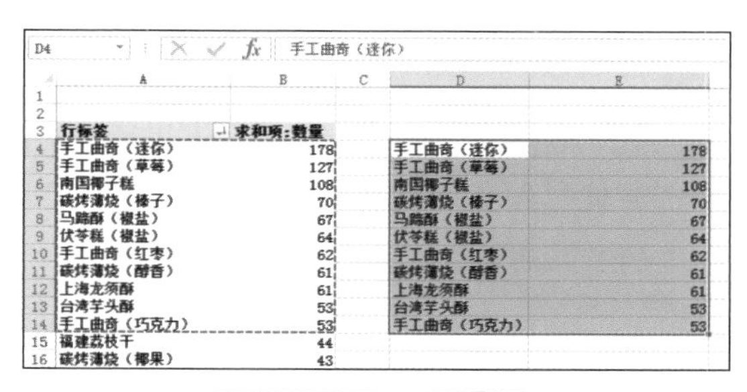

D4 手工曲奇（迷你）

	A	B	C	D	E
1					
2					
3	行标签	求和项:数量			
4	手工曲奇（迷你）	178		手工曲奇（迷你）	178
5	手工曲奇（草莓）	127		手工曲奇（草莓）	127
6	南国椰子糕	108		南国椰子糕	108
7	碳烤薄烧（榛子）	70		碳烤薄烧（榛子）	70
8	马蹄酥（椒盐）	67		马蹄酥（椒盐）	67
9	伏苓糕（椒盐）	64		伏苓糕（椒盐）	64
10	手工曲奇（红枣）	62		手工曲奇（红枣）	62
11	碳烤薄烧（醇香）	61		碳烤薄烧（醇香）	61
12	上海龙须酥	61		上海龙须酥	61
13	台湾芋头酥	53		台湾芋头酥	53
14	手工曲奇（巧克力）	53		手工曲奇（巧克力）	53
15	福建荔枝干	44			
16	碳烤薄烧（椰果）	43			

图 3-5 复制前 10 行数据

5 使用目标数据创建图表，如图 3-6 所示。

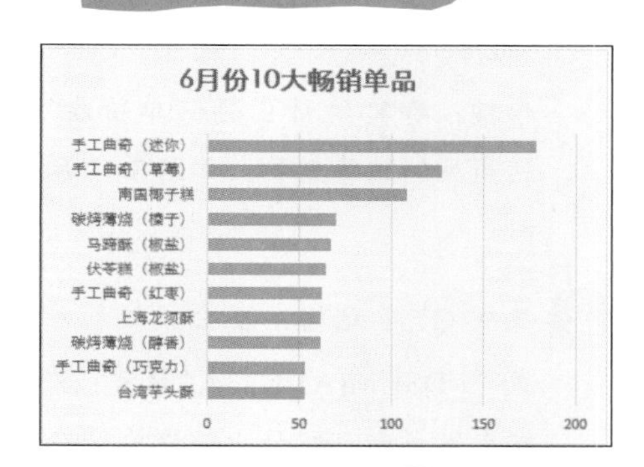

图 3-6 创建好的图表

分析哪个价格区间的商品最畅销

我们首先需要对各个价格区间的商品销售量进行统计，哪个价格区间的商品销售数量最高就最畅销。先将价格区间划分为几段，如图 3-7 所示（划分标准根据实际情况而定）。然后使用 DSUM 函数，以设定的价格区间为条件，分别统计出对应的数量。

N	O	P	Q	R	S
第一段	第二段		第三段		第四段
销售单价	销售单价	销售单价	销售单价	销售单价	销售单价
<=10	<=20	>10	<=30	>20	>30

图 3-7 划分阶段

1 先建立行列标识，行标识为几个价格区间，选中 N7 单元格，在公式编辑栏中输入公式“=DSUM(A1:K234," 数量 ",N2:N3)”。按回车键，即可统计出销售单价低于 10 元的商品的销售数量，如图 3-8 所示。

N7 =DSUM(A1:K234,"数量",N2:N3)

	M	N	O	P	Q	R	S
1		第一段	第二段		第三段		第四段
2		销售单价	销售单价	销售单价	销售单价	销售单价	销售单价
3		<=10	<=20	>10	<=30	>20	>30
4							
5							
6	价格区间	小于10元	10-20元	20-30元	30元以上		
7	数量	362					
8							

图 3-8 统计结果 1

2 选中 O7 单元格，在公式编辑栏中输入公式“=DSUM(A1:K234," 数量 ",O2:P3)”。按回车键，即可统计出销售单价在 10 ~ 20 元的商品的销售数量，如图 3-9 所示。

O7　=DSUM(A1:K234,"数量",O2:P3)

	M	N	O	P	Q	R	S
1		第一段	第二段		第三段		第四段
2		销售单价	销售单价	销售单价	销售单价	销售单价	销售单价
3		<=10	<=20	>10	<=30	>20	>30
4							
5							
6	价格区间	小于10元	10-20元	20-30元	30元以上		
7	数量	362	761				
8							

图 3-9　统计结果 2

3 选中 P7 单元格，在公式编辑栏中输入公式“=DSUM(A1:K234," 数量 ",Q2:R3)”。按回车键，即可统计出销售单价在 20 ~ 30 元的商品的销售数量，如图 3-10 所示。

P7　=DSUM(A1:K234,"数量",Q2:R3)

	M	N	O	P	Q	R	S
1		第一段	第二段		第三段		第四段
2		销售单价	销售单价	销售单价	销售单价	销售单价	销售单价
3		<=10	<=20	>10	<=30	>20	>30
4							
5							
6	价格区间	小于10元	10-20元	20-30元	30元以上		
7	数量	362	761	227			
8							

图 3-10　统计结果 3

4 选中 Q7 单元格，在公式编辑栏中输入公式“=DSUM(A1:K234," 数量 ",S2:S3)”。按回车键，即可统计出销售单价高于 30 元的商品的销售数量，如图 3-11 所示。

Q7　=DSUM(A1:K234,"数量",S2:S3)

	M	N	O	P	Q	R	S
1		第一段	第二段		第三段		第四段
2		销售单价	销售单价	销售单价	销售单价	销售单价	销售单价
3		<=10	<=20	>10	<=30	>20	>30
4							
5							
6	价格区间	小于10元	10-20元	20-30元	30元以上		
7	数量	362	761	227	52		
8							

图 3-11　统计结果 4

5 以 M6:Q7 单元格区域的数据建立如图 3-12 所示的图表，即可达到分析目的。

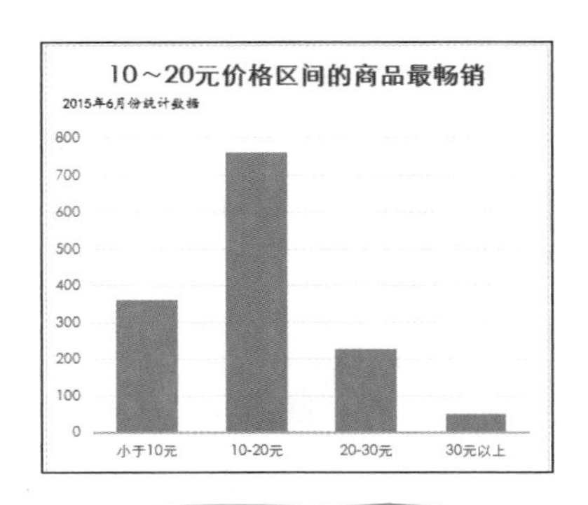

图 3-12　分析图表

小贴士

DSUM 函数是一个统计函数，用于按条件求和计算。在设定条件时一定要带上与源数据相同的列标识，这样函数才能做出正确判断。通过上面几个公式可以看出，几个公式只是条件发生了变化，其他部分都是相同的。

各系列商品本月销售额占比

我们首先要统计出各系列商品的销售额合计值，然后再建立饼图。统计各系列商品销售额合计值时，可以使用 DSUM 函数，也可以使用数据透视表。下面以 DSUM 函数为例。

1. 建立条件，注意每个条件都必须含有与源数据完全匹配的列标识，如图 3-13 所示。

M	N	O	P	Q	R	S
	系列	系列	系列	系列	系列	系列
	伏苓糕	甘栗	马蹄酥	曲奇饼干	碳烤薄烧	其他旅游

图 3-13 建立条件

2. 先建立好行列标识，行标识为几个系列的名称，选中 N14 单元格，在公式编辑栏中输入公式“=DSUM($A$1:$K$234,"销售额",N10:N11)”。按回车键，即可统计出“伏苓糕”的销售额，如图 3-14 所示。

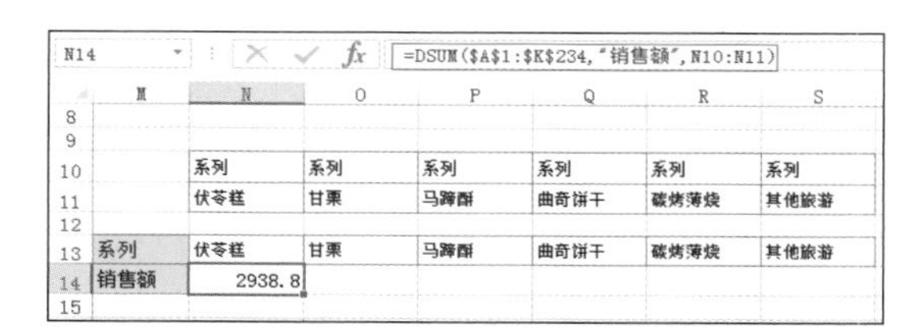

N14 =DSUM($A$1:$K$234,"销售额",N10:N11)

	M	N	O	P	Q	R	S
8							
9							
10		系列	系列	系列	系列	系列	系列
11		伏苓糕	甘栗	马蹄酥	曲奇饼干	碳烤薄烧	其他旅游
12							
13	系列	伏苓糕	甘栗	马蹄酥	曲奇饼干	碳烤薄烧	其他旅游
14	销售额	2938.8					
15							

图 3-14 统计结果

3. 选中 N14 单元格，向右填充公式到 S14 单元格，即可统计出其他各个系列商品的销售额，如图 3-15 所示。

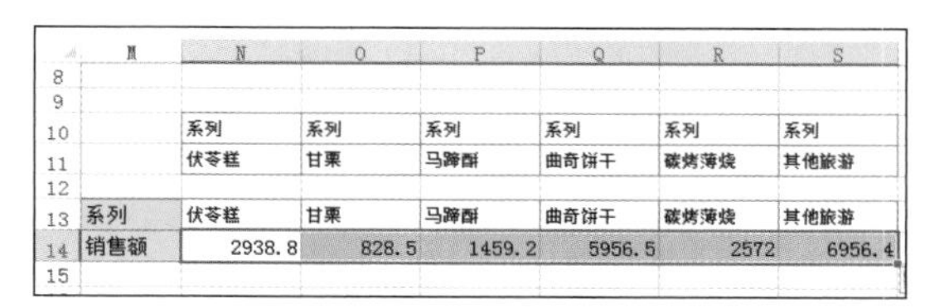

	M	N	O	P	Q	R	S
8							
9							
10		系列	系列	系列	系列	系列	系列
11		伏苓糕	甘栗	马蹄酥	曲奇饼干	碳烤薄烧	其他旅游
12							
13	系列	伏苓糕	甘栗	马蹄酥	曲奇饼干	碳烤薄烧	其他旅游
14	销售额	2938.8	828.5	1459.2	5956.5	2572	6956.4
15							

图 3-15 批量统计结果

小贴士

由于公式中只有条件区域发生变动，因此对条件区域的引用采用相对引用方式。向右填充公式时，条件区域会自动发生改变，因此能一次性返回统计结果。

4. 将数据统计结果转换为列的形式并按降序排列，如图 3-16 所示。

N18 5956.5

	M	N	O	P	Q	R	S
12							
13	系列	伏苓糕	甘栗	马蹄酥	曲奇饼干	碳烤薄烧	其他旅游
14	销售额	2938.8	828.5	1459.2	5956.5	2572	6956.4
15							
16	系列	销售额					
17	其他旅游	6956.4					
18	曲奇饼干	5956.5					
19	伏苓糕	2938.8					
20	碳烤薄烧	2572					
21	马蹄酥	1459.2					
22	甘栗	828.5					

图 3-16 数据转换为列的形式

5 以 M16:N22 单元格区域的数据建立如图 3-17 所示的饼图，即可达到分析目的。

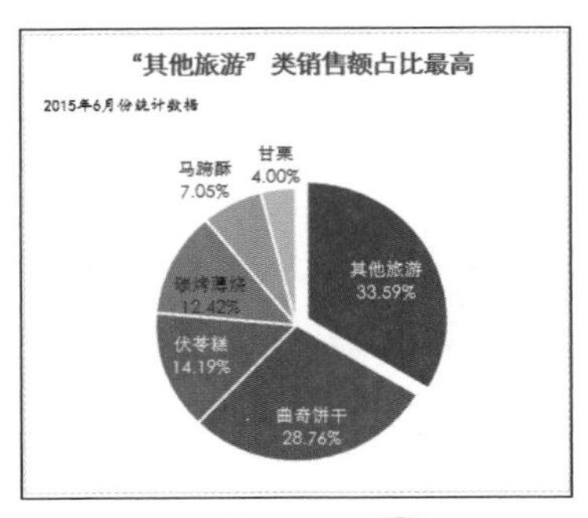

图 3-17 分析图表

排除空行

若数据中存在空行，则绘制出的图表会出现缺失数据的情况，如折线图会出现断开现象，柱形图会出现空白现象，如图 3-18 所示。

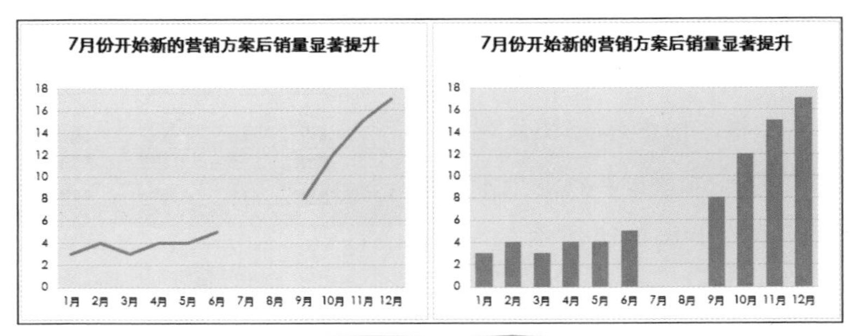

图 3-18 数据出现空行

如果图表引用数据较少，可以手工删除空行。如果图表引用数据较多，则可以利用筛选的方法删除空行。选中数据区域任意单元格，在“数据”选项卡的“排序和筛选”选项组中单击“筛选”按钮，即可添加自动筛选。

单击“网络订单”字段右侧的下拉按钮，选中“空白”复选框，如图 3-19 所示。单击“确定”按钮即可实现排除空值，如图 3-20 所示。

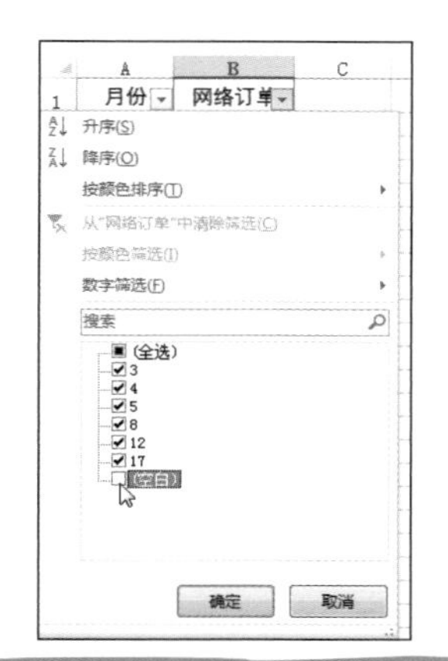

图 3-19 取消勾选“空白”复选框

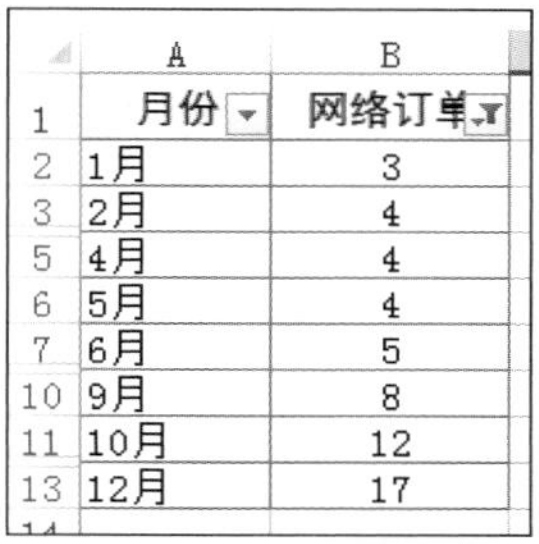

	A	B
1	月份	网络订单
2	1月	3
3	2月	4
5	4月	4
6	5月	4
7	6月	5
10	9月	8
11	10月	12
13	12月	17

图 3-20 空白数据已取消

把数据处理为图表可识别的

图 3-21 所示的图表显然不能充分展示数据。请思考一下，为什么会这样？

数据源没有问题。我们想要的图表是要以“年份”为水平轴，问题出在“年份”这一列数据上。程序再智能，它也还是机械的，你不给它明确的指令，它就会判断失误。这里就是因为程序不能自动识别出“年份”这一列数据到底是系列还是应该作为分类轴的标签，最终它根据数据的特征而选择了后者，反映到图表中就成了一个数据系列，其结果自然不是我们所想要的。

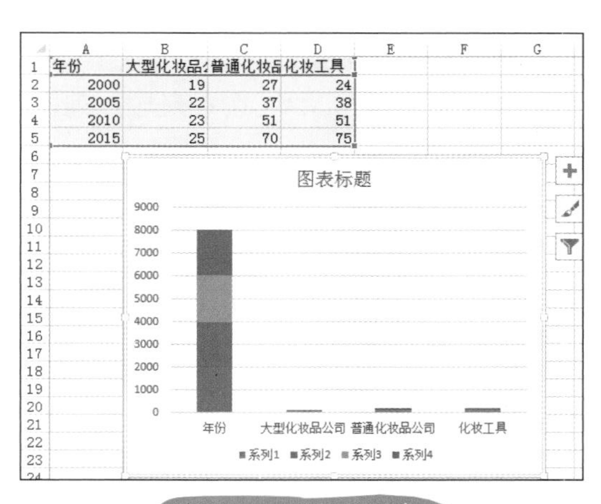

图 3-21 错误的图表

找到了症结，问题解决起来就容易多了，有以下两个解决方案：

- 为“年份”列中的数据都添加“年”字，如“2000 年”“2005 年”等；
- 将“年份”列中的数据先删除，然后把单元格区域的格式设置为“文本”格式，再重新输入“2000”“2005”等。

因此，在数据源表格中，如果将数值型的数据作为分类轴标签，要注意用上面的方法让程序能够正确地自动识别。处理数据后即可得到正确的图表雏形，如图 3-22 所示。

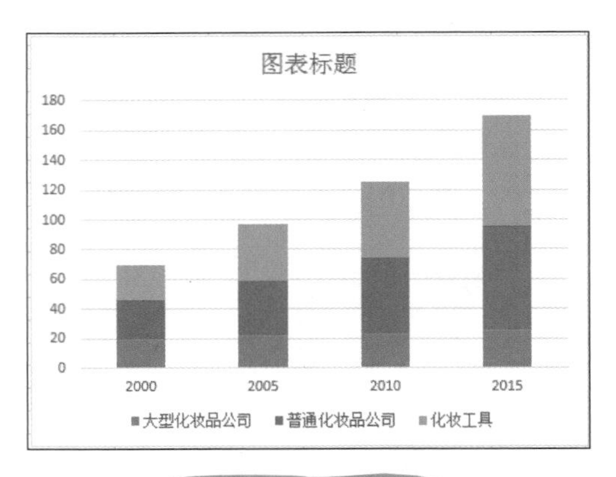

图 3-22　正确的图表

将数据分离为多个系列

将数据分离为多个系列的初衷是想将单列的数据绘制为多个数据系列，因为这时采用单个数据系列是不能达到目的的。

通过图 3-23 中 A 列与 B 列的数据，我们可以很轻松地绘制出一个反映数据变化的折线图，但是我们还想要在图表中标注出最高点与最低点，并且是非手工标注的，而是让图表根据数据源自动判断。

使用 IF 函数与 MAX 在 C 列与 D 列中创建数据系列，在 C 列中使用公式“=IF(B2=MAX($B$2:$B$19),B2,NA()0”来判断最大值，在 D 列中使用公式“=IF(B2=MIN($B$2:$B$13),B2,NA()0”来判断最小值，如图 3-24 所示。

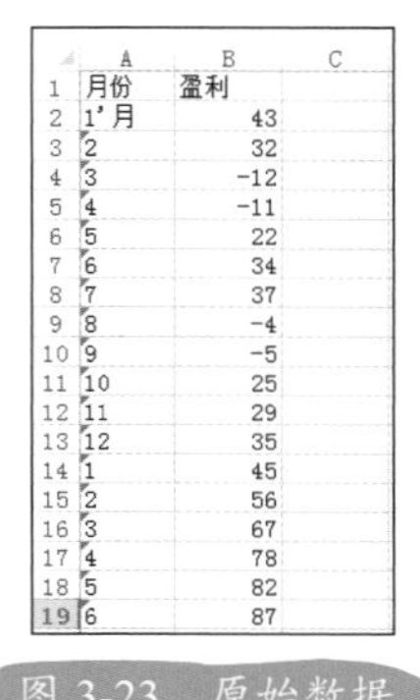

	A	B	C
1	月份	盈利	
2	1'月	43	
3	2	32	
4	3	-12	
5	4	-11	
6	5	22	
7	6	34	
8	7	37	
9	8	-4	
10	9	-5	
11	10	25	
12	11	29	
13	12	35	
14	1	45	
15	2	56	
16	3	67	
17	4	78	
18	5	82	
19	6	87	

图 3-23　原始数据

C2　=IF(B2=MAX($B$2:$B$19),B2,NA())

	A	B	C	D	E	F	G
1	月份	盈利	最大值	最小值			
2	1'月	43	#N/A	#N/A			
3	2	32	#N/A	#N/A			
4	3	-12	#N/A	-12			
5	4	-11	#N/A	#N/A			
6	5	22	#N/A	#N/A			
7	6	34	#N/A	#N/A			
8	7	37	#N/A	#N/A			
9	8	-4	#N/A	#N/A			
10	9	-5	#N/A	#N/A			
11	10	25	#N/A	#N/A			
12	11	29	#N/A	#N/A			
13	12	35	#N/A	#N/A			
14	1	45	#N/A	#N/A			
15	2	56	#N/A	#N/A			
16	3	67	#N/A	#N/A			
17	4	78	#N/A	#N/A			
18	5	82	#N/A	#N/A			
19	6	87	87	#N/A			

图 3-24　组织数据

使用 A1:D19 单元格区域的数据建立图表，如图 3-25 所示。

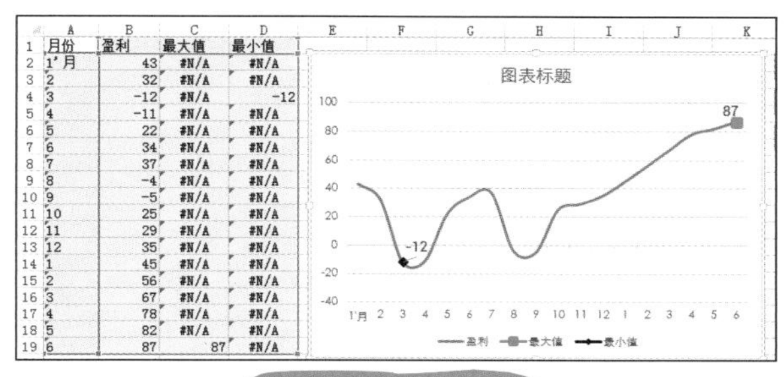

	A	B	C	D
1	月份	盈利	最大值	最小值
2	1'月	43	#N/A	#N/A
3	2	32	#N/A	#N/A
4	3	-12	#N/A	-12
5	4	-11	#N/A	#N/A
6	5	22	#N/A	#N/A
7	6	34	#N/A	#N/A
8	7	37	#N/A	#N/A
9	8	-4	#N/A	#N/A
10	9	-5	#N/A	#N/A
11	10	25	#N/A	#N/A
12	11	29	#N/A	#N/A
13	12	35	#N/A	#N/A
14	1	45	#N/A	#N/A
15	2	56	#N/A	#N/A
16	3	67	#N/A	#N/A
17	4	78	#N/A	#N/A
18	5	82	#N/A	#N/A
19	6	87	87	#N/A

图 3-25 创建图表

当最大值、最小值发生变化时，图表也会自动随之变化，如图 3-26 所示。这是手工标注无法实现的效果。

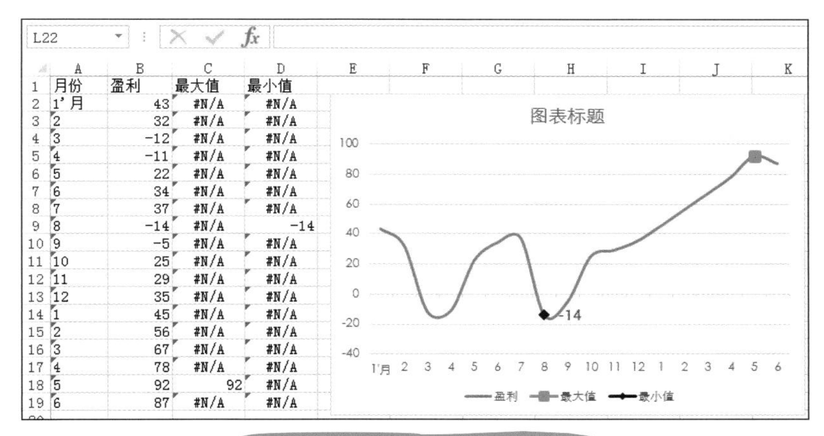

	A	B	C	D
1	月份	盈利	最大值	最小值
2	1'月	43	#N/A	#N/A
3	2	32	#N/A	#N/A
4	3	-12	#N/A	#N/A
5	4	-11	#N/A	#N/A
6	5	22	#N/A	#N/A
7	6	34	#N/A	#N/A
8	7	37	#N/A	#N/A
9	8	-14	#N/A	-14
10	9	-5	#N/A	#N/A
11	10	25	#N/A	#N/A
12	11	29	#N/A	#N/A
13	12	35	#N/A	#N/A
14	1	45	#N/A	#N/A
15	2	56	#N/A	#N/A
16	3	67	#N/A	#N/A
17	4	78	#N/A	#N/A
18	5	92	92	#N/A
19	6	87	#N/A	#N/A

图 3-26 最大值、最小值自动变更

将高于平均值的数据与低于平均值的数据系列分别用不同颜色显示

上面的设计思路同样适用于对高于平均值与低于平均值的数据系列使用不同颜色的情况。

将图 3-27 所示的图表中 B 列的数据处理为 C 列与 D 列，此处，“高于平均值”与“低于平均值”的判断也是通过公式来实现的。

C2 =IF(B2>=AVERAGE($B$2:$B$13),B2,"")

	A	B	C	D
1	月份	盈利	高于平均值	低于平均值
2	1'月	5		5
3	2	4		4
4	3	37	37	
5	4	34	34	
6	5	22		22
7	6	11		11
8	7	12		12
9	8	32	32	
10	9	46	46	
11	10	35	35	
12	11	29	29	
13	12	25	25	

图 3-27　将 B 列数据分列

利用 A、C、D 列的数据源创建如图 3-28 所示的图表，绿色柱子代表“高于平均值”、红色柱子代表“低于平均值”。

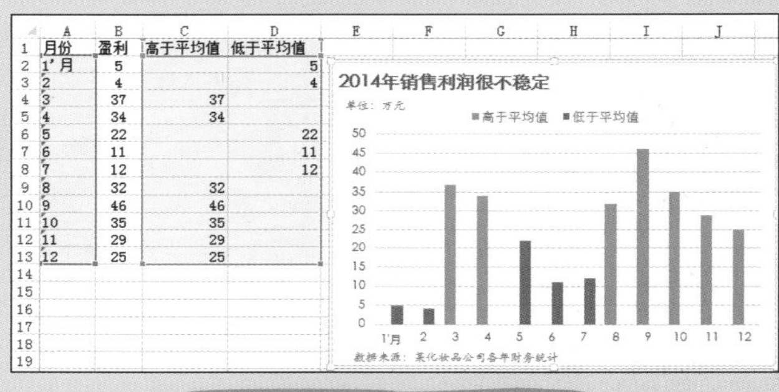

图 3-28　用分列的数据创建图表

用空行组织数据

用空行组织数据也可以得到特殊的图表。如图 3-29 所示的数据，我们想利用图表展示出存货数量能否满足网络订单与店铺订单的合计需求。如果不重新组织数据，则无法选用合适的图表来表达这一信息。如果利用空行将数据重新组织成第 7 ~ 18 行的样式（见图 3-30），再创建图表，经过补充编辑即可得到如图 3-31 所示的效果，达到我们最初的目的。

	A	B	C	D
1	产品	网络订单	店铺订单	存货
2	AP021	12	45	62
3	AP-11	22	32	64
4	AP102	35	12	55
5	AP-12	40	32	65

图 3-29　原数据

	A	B	C	D
1	产品	网络订单	店铺订单	存货
2	AP021	12	45	62
3	AP-11	22	32	64
4	AP102	35	12	55
5	AP-12	40	32	65
6				
7	产品	网络订单	店铺订单	存货
8	AP021	12	45	
9				62
10				
11	AP-11	12	45	
12				64
13				
14	AP102	35	12	
15				55
16				
17	AP-12	40	32	
18				65

图 3-30 用空行组织数据

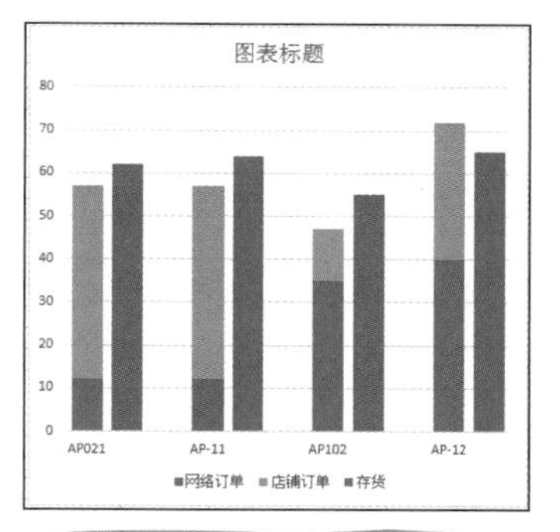

图 3-31 达到目的的图表

空行表示相应的柱子什么都不显示，这是为了让分类之间有明显的间隔。空单元格可以理解为有一个值为 0 的柱子。虽然我们选择的是堆积柱形图，但因为空单元格的柱子的值为 0，所以图表最终呈现出来的是既簇状又堆积的感觉。

3.2 必备的图表操作技术

通常来说，默认的图表很难满足设计要求，都要经过一项、两项甚至多项的编辑操作，才可以把图表设计成需要的样式。

这里需要强调一点，这些设置对图表的设计很重要，只有把这些基本的操作技术用熟了，才有可能具备设计图表的能力。

迷你图是呈现于单元格中的一种微型图表，它可以将一个数据序列描述为一个简洁的图表。使用迷你图可以比较一组数据的大小、显示数值系列中的趋势，还可以突出显示最

大值和最小值。

迷你图与图表不同，它不是对象，它实际上是单元格背景中的一个微型图表。我们可以用如图 3-32 所示的数据快速建立迷你图，以显示全年数据变化趋势。

1 选中要显示迷你图的单元格，在“插入”选项卡的“迷你图”选项组中单击“折线图”按钮（共有三种类型），如图 3-32 所示。

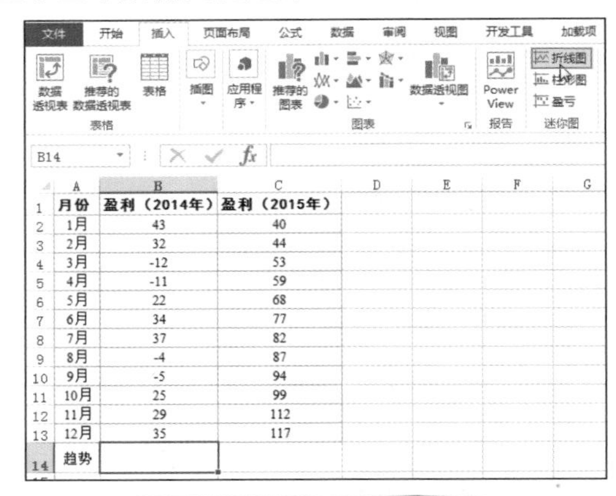

	A	B	C
1	月份	盈利（2014年）	盈利（2015年）
2	1月	43	40
3	2月	32	44
4	3月	-12	53
5	4月	-11	59
6	5月	22	68
7	6月	34	77
8	7月	37	82
9	8月	-4	87
10	9月	-5	94
11	10月	25	99
12	11月	29	112
13	12月	35	117
14	趋势		

图 3-32　单击“折线图”按钮

2 弹出“创建迷你图”对话框，选择需要创建迷你图的数据范围，如图 3-33 所示。

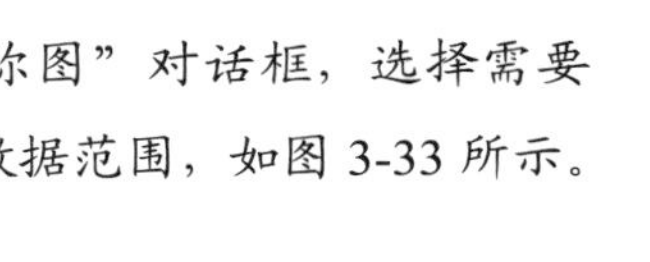

创建迷你图

选择所需的数据

数据范围(D): B2:B13

选择放置迷你图的位置

位置范围(L): $B$14

确定　取消

图 3-33　“创建迷你图”对话框

3 单击“确定”按钮，即可创建迷你图，如图 3-34 所示。

	A	B	C
1	月份	盈利（2014年）	盈利（2015年）
2	1月	43	40
3	2月	32	44
4	3月	-12	53
5	4月	-11	59
6	5月	22	68
7	6月	34	77
8	7月	37	82
9	8月	-4	87
10	9月	-5	94
11	10月	25	99
12	11月	29	112
13	12月	35	117
14	趋势		

图 3-34　B 列数据的迷你图

4 如果连续单元格需要创建相同的迷你图，可以以填充的方式快速创建，如将 B14 单元格中的迷你图填充到 C14 单元格中，如图 3-35 所示。

	A	B	C
1	月份	盈利（2014年）	盈利（2015年）
2	1月	43	40
3	2月	32	44
4	3月	-12	53
5	4月	-11	59
6	5月	22	68
7	6月	34	77
8	7月	37	82
9	8月	-4	87
10	9月	-5	94
11	10月	25	99
12	11月	29	112
13	12月	35	117
14	趋势		

图 3-35 C 列数据的迷你图

在数据下边插入迷你图，可以清晰地比较相邻数据的变化趋势或数据大小，而且迷你图占用空间很少。另外两种迷你图是柱形图与盈亏图，柱形图用于比较大小，盈亏图是将负数向下显示，表示亏损。

锁定图表区纵横比

如果图表的纵横比例已经调整好，并且希望在后期调整图表大小时保持该纵横比，则可将图表的横纵比锁定。

在图表区双击，打开“设置图表区格式”窗格，选择“大小属性”标签，在“大小”栏中选中“锁定纵横比”复选框即可，如图 3-36 所示。

图 3-36 选中“锁定纵横比”复选框

删除坐标轴与隐藏坐标轴不同

在优化图表时，很多时候不想显示坐标轴的标签，如果是单坐标轴，我们会毫不犹豫选中再按“Delete”键即可快速删除。如果是柱形图与折线图的混合使用的图表，则不能随意删除坐标轴，因为如果将它们直接删除，程序会默认将此轴的系列更改为沿另一个未删除的坐标轴来绘制。如图 3-37 所示的图表中，删除次坐标轴后，图表会变成如图 3-38 所示的样式，这显然不对。

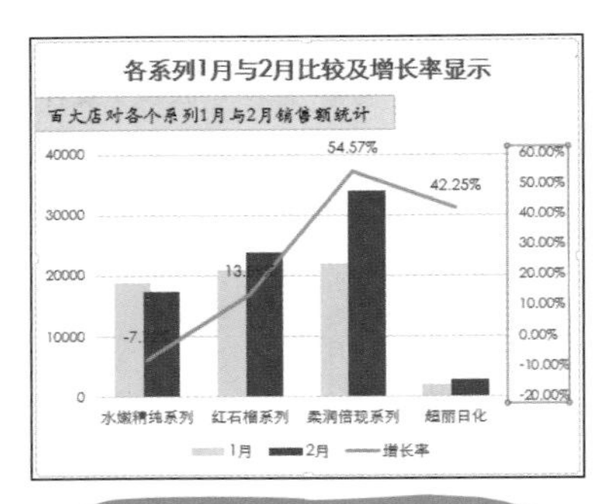

图 3-37　沿次坐标轴绘制

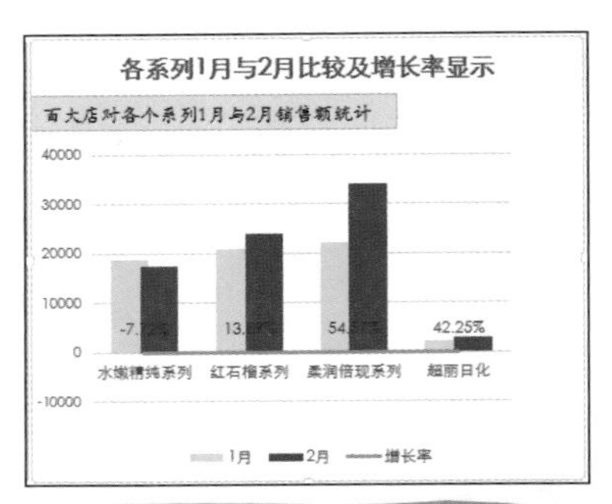

图 3-38　删除后图表不正确了

因此，这时只能将坐标轴隐藏起来，而不能直接删除。

在需要隐藏的坐标轴上双击，打开“设置坐标轴格式”窗格，在“坐标轴选项”标签下展开“标签”栏，在“标签位置”下拉列表中选择“无”选项（见图 3-39），即可实现隐藏。

由于 Excel 2013 中的图表默认是没有线条的，因此只需将坐标轴的标签隐藏起来即可。如果已有线条，要想隐藏线条，则需切换到“填充”标签，然后展开“线条”栏，在下面选择“无线条”选项即可。

图 3-39　选择“无”标签

数据绘制到行与绘制到列表达效果不同

针对图 3-40 所示的数据表，根据想要表达的信息不同，所建立的图表也会有所不同。例如，将图表创建成图 3-41 所示的样式，其表达重点在于比较同一系列中两个月的销售额；还可以将图表创建成图 3-42 所示的样式，其表达重点于在比较同一月份中各个不同系列的商品销售额。

	A	B	C
1	商品系列	1月	2月
2	水嫩精纯系列	18790	17340
3	红石榴系列	20900	23803
4	柔润倍现系列	22000	34005
5	幻时系列	27000	29845
6			

图 3-40　原数据表

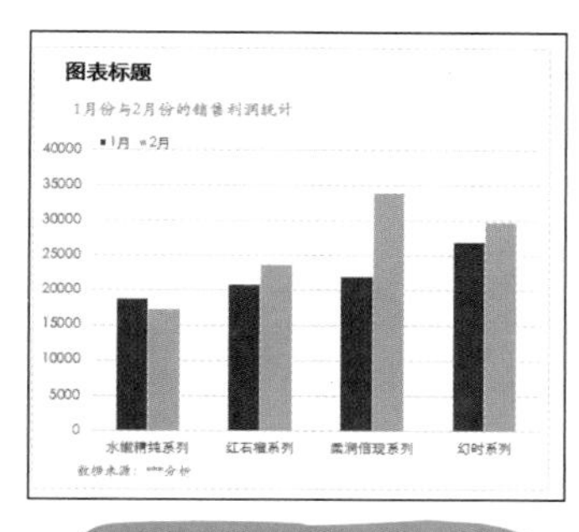

图 3-41 系列产生在列

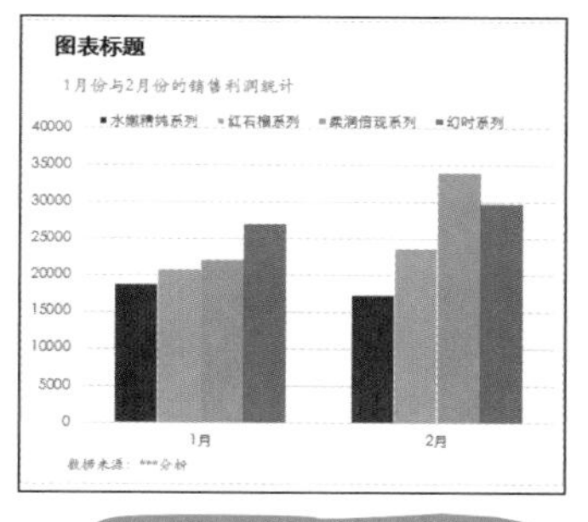

图 3-42 系列产生在行

举上面的例子是为了说明当建立的默认图表没有实现想要的效果时，可以切换行列（即切换数值轴和水平轴）来改变图表的表达重点。默认情况下，图表将数据表的列标识绘制在水平轴上。

切换行列的操作方法很简单，选中图表，在“图表工具—设计”选项卡的“数据”选项组中单击“切换行 / 列”按钮即可。

数据系列可随时添加

当在数据表中添加新的数据时，如果确定需要将数据补充到图表中，我们可以快速添加数据系列，而不必重新创建图表。

图 3-43 所示的图表中显示了 1 月份各系列商品的销售利润。现在我们补充了 2 月份的销售数据，添加“2 月”数据系列的操作方法如下。

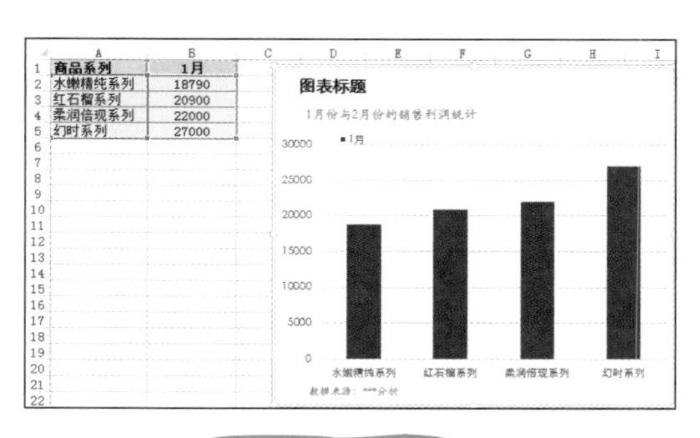

商品系列	1月
水嫩精纯系列	18790
红石榴系列	20900
柔润倍现系列	22000
幻时系列	27000

图 3-43 原图表

① 选中 C1:C5 单元格区域，按“Ctrl+C”组合键进行复制。

② 单击图表空白区域，按“Ctrl+V”组合键进行粘贴，即可将“2月”数据添加至图表中，如图 3-44 所示。

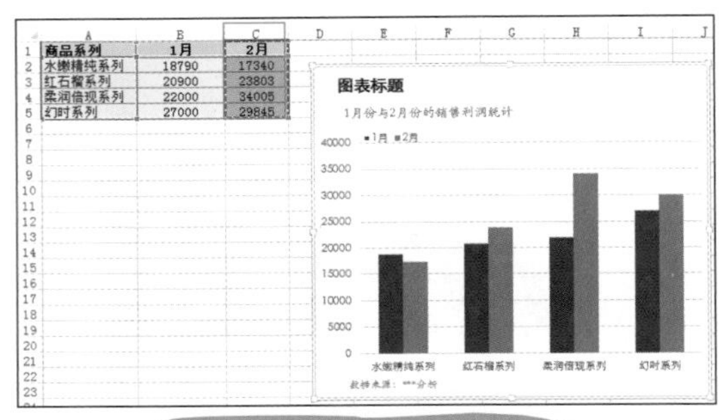

图 3-44 粘贴添加数据区域

经验之谈

改变图表类型

添加系列后，如果图表类型不合适，可以更改图表类型。选中图表，在“图表工具—设计”选项卡的“类型”选项组中单击“更改图表类型”按钮，弹出“更改图表类型”对话框。例如，可将上面的图表更改为堆积柱形图，如图 3-45 所示。

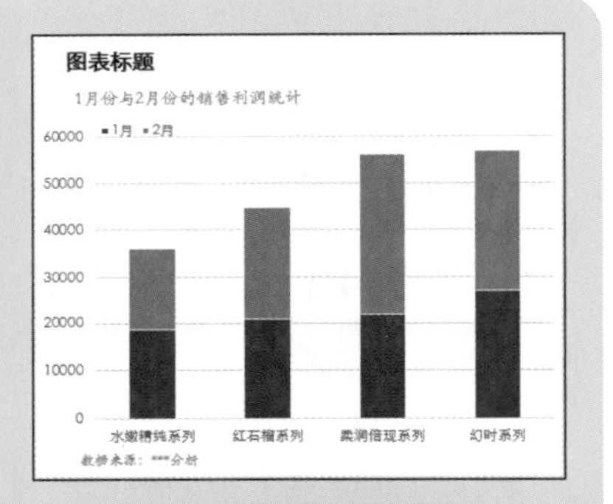

图 3-45 更改类型后的图表

调整默认分类间距

在建立柱形图或条形图时，由于默认的图表分类间距较大，为了增加柱形或条形的宽度，一般需要对默认值进行调整。这种调整是为了达到特殊的目的，有时是为了起到美化的作用。

① 在如图 3-46 所示的图表的条形上双击，打开“设置数据系列格式”窗格。

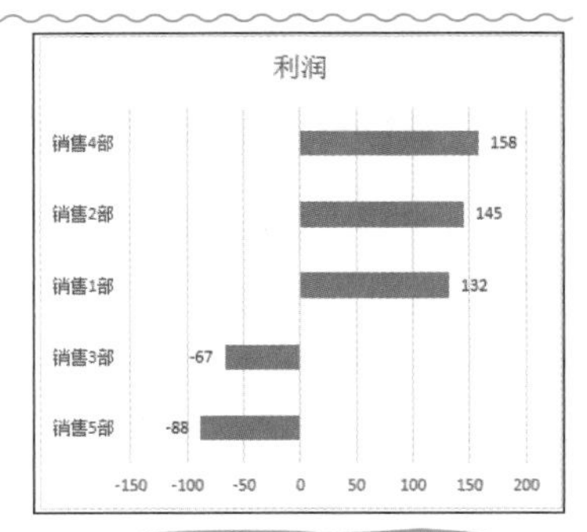

图 3-46 原始图表

2 单击“系列选项”标签，在“分类间距”组合框中调整分类间距，如图 3-47 所示。增大百分比值是增大间距，减小百分比值是减小间距，调整为 0 时表示完全重叠。调整后再对图表进行其他设置，最终效果如图 3-48 所示。

图 3-47 调整分类间距

图 3-49 所示的图表中，我们将数据系列的间距设置为 0，让图表摆脱了柱形图的影子，同时查看数据的分布及趋势也更加清晰了。

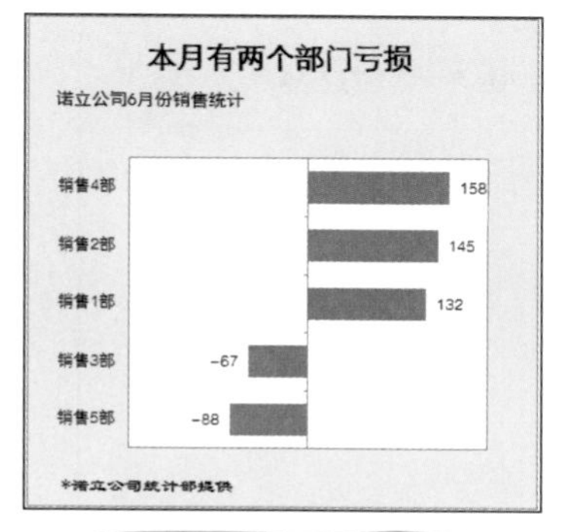

图 3-48 调整后的图表

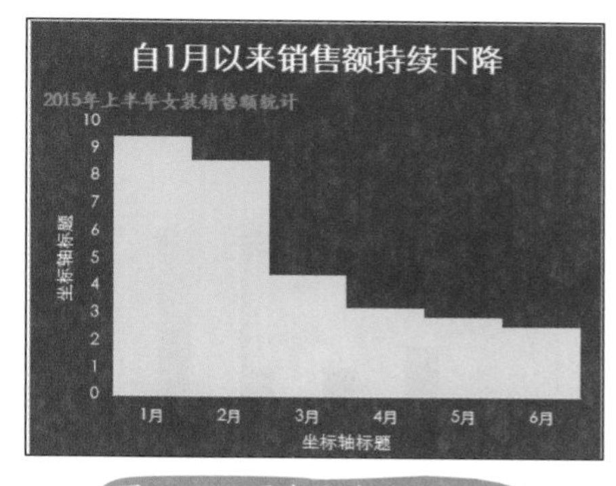

图 3-49 图表分类间距为 0

添加系列连接线

在图表中添加系列连接线可以让数据的变化幅度显示得更加清晰。早期的麦肯锡图表中就常使用这种线条。

图 3-50 为原始图表，图 3-51 为添加了系列连接线并进行排版后的效果。

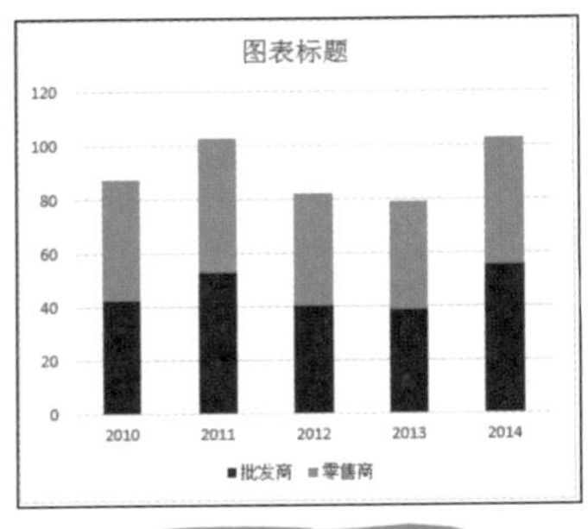

图 3-50 原图表

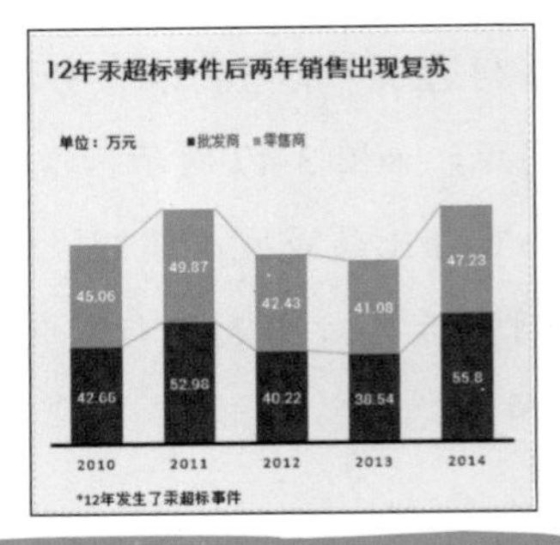

图 3-51 添加了系列连接线的效果

在“图表工具—设计”选项卡的“图表布局”选项组中单击“添加图表元素”按钮，鼠标指向“线条”，在子菜单中选择“系列线”命令（见图 3-52），即可添加系列连接线。

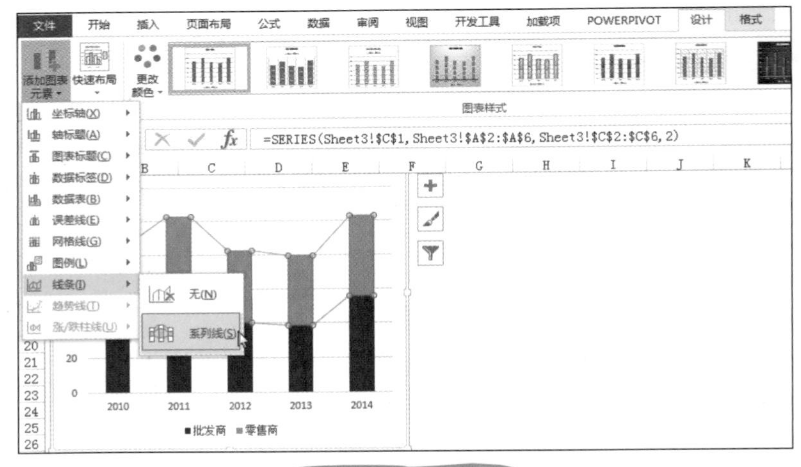

图 3-52 添加系列线

改折线图锯齿线为平滑线

以默认方式创建的折线图是很分明的锯齿线（见图 3-53），但有时我们想使用圆角的平滑线（见图 3-54）。这项操作很简单，但却是图表美化过程中一项必要的操作。

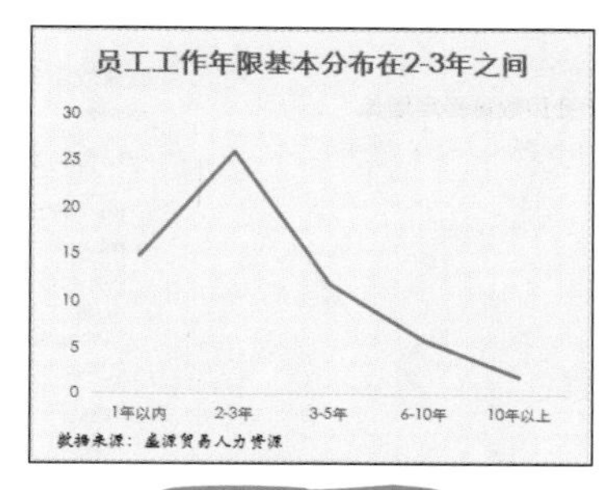

图 3-53 原图表

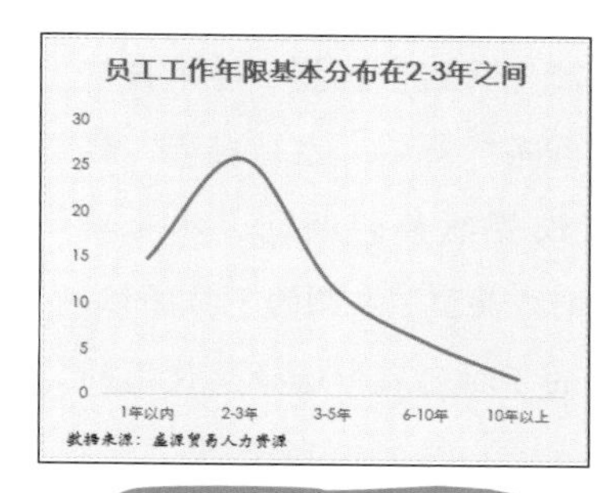

图 3-54 拐角平滑效果

1 双击折线，打开“设置数据系列格式”窗格。

2 单击“填充线条”标签，拖动右侧滑块到底部，选中“平滑线”复选框（见图 3-55）即可完成设置。

图 3-55 勾选“平滑线”复选框

用虚线显示预测值

将预测线条更改为虚线效果是为了区分开实际值与预测值，这一设置可以让显示效果更加形象，用到的知识点就是将线条默认的实线更改为虚线。它不仅适用于这种情况，对图表中的任意对象，或是为了美化，或是为了达到某一设计目的，其操作方法是一样的。

图 3-56 所示的图表为设计完成后的效果。

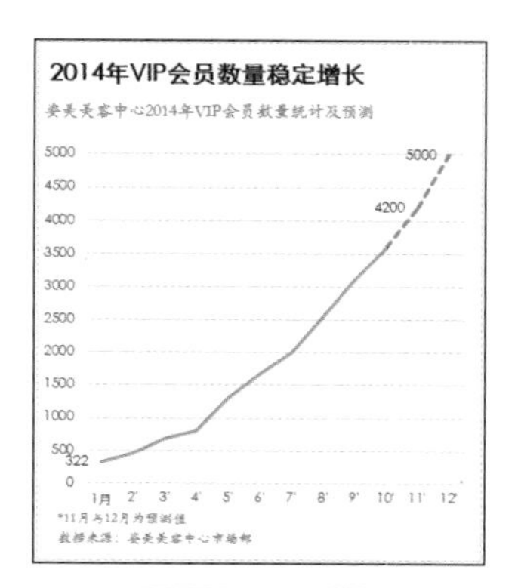

图 3-56 虚线效果

1 选中 11 月对应的数据点并双击，打开“设置数据点格式”窗格。

2 单击“填充”线条标签，再单击下面的“线条”标签，在“颜色”栏中重新设置线条的颜色，然后单击“短划线类型”右侧的下拉按钮，在弹出的下拉列表中选择想使用的虚线样式，如图 3-57 所示。

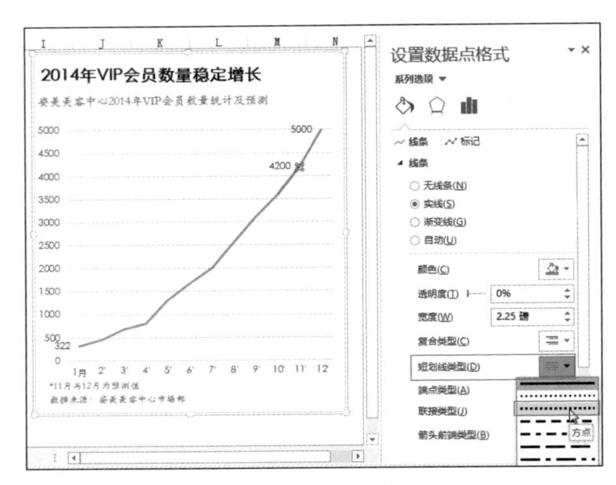

图 3-57 选中数据点并设置线条格式

3 按照相同的方法将 12 月对应的数据点也设置为相同的虚线条。

小贴士

此设置的关键在于准确选中要设置的数据点，由于我们只想让 11 月与 12 月这两个数据点显示为虚线，因此在设置前一定要准确选中。选中数据点的方法为，先在系列上单击一次，此时选中的是整个系列，再在目标数据点单击一次即可单独选中该数据点。

让折线图从 Y 轴开始绘制

创建折线图时，默认情况下，折线是从水平轴两个刻度线的中间开始绘制（见图 3-58），但专业的图表一般要求折线图从 Y 轴开始绘制。

1 在水平轴上双击，打开“设置坐标轴格式”窗格。

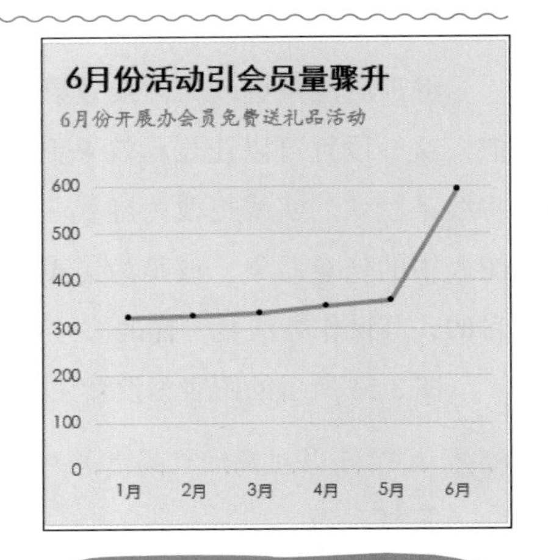

图 3-58 折线图默认起始位置

2 单击“坐标轴选项”标签，展开“坐标轴选项”栏，在“坐标轴位置”栏中选中“在刻度线上”复选框，如图 3-59 所示。设置完成后，图表从 Y 轴开始绘制，如图 3-60 所示。

图 3-59 选中“在刻度线上”复选框

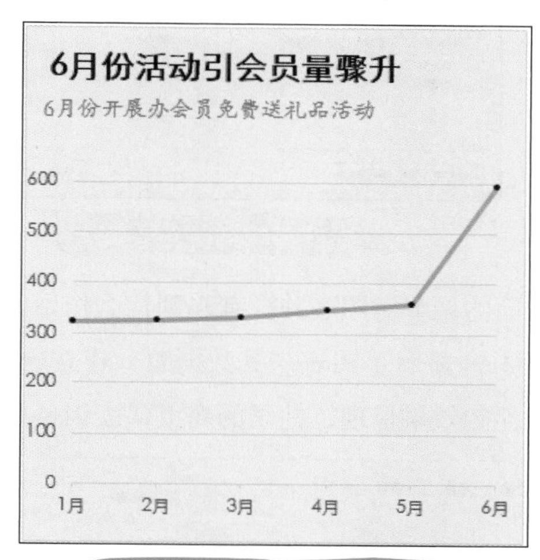

图 3-60 折线图起始于 Y 轴

数据系列默认顺序也能调

有些设置，如果我们单独去看，似乎没有太大的作用，但是要想真正把每张图表都做得很专业，就要运用这些设置。下面我们通过一项对比来看哪个图表需要对数据系列默认的顺序进行调整。

在图 3-61 所示的图表上右击，在弹出的快捷键菜单中选择“选择数据”命令，弹出“选择数据”对话框，在“图例项”列表中选中系列，单击上下箭头按钮即可调节其顺序，如图 3-62 所示。调节顺序后，我们可以看到图表中两个系列的位置发生了改变，“批发商”原本显示在下面，现在显示在上面了，如图 3-63 所示。

图 3-61 原图表

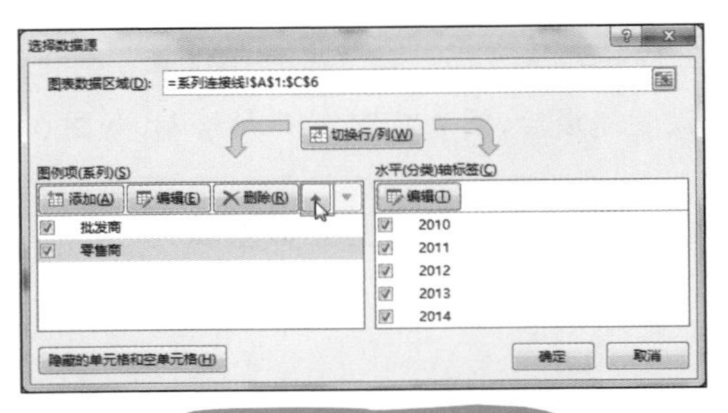

图 3-62 调节系列顺序

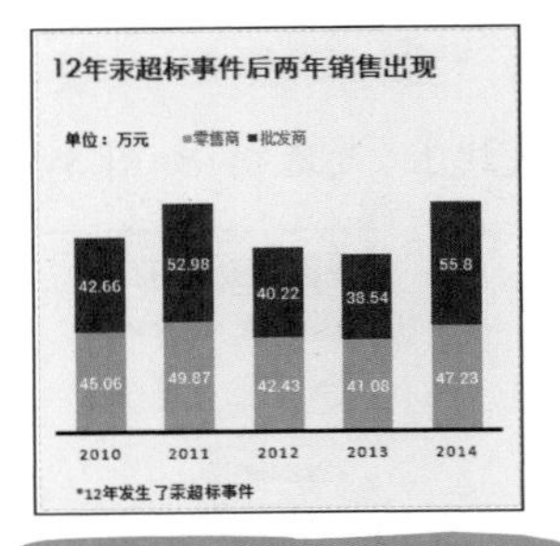

图 3-63 调整顺序后的系列

上面的调节对图表并没有起到什么作用，两种显示方式都是可以的，请接着往下看。

图 3-64 显示了图表与其数据源，建立这张图表的目的是显示各个产品的销量，并且用柱子悬浮的效果呈现，柱子的高度代表销量值，大致雏形如图 3-65 所示。

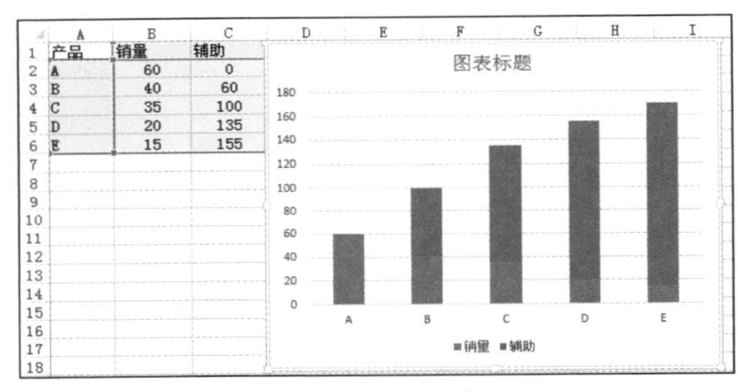

产品	销量	辅助
A	60	0
B	40	60
C	35	100
D	20	135
E	15	155

图 3-64 原图表

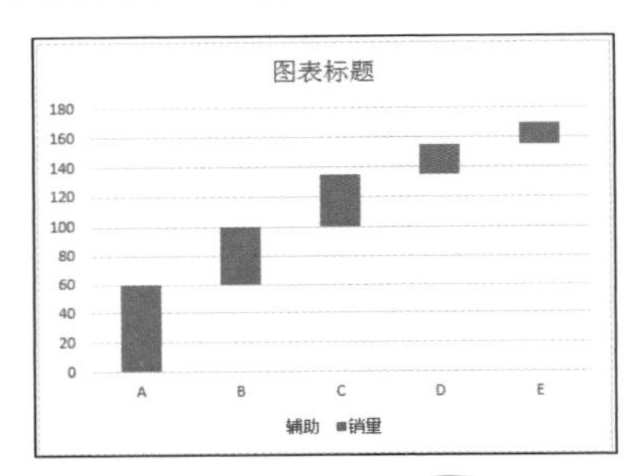

图 3-65 目标图表

因此，我们需要将“辅助”柱子移到下方，移动后的效果如图 3-66 所示。接着再将“辅助”系列设置为无填充、无边线，以达到隐藏的效果，这就得到了图表的雏形。最后对图表进行布局设置及美化，即可实现如图 3-67 所示的效果。

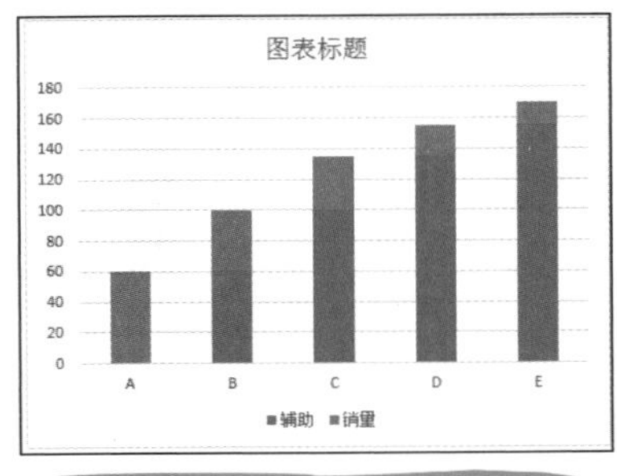

图 3-66 调整了系列顺序的效果

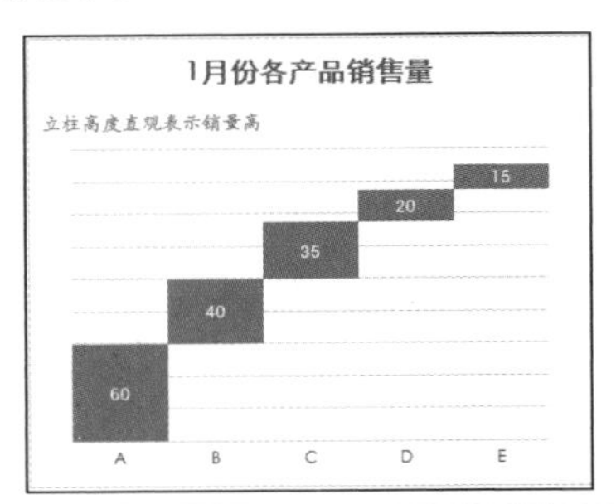

图 3-67 隐藏“辅助”系列并美化图表

小贴士

（1）关于辅助列辅助作图的方法，在后面的小节中会介绍到。

（2）图 3-66 所示的图表就运用了调整数据系列间距的方法。

修剪刻度最大值

建立图表时，程序会根据当前数据状况及选用的图表类型自动确认数值轴的最大值，默认的数值轴只会大于当前系列的最高值。有时默认值会不合适，如图 3-68 所示的图表中，右侧最大值 150 就够了，程序默认的是 200，这样就造成图表右侧出现了大面积空白。

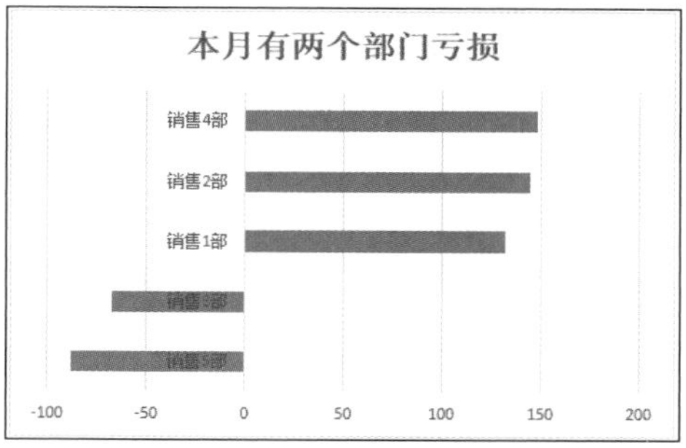

本月有两个部门亏损

销售4部	
销售2部	
销售1部	
销售3部	
销售5部	

-100 -50 0 50 100 150 200

图 3-68 刻度最大值为 200

1. 在垂直轴上双击，打开“设置坐标轴格式”窗格。

2. 单击“坐标轴选项”标签，在“边界”栏中将“最大值”设置为“150”，如图 3-69 所示。设置后的效果如图 3-70 所示。

图 3-69 重设刻度最大值

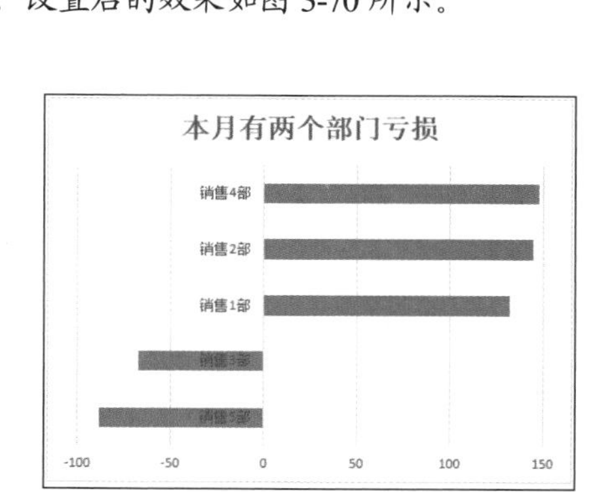

图 3-70 调整后的图表

如果只是单坐标轴的图表，而且无需实现某些特殊的效果，则可以不用改变刻度的默认值，因为它对图表效果没有任何影响。但是，如果有些图表启用了双坐标轴来辅助设计，很多时候都需要对坐标轴的值进行调整。

修剪刻度的显示单位

专业的图表在细节方面要求比较高，一般来说坐标轴的标签应该尽量保持简洁。当数据值较大时，图表的数值轴也会显示相应位数的数字（见图 3-71），稍显累赘。更改刻度的显示单位可以达到简化图表的目的。

图 3-71　默认刻度

1. 在垂直轴上双击，打开“设置坐标轴格式”窗格。

2. 单击“坐标轴选项”标签，在“坐标轴选项”栏中单击“单位”右侧的下拉按钮，在弹出的下拉列表中可根据实际需要选择合适的单位，本例中选择“10000”，如图 3-72 所示。

图 3-72　重设显示单位

3 设置完成后，可以看到图表立即应用了刻度单位，整体数据标签更简化了，如图 3-73 所示。

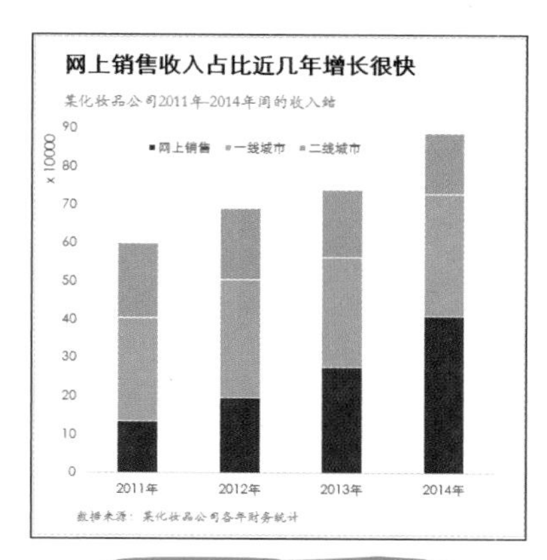

图 3-73 调整后的图表

更改坐标轴标签的数字格式

图表坐标轴上显示的数字格式与数据源保持一样的格式，重新更改坐标轴的数字格式也是为了让坐标轴显得更加简洁。

图 3-74 所示的图表中，垂直轴为带两位小数的百分比值，在垂直轴标签上双击，打开“设置坐标轴格式”窗格，单击“坐标轴选项”标签，在“数字”栏下面的“格式代码”文本框中输入“0.0”，如图 3-75 所示。设置后，数值轴的数字格式变得很简洁，如图 3-76 所示。改变垂直轴的数字格式，只是改变了数字的显示方式，并不影响添加到数据系列上的数字标签，如图 3-77 所示。

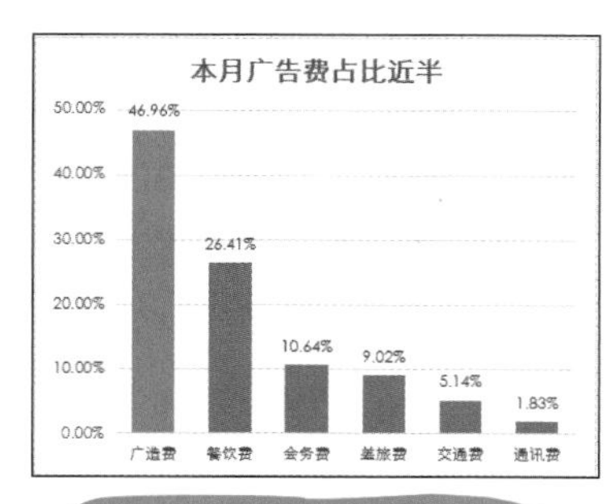

图 3-74 刻度为百分比值

图 3-75 重设格式代码

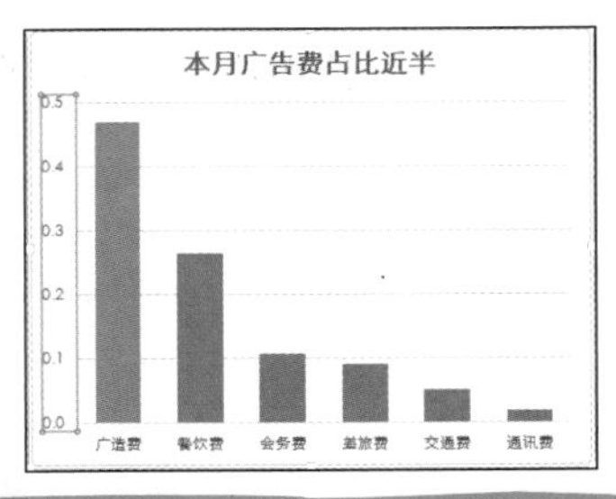

图 3-76 改变了坐标轴数字格式的图表

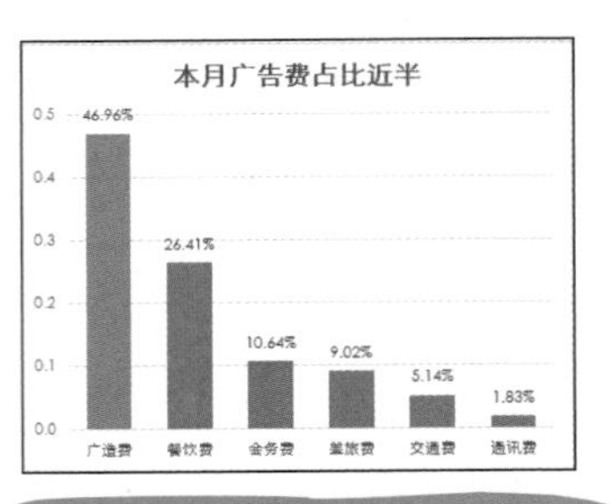

图 3-77 标签仍然显示百分比值

有时候，水平轴的数字标签为日期值，如果标签众多，挤在一起很不美观，如图 3-78 所示。我们可以按照相同的方法将格式代码更改为“d”，如图 3-79 所示。

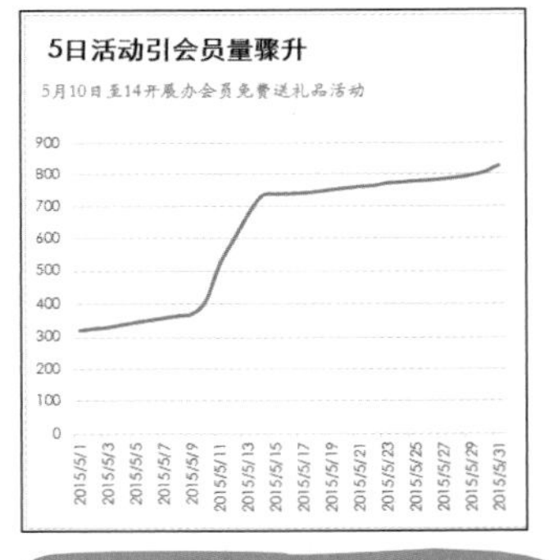

图 3-78 水平轴的日期标签

图 3-79 重设日期格式

再切换到“坐标轴选项”栏中，将“主要单位”设置为“3”天，如图 3-80 所示。设置完成后的效果如图 3-81 所示。

图 3-80 设置主要单位为“3”天

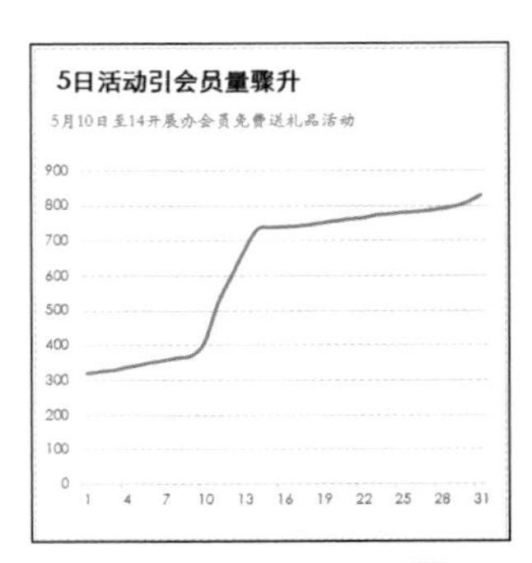

图 3-81 水平轴标签更简洁

完整详细的数据标签

在图表中使用数据标签非常常见，最常用的是“值”数据标签，除此之外，还有“系列名称”和“类别名称”。我们还可以根据实际需要设置数字的显示格式（默认情况下添加的数据标签与数据源中的值完全一致），如在饼图中经常会使用百分比数据标签。

图 3-82 所示的饼图中，可以为其添加详细有用的数据标签，添加后的效果如图 3-83 所示。

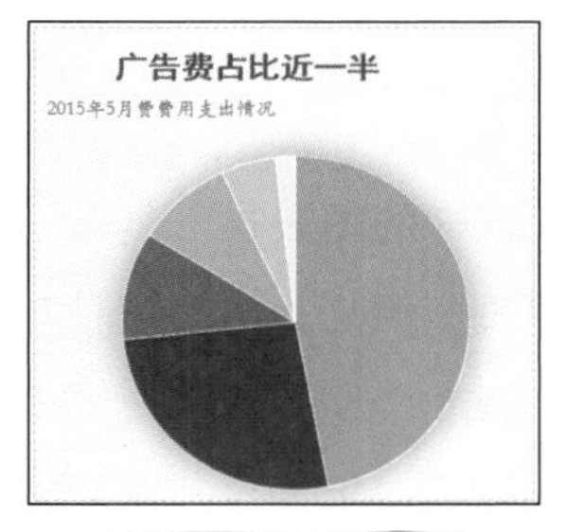

图 3-82 原图表

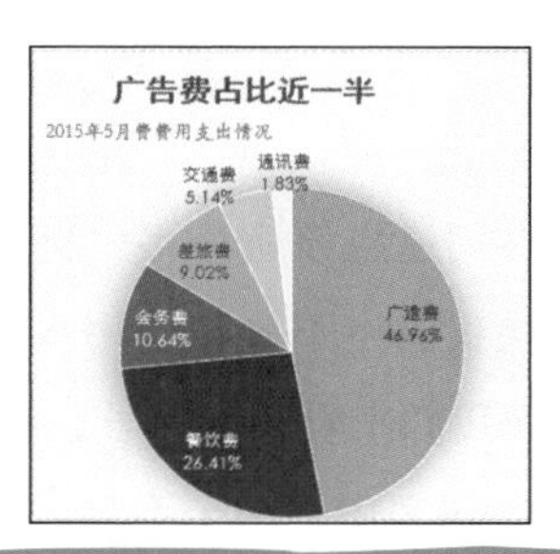

图 3-83 添加了两项标签的图表

1. 选中图表，在“图表工具—设置”选项卡的“图表元素”选项组中单击“添加图表元素”按钮，弹出下拉菜单，鼠标指向“数据标签”，在子菜单中选择“其他数据标签选项”命令，打开“设置数据标签格式”窗格。

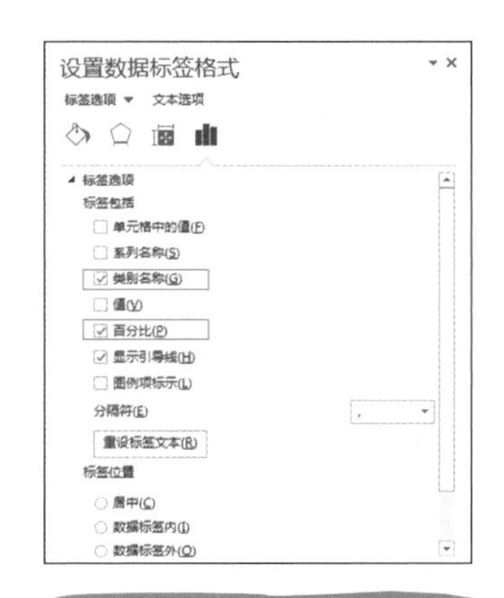

图 3-84 选中要显示的标签

② 在“标签选项”栏中选择需要显示标签的项目之前的复选框，这里选中“类别名称”和“百分比”，如图 3-84 所示。再切换到“数字”栏，设置数字格式为“百分比”，并设置为保留两位小数，如图 3-85 所示。

图 3-85 设置百分比小数位为“2”

 次坐标轴常用于图表的辅助设计

我们在前面讲到过应该避免多坐标轴的图表，这样的图表过于复杂，不便于直观反映数据，甚至有时候我们也不推荐使用双坐标轴的图表。但是，次坐标轴却常常要用于图表的辅助设计，下面我们来看一个例子，稍后再进行总结。

图 3-86 所示的图表中，两个系列的柱子宽度不一样，下面窄、上面宽。如果让图表只沿同一坐标轴绘制，效果如图 3-87 所示，因为沿同一坐标轴绘制的数据系列只能采用同一种分类间距。但是，如果让两个系列沿不同的坐标轴来绘制就可以分别设置不同的分类间距，变向实现了柱子拥有不同宽度的效果。

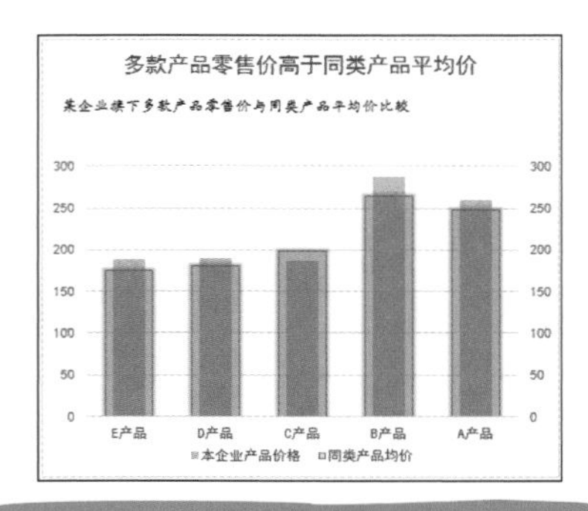

图 3-86 将其中一个系列绘制到次坐标轴

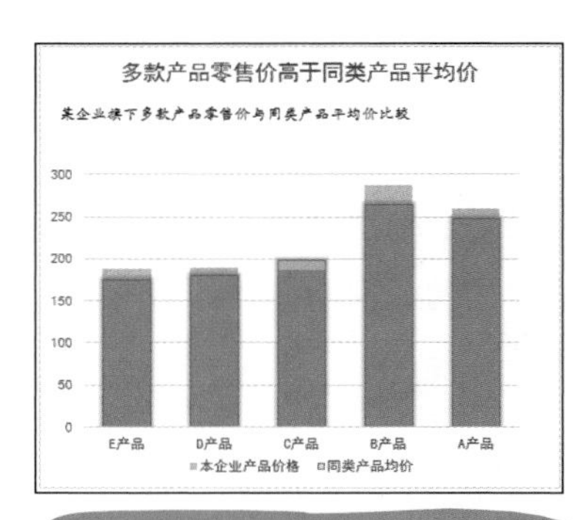

图 3-87 在同一坐标轴绘制系列

启用次坐标轴的方法是，在想沿用次坐标轴绘制的数据系列上双击，打开“设置数据系列格式”窗格，在“系列选项”标签栏下选中“次坐标轴”单选按钮即可（见图 3-88）。

图 3-88 选中“次坐标轴”单选按钮

需要注意的是，启用次坐标轴后，坐标轴的刻度要设置好，因为坐标轴的刻度是根据当前系列的值自动生成的，如果不合适，就必须手动调整。比如，上面的例子，左侧的最大值为 300，右侧也必须保持相同的最大值，这样反映到图表中的图形在比较时才具备相同的量纲，比较起来才不会产生偏差。当然，设定次坐标轴刻度的值要根据图表情况而定。

通过上面的例子，我们可以理解有时启用次坐标轴不是为了图表中显示次坐标轴，而是为了让图表实现某一种特殊效果。这种使用方式常见于利用辅助数据作图的情形，通常辅助数据都会绘制到次坐标轴上。在 3.4 小节中我们会介绍一些利用辅助数据作图的例子。

快速复制图表格式

当某张图表的格式设置完成后，创建其他图表时可以引用其格式，以达到快速布局与美化的目的，避免逐一设置的烦琐步骤。

如图 3-89 所示的两张图表，左图为设置好格式的图表，右图为另一张默认的图表，现在可以让右图快速应用左图的格式。

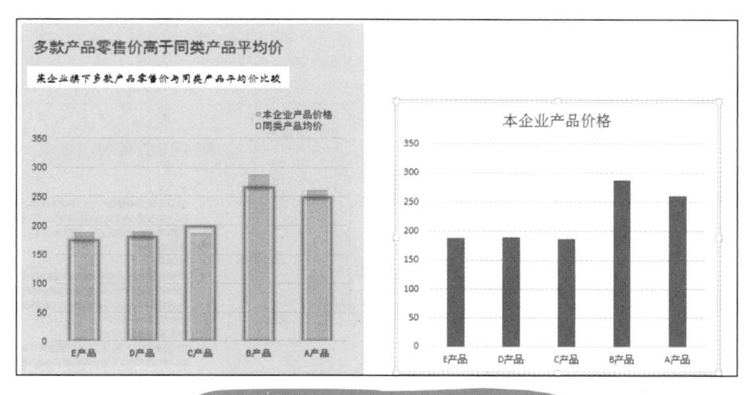

图 3-89 右图需要使用左图格式

1 选中左图，按“Ctrl+C”组合键进行复制。

2 选中右图，在“开始”选项卡的“剪贴板”选项组中单击“粘贴”按钮，在弹出的下拉菜单中选择“选择性粘贴”命令，弹出“选择性粘贴”对话框，选中“格式”单选按钮，如图 3-90 所示。

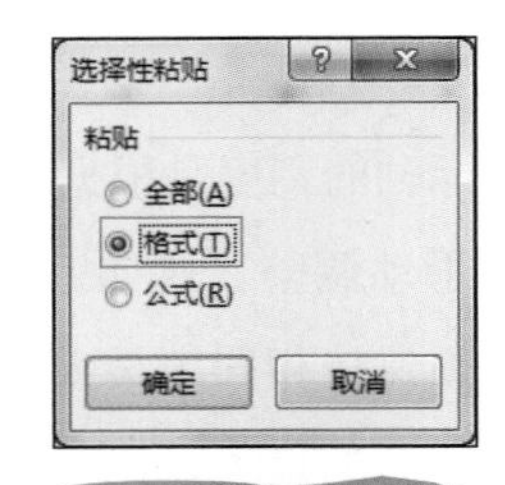

图 3-90 选中“格式”单选按钮

3 单击“确定”按钮即可实现格式的快速引用，如图 3-91 所示。

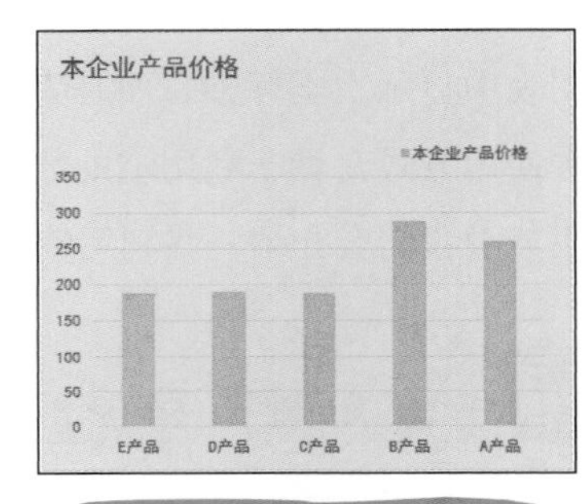

图 3-91 引用了格式的图表

3.3 疑难也不难

在操作图表时总会遇到一些疑难问题，有时是软件本身存在小缺陷，有时通过某项设置能让图表更加优化。我们把这些操作归纳到本节中讲解。

反转条形图的分类次序

默认情况下，使用条形图绘制出的图形，其顺序与数据源的实际顺序相反。如图 3-92 所示的图表，数据源从 1 月到 12 月显示，但绘制出的图表却是从 12 月到 1 月显示。

因此，建立条形图时，需要注意将数据以相反次序建立，否则就要在建立图表

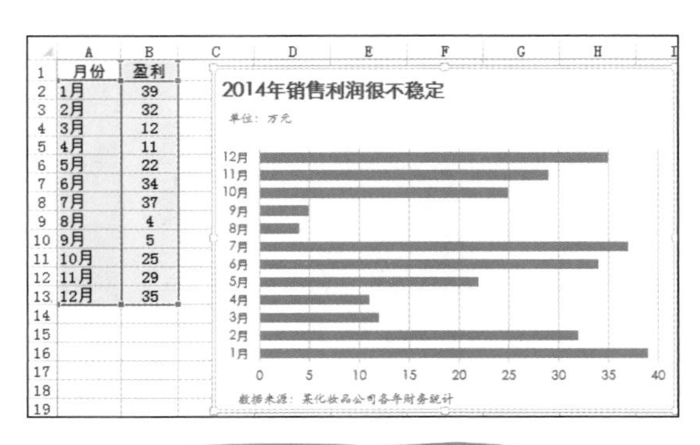

图 3-92 默认分类次序

后进行如下更改。

1 在水平轴上双击（条形图与柱形图相反，水平轴为数值轴），打开“设置坐标轴格式”窗格。

2 选择“坐标轴选项”标签，在“坐标轴选项”栏中选中“逆序类别”复选框，并选中“最大分类”单选按钮，如图 3-93 所示。设置完成后即可让条形图按正确的顺序建立，如图 3-94 所示。

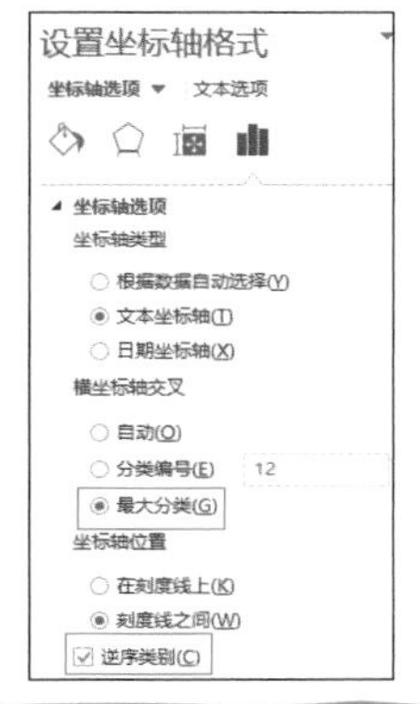

图 3-93 启用两个选项

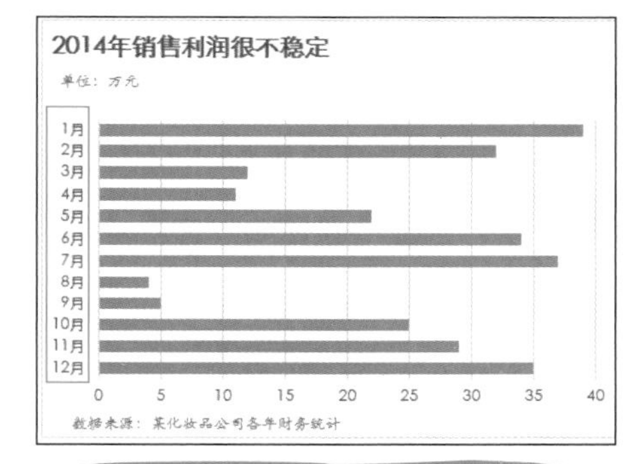

图 3-94 按正确顺序显示分类次序

选中难以选中的对象

标题、坐标轴、坐标轴标签、系列、网络线等都是图表中的对象。不管对哪个对象进行编辑，首先要准确选中它，这样才能让所做的设置应用于这个对象。我们有时会补充添加其他图形对象，当需要设置的图表对象被遮挡时，就会出现无法准确选中的情况，这时需要按如下方法操作。

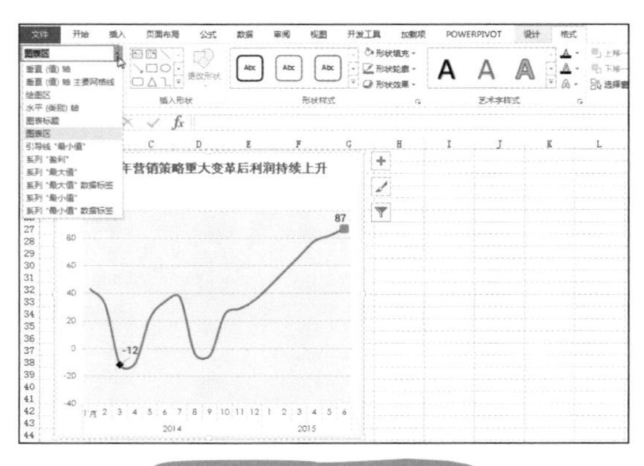

图 3-95 准确选中对象

1 在“图表工具—格式”选项卡的“当前所选内容”选项组中单击“图表区”按钮，即可看到下拉列表中显示了该图表中所有的对象，如图 3-95 所示。

2 找到想选择的对象，单击即可选中。然后再单击"设置所选内容格式"按钮即可弹出"格式设置"对话框。

用Y轴左右分隔图表

用Y轴左右分隔图表适用于一些特定的情形，或许你也见过这种处理手法，可能那时你没有意识到这一效果是如何实现的。

图3-96所示的图表显示的是2014年与2015年两个不同年份的数据，现在需要使用分隔线把两个年份的数据区分开，可按如下方法操作。

图3-96 原图表

1 在水平轴标签上双击，打开"设置坐标轴格式"窗格。

2 选择"坐标轴选项"标签，展开"坐标轴选项"栏，在"纵坐标轴交叉"栏中选中"分类编号"单选按钮，并设置值为"13"，如图3-97所示。

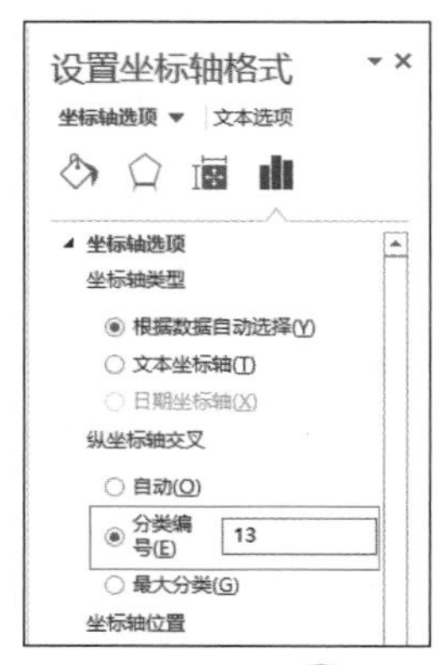

图3-97 设置纵坐标轴交叉位置

设置完成后即可将坐标轴移至指定的交叉位置。在 Excel 2013 中，默认情况下垂直轴的线条是被省略的（见图 3-98），因此需要通过相关设置让线条重新显示出来。

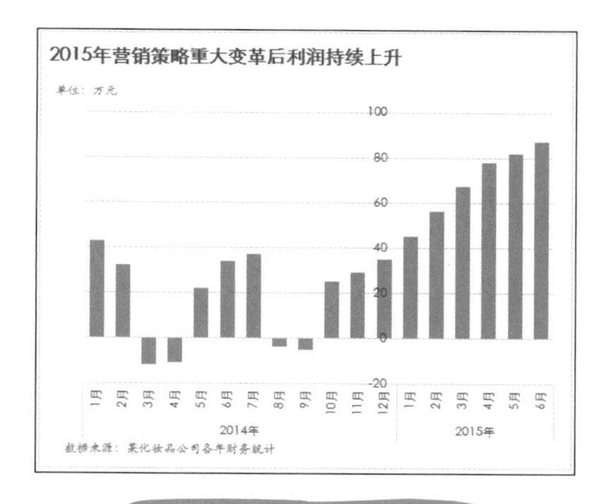

图 3-98 垂直轴的位置已更改

1 选中垂直轴，在“图表工具—格式”选项卡的“形状样式”选项组中单击“形状轮廓”按钮，在弹出的快捷菜单中选择线条的颜色（见图 3-99），接着鼠标指向“粗细”选项，重新设置线条粗细值（默认线条很细），如图 3-100 所示。

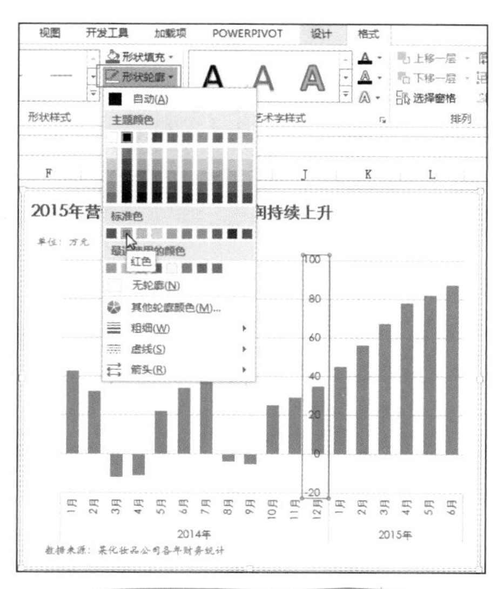

图 3-99 为垂直轴添加线条

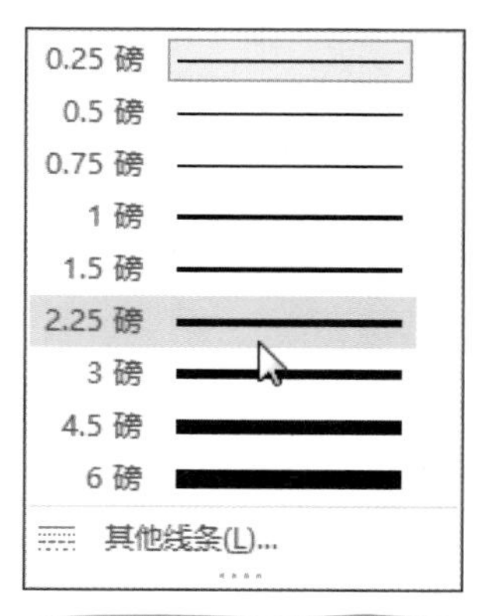

图 3-100 设置线条粗细

② 双击垂直轴，打开“设置坐标轴格式”窗格。单击“坐标轴选项”标签，展开“标签”栏，设置“标签位置”为“低”，如图 3-101 所示。设置完成后的图表有明显的分隔效果，如图 3-102 所示。

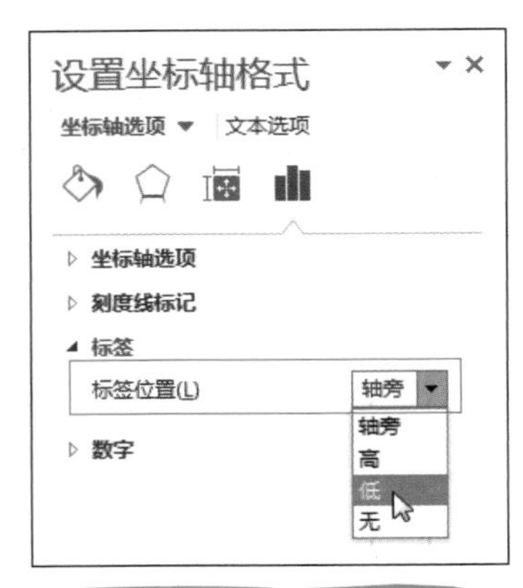

图 3-101 设置标签的位置

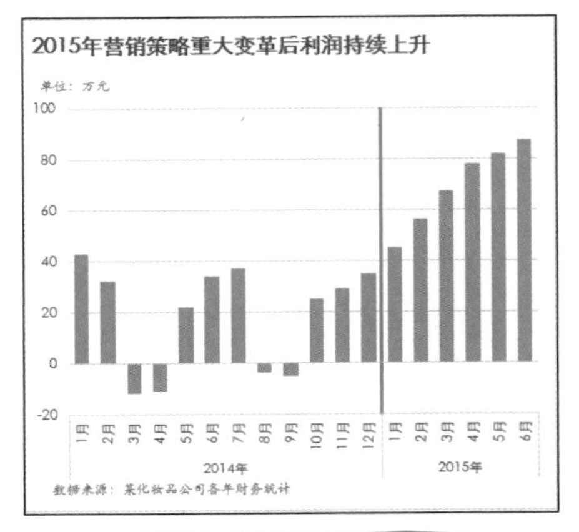

图 3-102 设置后的图表

垂直轴与水平轴默认交叉的分类数为 1，分类数的总数由当前数据源而定，因此在设置时可根据想设定的交叉位置来设定具体的分类数值。

处理图表中的超大值

在使用柱形图或条形图进行项目对比时，经常会出现某个项目是超大值的情况。这种情况下创建的柱形图或者条形图远远超出其他分类，使其他分类之间的差异被缩小。当然，也有一些图表是为了突出表达某个结果而故意为之 。

如果需要处理这种图表，可以采用添加截断标识的方法。图 3-103 所示的图表为原图表，具体操作方法如下。

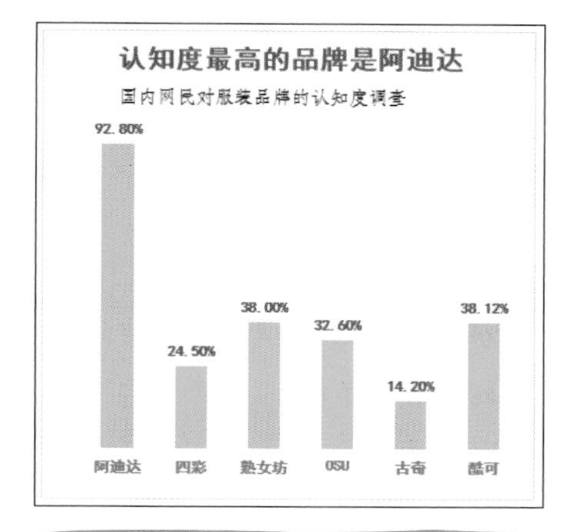

图 3-103 有一柱子明显高于其他柱子

1 更改“阿迪达”的数据，让“阿迪达”的柱子显示为适当的高度。这里将数据表中的“阿迪达”的提及率由“92.80%”更改为“52.80%”，更改后可以看到图表整体发生了变化，如图 3-104 所示。

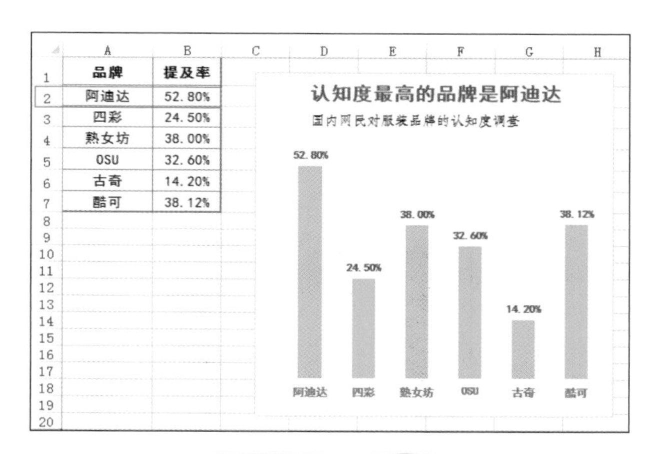

图 3-104 将最大值改小

2 单击“阿迪达”数据标签两次（单击一次选中的是所有数据标签，再单击一次则只选中此数据点的数据标签），将“52.80%”更改为“92.80%”。

3 做一个截断标记，放置在“阿迪达”柱子上，表示中间省略了一截数据，如图 3-105 所示。

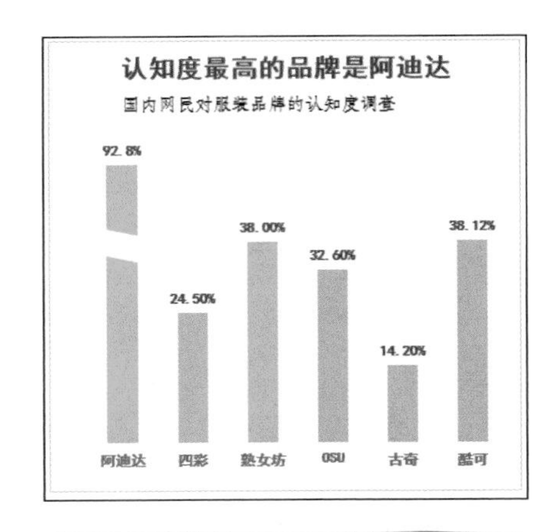

图 3-105　添加截断标识并改为原标签

小贴士

截断标记可以通过绘制自选图形的方法得到。平行四边开、波形等都可以作为截断标记。

实现不等距的间隔效果

在展现时间序列的数据时，如果数据点的间隔不是等距的，那么反映到图表上也应该能正确展现出这种不等距的间隔效果。但是默认的图表却不会有这种效果，无论数据间隔多少，其间距都是相等的，如图 3-106 所示。

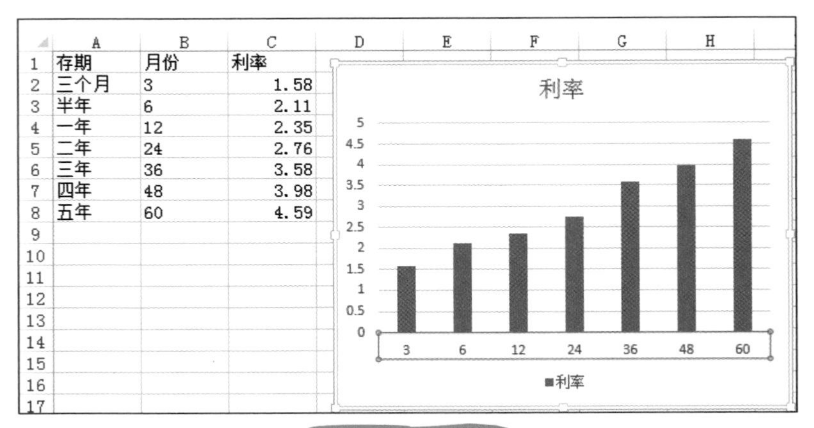

存期	月份	利率
三个月	3	1.58
半年	6	2.11
一年	12	2.35
二年	24	2.76
三年	36	3.58
四年	48	3.98
五年	60	4.59

图 3-106　原图表

要解决这一问题，需要启用“日期坐标轴”。图表的分类轴有三个选项，分别为“根据数据自动选择”“文本坐标轴”“日期坐标轴”。通常情况下，Excel 程序会默认启用前两个选项，即分类轴上的间距都是完全相等的，而启用“日期坐标轴”可以实现让数据源中的数值差距来决定间距。

1. 双击水平轴标签，打开“设置坐标轴格式”窗格
2. 单击“坐标轴选项”标签，展开“坐标轴选项”栏，在“坐标轴类型”栏中选中“日期坐标轴”单选按钮，如图 3-107 所示。设置后的图表效果如图 3-108 所示。

图 3-107　选中“日期坐标轴”单选按钮

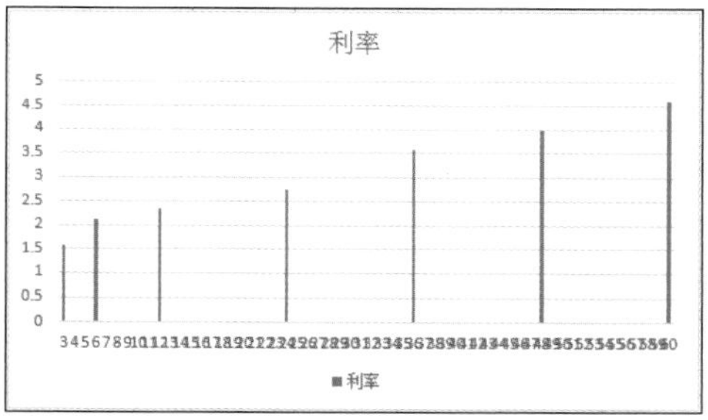

图 3-108　启用日期坐标轴后的图表

现在图表的分类标签是以天为单位，显得非常密集，因此需要处理。我们可以在数据表中添加一列辅助列，如图 3-109 所示。由于我们需要使用的是这一列辅助数据的分类标签，而不是值，并且要显示在分类轴旁，因此我们将辅助值设置为“0”。

通过复制粘贴的方法将添加的辅助数据加到图表中，如图 3-110 所示（参见 3.2 小节“数据系列可随时添加”知识点），我们看到：虽然添加了系列却看不到系列，这是因为系列的值为 0。接下来我们需要更改辅助系列的图表类型，选中它时就要用到 3.3 小节中“选中难于选中的对象”这个知识点。由此可见，我们在完成一个图表的过程中，会不断地使用各个小知识点。没有这些基础，就无法做出专业的图表。回到正题，选中“辅助”数据系列，将其更改为折线图，如图 3-111 所示。

删除默认的分类轴的标签，为折线图添加“类型名称”数据标签，显示位置为“靠下”，

效果如图 3-112 所示。

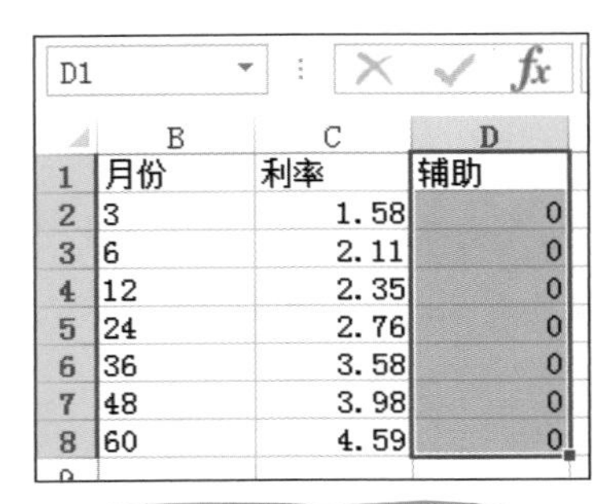

	B	C	D
1	月份	利率	辅助
2	3	1.58	0
3	6	2.11	0
4	12	2.35	0
5	24	2.76	0
6	36	3.58	0
7	48	3.98	0
8	60	4.59	0

图 3-109　添加辅助列

	A	B	C	D
1	存期	月份	利率	辅助
2	三个月	3	1.58	0
3	半年	6	2.11	0
4	一年	12	2.35	0
5	二年	24	2.76	0
6	三年	36	3.58	0
7	四年	48	3.98	0
8	五年	60	4.59	0

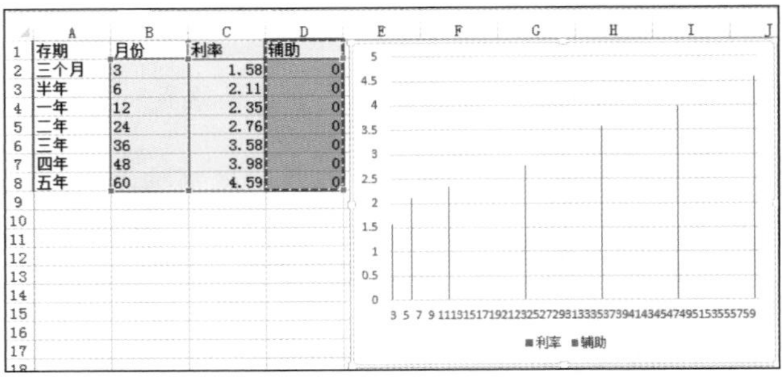

图 3-110　将辅助数据复制到图表中

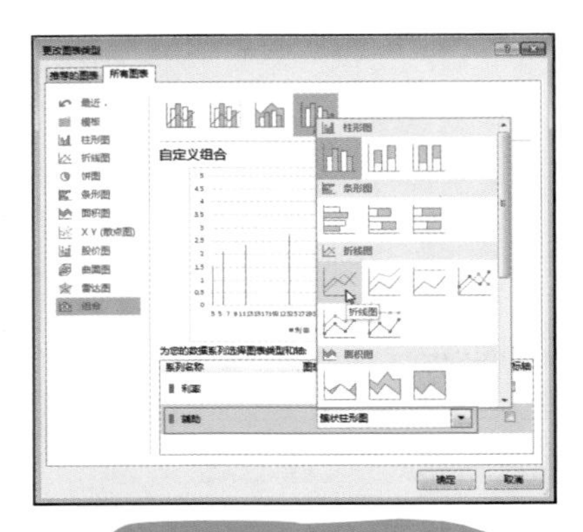

图 3-111　更改为折线图

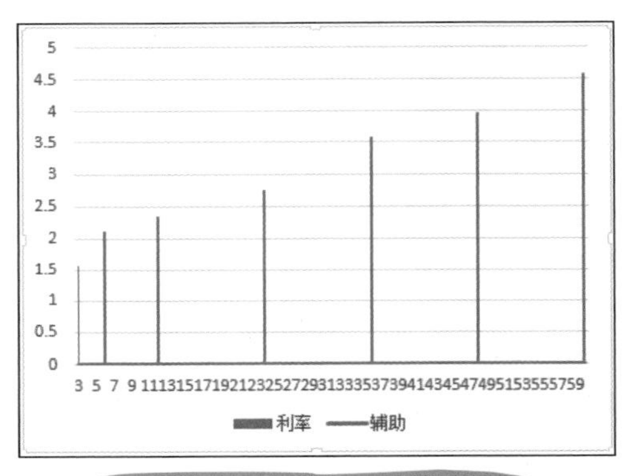

图 3-112　“辅助”系列为折线图

接着，将折线图的线条设置为“无线条”样式，从而实现变相隐藏，再对图表进行其他布局调整即可完成图表设计，最终效果如图 3-113 所示。

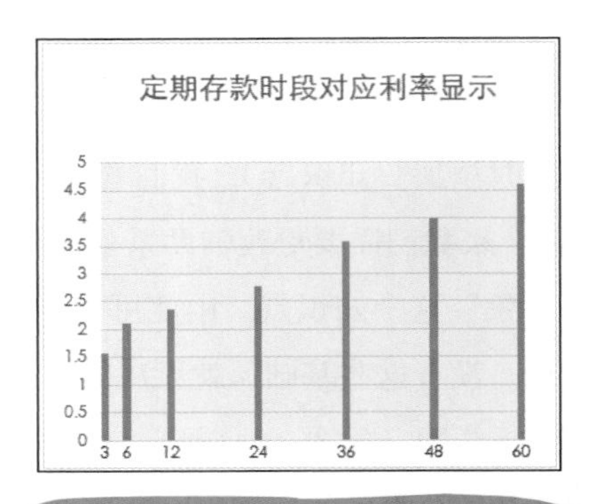

图 3-113　添加数据标签并隐藏折线

重设坐标轴的标签

如果数据为文本，在建立图表时会被程序默认识别为分类标签；如果数据为数值，就会被程序默认识别为数据系列。如图 3-114 所示，默认情况下程序会把 B 列的数据当作数据系列。但实际上，我们想把这列数据作为数据标签，这时可以自定义分类标签。

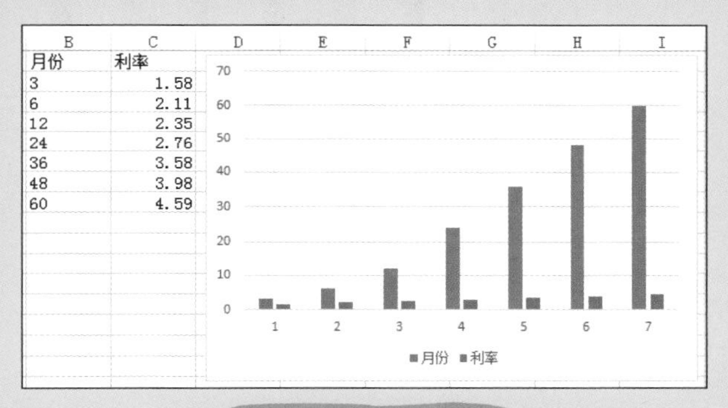

图 3-114 默认标签

先在图表中将“月份”系列删除，然后在图表空白处右击，在弹出的快捷菜单中选择“选择数据”命令，弹出“选择数据源”对话框。在“水平轴分类标签”栏中单击“编辑”按钮（见图 3-115），返回到工作表中，选择 B2:B8 单元格区域作为分类轴标签，如图 3-116 所示。依次单击“确定”按钮退出，可以看到图表的分类标签已被重新设置了。

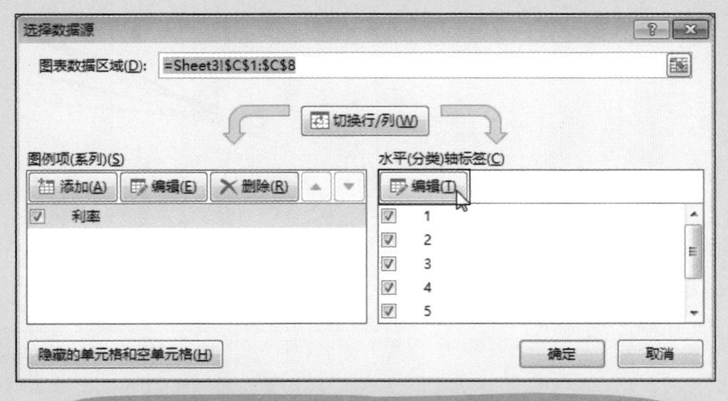

图 3-115 删除“月份”系列并单击“编辑”按钮

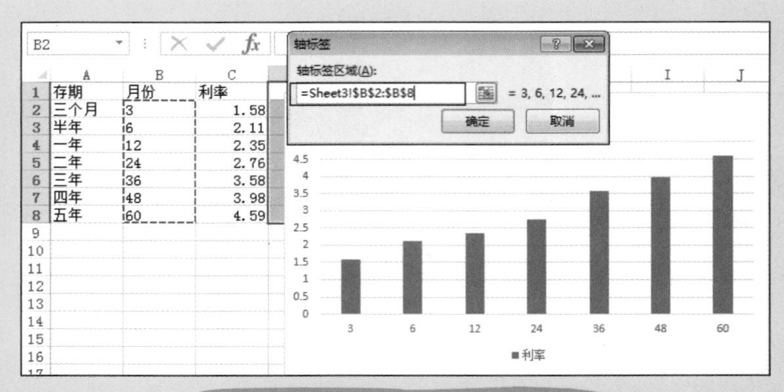

图 3-116　选择数据标签单元格区域

这项操作在建立图表时经常用到，关键在于设计图表时要懂得组合使用各项编辑技术，进而设计出更改符合需求的图表。

避免凌乱的折线图

折线图是以线条的方式呈现的。前面我们提到过，折线图不宜有过多的数据系列，否则线条相互交织，视觉效果很差，如图 3-117 所示。

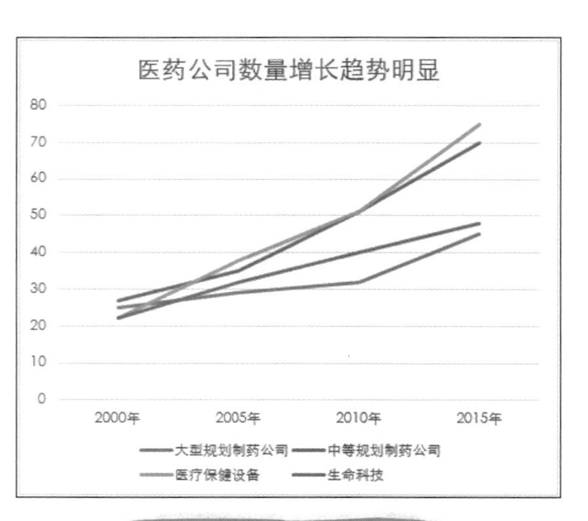

图 3-117　多条折线效果不好

此时我们可以利用空格对源数据进行组织，之后可以建立一种叫做平板图的样式，让各个系列独自成图。

❶ 将默认的数据（见图 3-118）整理为图 3-119 所示的样式。

	A	B	C	D	E
1		大型规划制药公司	中等规划制药公司	医疗保健设备	生命科技
2	2000年	25	27	22	22
3	2005年	29	35	38	32
4	2010年	32	51	51	40
5	2015年	45	70	75	48
6					

图 3-118　默认数据源

	A	B	C	D	E
1		大型规划制药公司	中等规划制药公司	医疗保健设备	生命科技
2	00年	25			
3	05	29			
4	10	32			
5	15	45			
6			27		
7			35		
8			51		
9			70		
10				22	
11				38	
12				51	
13				75	
14					22
15					32
16					40
17					48

图 3-119　整理后的数据源

❷ 以 A1:E17 单元格区域创建图表，如图 3-120 所示。

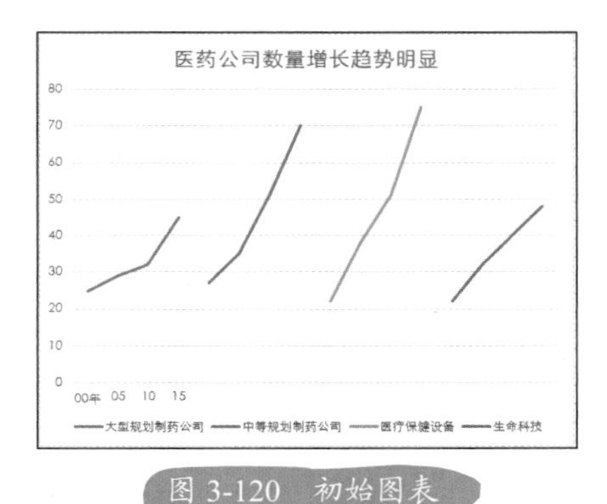

图 3-120　初始图表

❸ 在水平轴上双击，打开“设置坐标轴格式”窗格，在“坐标轴选项”标签下，展开“刻度线标记”栏，选择“刻度线标记”选项，将“标记间隔”设置为“4”，如图 3-121 所示。

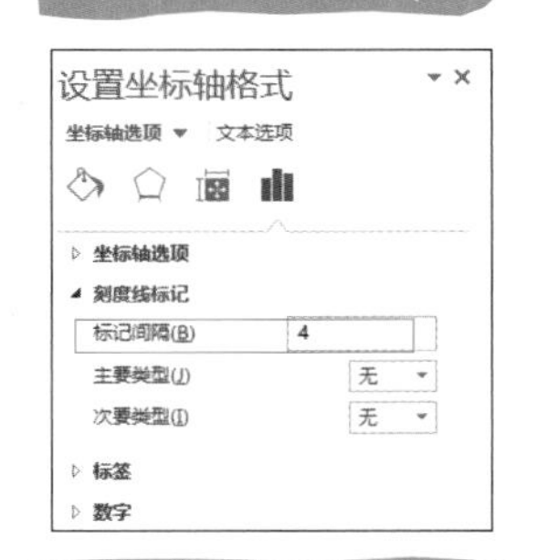

图 3-121　设置标记间隔

4 删除垂直轴的网格线，在水平轴上单击，在弹出的快捷菜单中选择“添加主要网格线”命令（见图 3-122）即可实现图表分隔显示的效果，如图 3-123 所示。

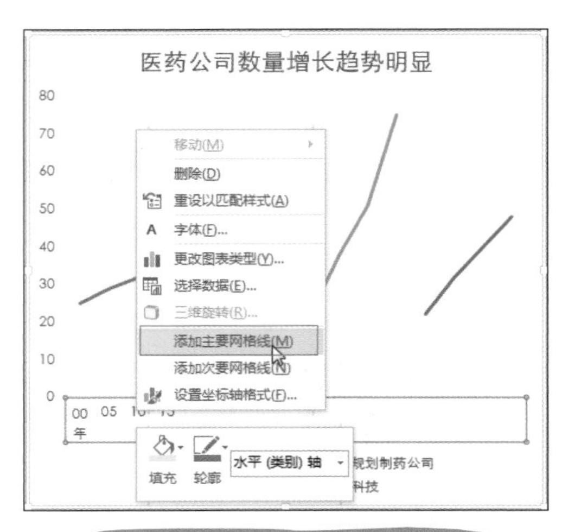

图 3-122　添加水平轴的主要网格线

小贴士

步骤 3 的操作是为了实现后面图表分隔显示的效果，因为每个图表占用 4 个分类数，因此设置“标记间隔”为“4”，后面再添加网格线即可实现分隔显示的效果。

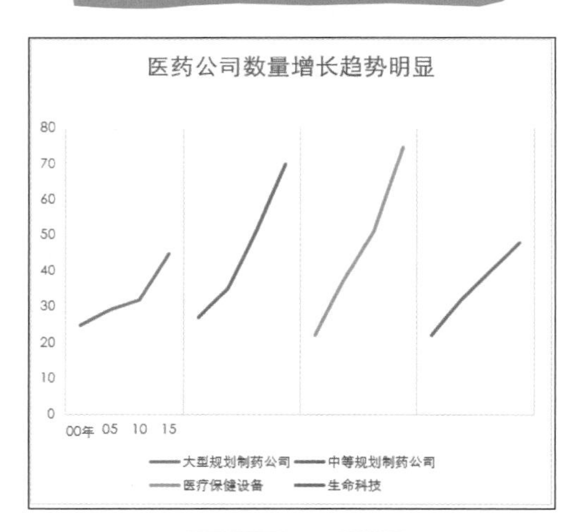

图 3-123　平板图效果

3.4　利用辅助数据的作图技术

利用辅助数据作图实际上也是在作图前对数据源进行重新组织，是通过源数据延伸出辅助数据，然后再配合辅助数据创建图表，从而让图表的呈现出所期望表达的信息。辅助

数据可以是约定的数值，也可以从源数据中提取，还可以是通过公式计算得到的结果。

自动绘制平均线（参考线）

沿用“将数据分离为多个系列”这个知识中的例子，如图 3-124 所示的数据表中，先将 B 列的数据分离为 C 列与 D 列的数据，再添加 E 列的这个“平均线”数据，这个数据是对 B 列数据求平均值计算得出的。

E2 =AVERAGE($B$2:$B$13)

	A	B	C	D	E	F
1	月份	盈利	高于平均值	低于平均值	平均线	
2	1'月	5		5	24.33	
3	2	4		4	24.33	
4	3	37	37		24.33	
5	4	34	34		24.33	
6	5	22		22	24.33	
7	6	11		11	24.33	
8	7	12		12	24.33	
9	8	32	32		24.33	
10	9	46	46		24.33	
11	10	35	35		24.33	
12	11	29	29		24.33	
13	12	25	25		24.33	

图 3-124　将 B 列的数据重新组织并计算平均值

1. 按住“Ctrl”键，选中 A1:A13、C1:E13 单元格区域，在“插入”选项卡的“图表”选项组中单击“组合图”按钮（见图 3-125），在弹出的快捷菜单中选择“簇状柱形图—次坐标轴上的折线图”命令，即可快速创建图表雏形，如图 3-126 所示。

文件 开始 插入 页面布局 公式 数据 审阅 视图 开发工具 加载项

数据透视表 推荐的数据透视表 表格 插图 应用商店 我的应用 推荐的图表 数据透视图 组合图 创建自定义组合图(C)...

C1 高于平均值

	A	B	C	D	E
1	月份	盈利	高于平均值	低于平均值	平均线
2	1'月	5		5	24.33
3	2	4		4	24.33
4	3	37	37		24.33
5	4	34	34		24.33
6	5	22		22	24.33
7	6	11		11	24.33
8	7	12		12	24.33
9	8	32	32		24.33
10	9	46	46		24.33
11	10	35	35		24.33
12	11	29	29		24.33
13	12	25	25		24.33

图 3-125　选择数据源并建立复合图

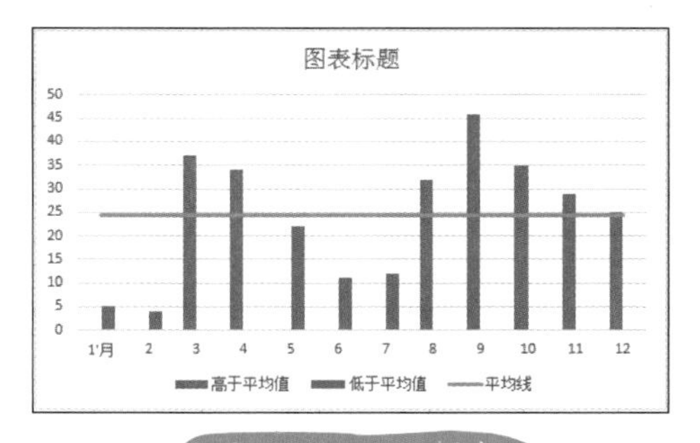

图 3-126　初始图表

❷ 对图表进行优化及美化设置，最终效果如图 3-127 所示。

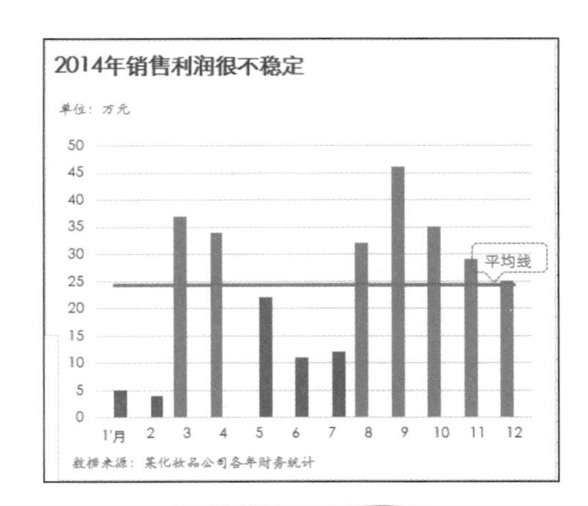

图 3-127　优化后的图表

显示汇总的数据标签

建立堆积柱形图时，显示的数据标签都是各个系列的值，如果这时能用上总计值数据标签是很实用的。这时就需要使用辅助数据。

❶ 使用 SUM 函数对各项数据求和，得到辅助数据，如图 3-128 所示。

E3　=SUM(B3:D3)

	A	B	C	D	E
1					
2		大型化妆品公司	普通化妆品公司	化妆工具	总计
3	2000年	19	27	24	70
4	2005年	22	37	38	97
5	2010年	23	51	51	125
6	2015年	25	70	75	170

图 3-128　求解总计值

❷ 选中 A2:E6 单元格区域，建立柱形图，如图 3-129 所示。

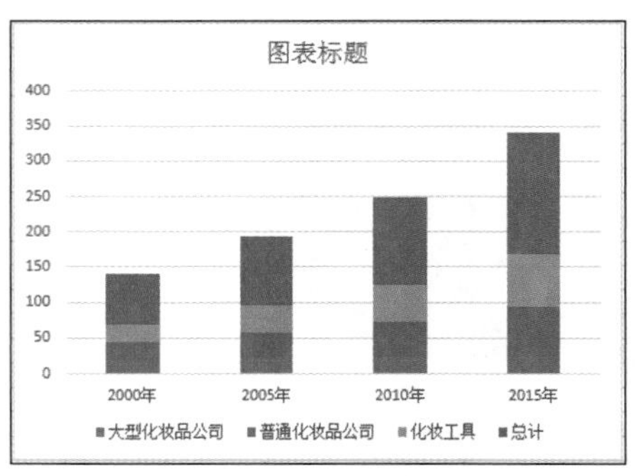

图 3-129　初始图表

3 选中“总计”数据系列并右击，在弹出的快捷菜单中选择“更改系列的图表类型”命令，弹出“更改图表类型”对话框，在下面的列表中框中将“总计”数据系列更改为折线图，如图 3-130 所示。

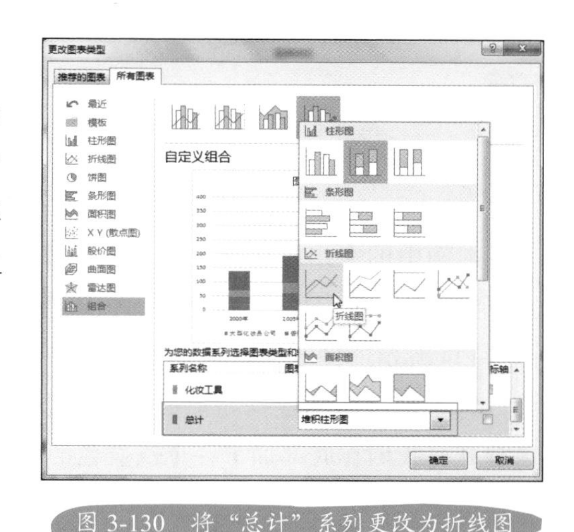

图 3-130 将“总计”系列更改为折线图

4 更改后的效果如图 3-131 所示。为“总计”系列添加数据标签，将数据标签的显示位置设置为“上方”，如图 3-132 所示。

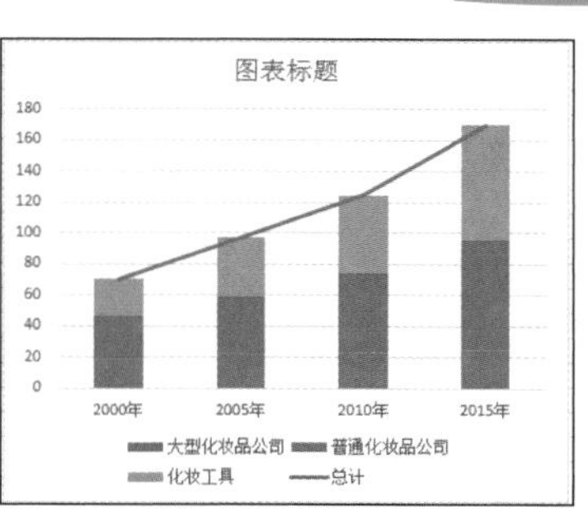

图 3-131 更改后的图表

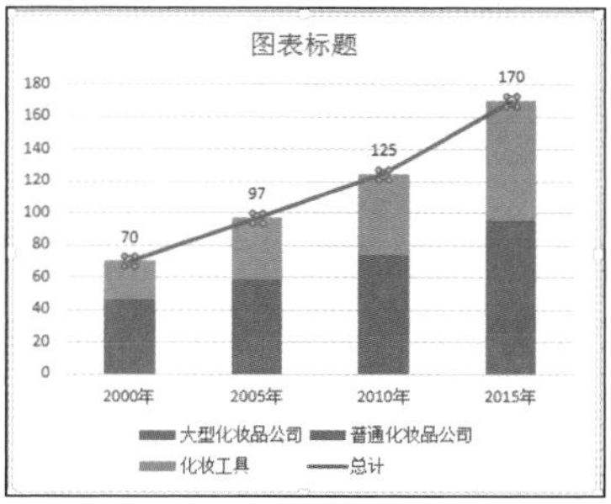

图 3-132 为折线图添加数据标签

5 将“总计”系列的线条样式设置为无线条，这样图表就只显示数据标签，再对图表进行其他布局及美化设置，最终效果如图 3-133 所示。

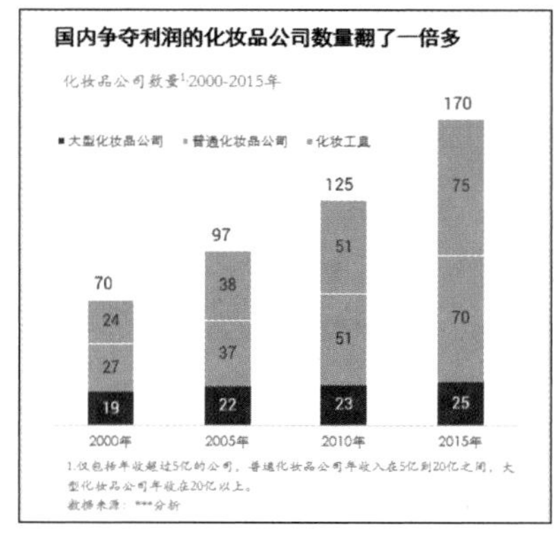

图 3-133 隐藏“总计”系列

突出标识预测值

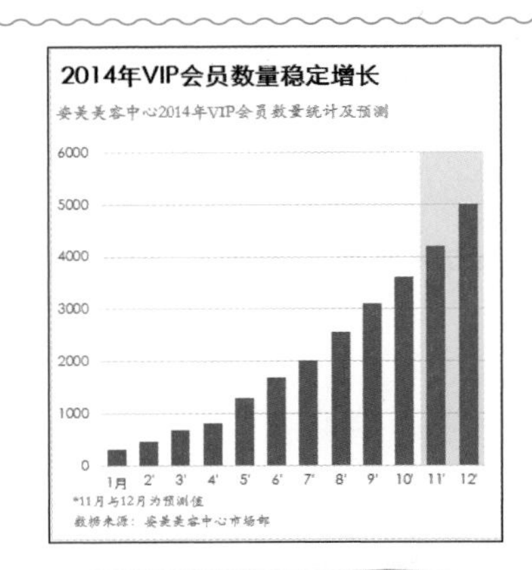

图 3-134 预测值突出标识

本例中的突出标识预测值是指对图表中重点显示的数据以加底纹的形式标示出来。在图 3-134 所示的图表中，11 月与 12 月为预测值，为了把这两项数据与前面的实际数据区区分开，我们在底部加了一个浅蓝色的底纹，这并不是手工绘制的，这是通过添加辅助列实现的。

❶ 在数据表的 C 列中添加一个辅助列，前面保持空白，只在 11 月与 12 月对应单元格中输入数值，且这个值应该大于 11 月与 12 月的值（因为要以底纹显示），如图 3-135 所示。

	A	B	C
1		会员数	辅助系列
2	1月	322	
3	2'	467	
4	3'	680	
5	4'	810	
6	5'	1298	
7	6'	1678	
8	7'	2009	
9	8'	2560	
10	9'	3100	
11	10'	3600	
12	11'	4200	6000
13	12'	5000	6000

图 3-135 建立辅助数据

❷ 选中 A1:C13 单元格区域的数据建立簇状柱形图，如图 3-136 所示。

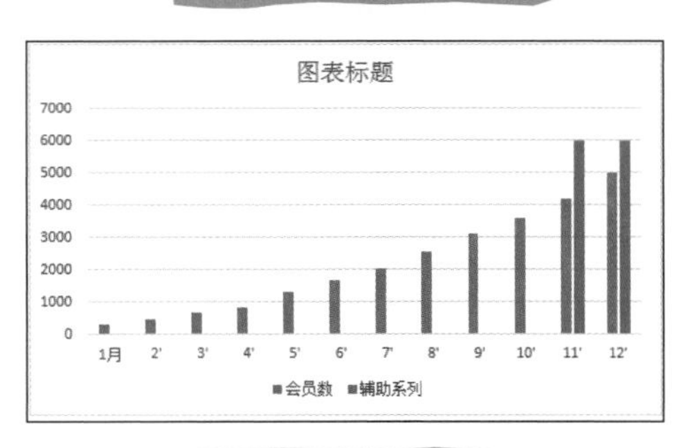

图 3-136 初始图表

3 将“辅助系列”系列设置为沿次坐标轴绘制，并设置分类间距为 0，如图 3-137 所示。

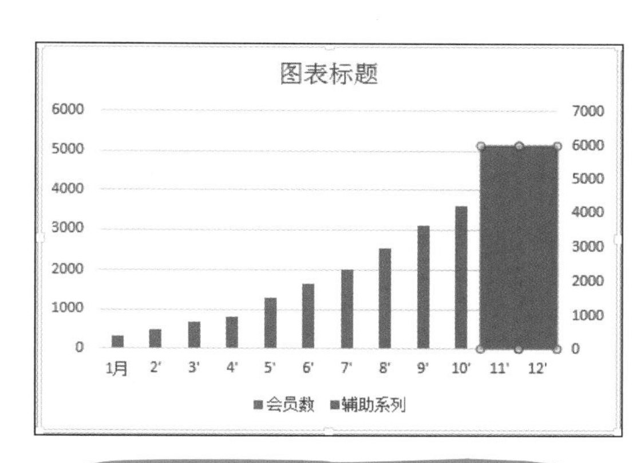

图 3-137 “辅助系列”沿次坐标轴绘制

4 将“辅助系列”系列的填充色的透明度调整到 50% 左右，即可以背景形式显示到“11 月”与“12 月”数据后面，效果如图 3-138 所示。

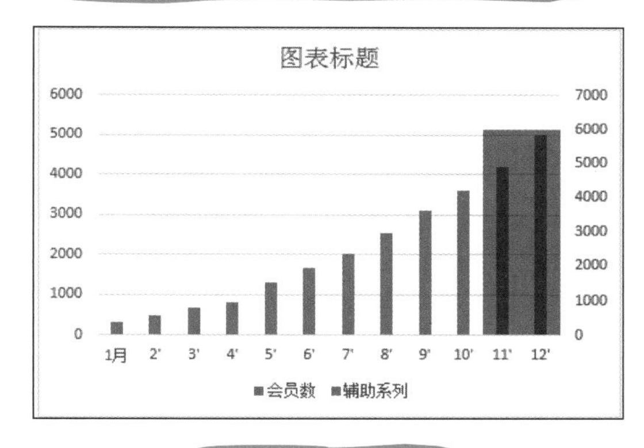

图 3-138 调整透明度

5 最后对图表进行其他布局及美化设置即可完成图表的设计。

小贴士

我们完全可以举一反三，灵活设置辅助列来实现其他特殊标识，如标识出周末日期的数据，标识出大于平均值的数据等。

显示数值分布区间的悬浮图表

用柱形或条形的高度来显示数据的分布区间时也需要使用辅助列。我们需要使用辅助数据把显示分布区间的柱形或条形堆积起来，之后将该隐藏的系列隐藏，即辅助数据在图表中只起到占位的作用。

1. 如图 3-139 所示的数据中添加辅助数据，辅助数据的值为最高工资与最低工资的差值。

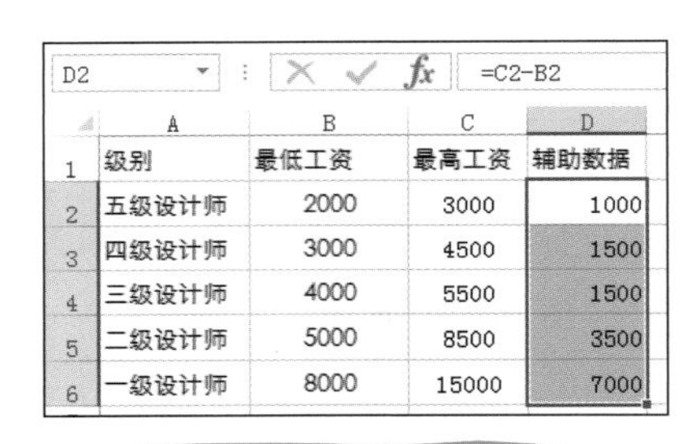

D2 =C2-B2

	A	B	C	D
1	级别	最低工资	最高工资	辅助数据
2	五级设计师	2000	3000	1000
3	四级设计师	3000	4500	1500
4	三级设计师	4000	5500	1500
5	二级设计师	5000	8500	3500
6	一级设计师	8000	15000	7000

图 3-139 建立辅助数据

2. 选中 A1:A6、C1:D6 单元格区域的数据，并建立图表，如图 3-140 所示。

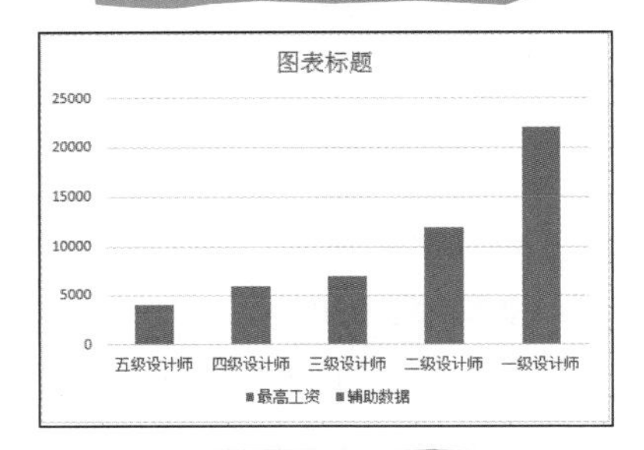

图 3-140 初始图表

3. 右击图表区，在弹出的快捷菜单中选择“选择数据”命令，弹出“选择数据源”对话框，调整“辅助数据”“最高工资”两个系列的默认次序，如图 3-141 所示。调整后的效果如图 3-142 所示。

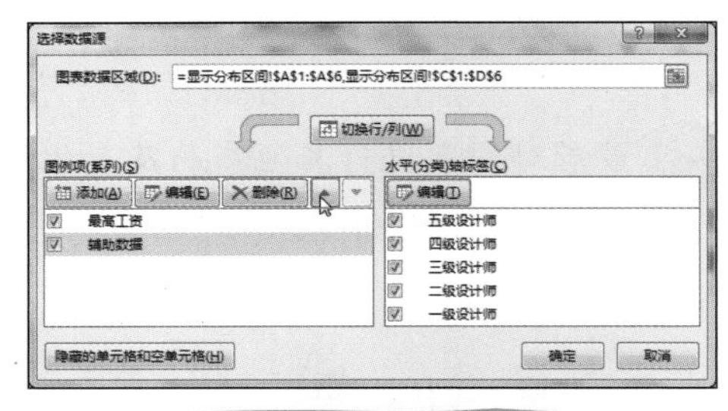

图 3-141 调整系列顺序

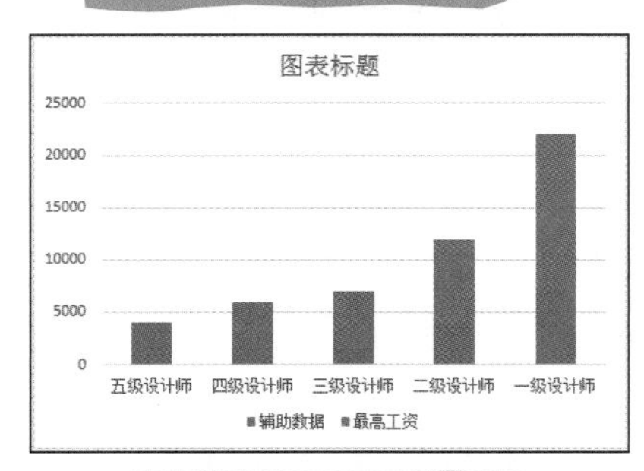

图 3-142 调整后的图表

4 将“辅助数据”系列设置为无轮廓、无填充效果，如图 3-143 所示。

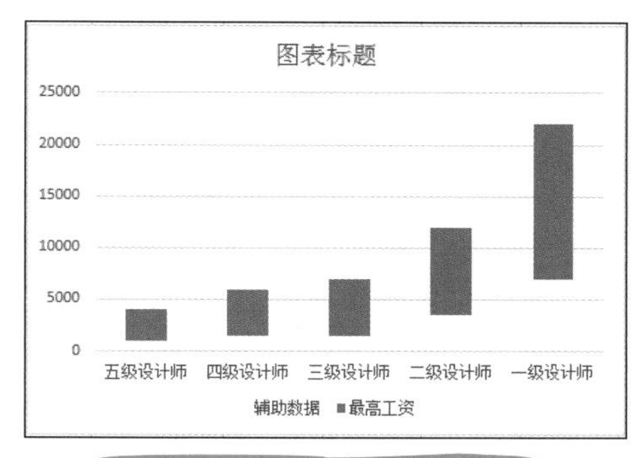

图 3-143 隐藏“辅助数据”系列

5 最后对图表进行其他布局及美化设置即可完成图表设计，最终效果如图 3-144 所示。

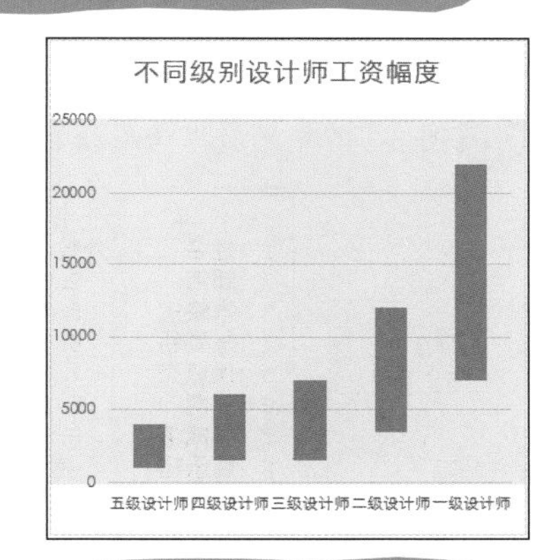

图 3-144 优化后的图表

小贴士

在步骤 3 中调节系列的显示顺序应用到了 3.2 小节中“数据系列默认顺序也能调”知识点。图表中系列的显示顺序与数据源是保持一致的。当图表对数据系列的显示顺序有特殊要求时，就要在建立图表数据源时考虑好顺序，否则就得像本例中这样去调节。

在条形图上显示纵向参考线

在柱形图上添加平均线或自定义的参考线，操作方法很简单。如果想为条形图添加纵向参考线（见图 3-145）是不是也要使用相同的方法呢？在条形图中添加纵向参考线需要借助于XY散点图，因为散点图是用于描述一组数据的，因此处理起来相对麻烦。

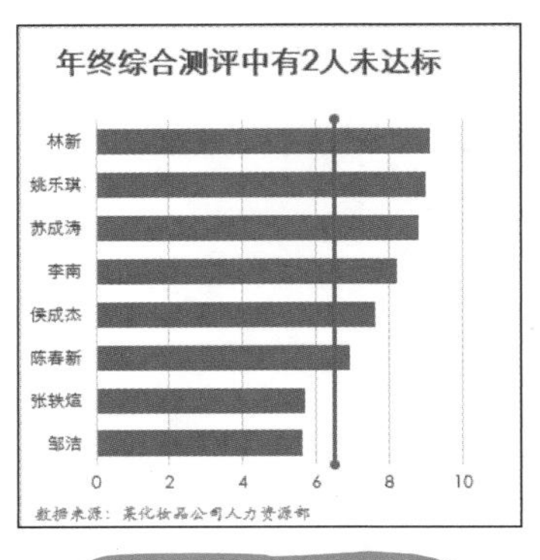

图 3-145　目标图表

1 图 3-146 中的数据为原始数据，添加如图 3-147 所示的辅助数据。

	A	B
1	姓名	分数
2	邹洁	5.6
3	张轶煊	5.7
4	陈春新	6.9
5	侯成杰	7.6
6	李南	8.2
7	苏成涛	8.8
8	姚乐琪	9
9	林新	9.1
10		

图 3-146　原始数据

	A	B	C	D	E
1	姓名	分数		X	Y
2	邹洁	5.6		6.5	0
3	张轶煊	5.7		6.5	10
4	陈春新	6.9			
5	侯成杰	7.6			
6	李南	8.2			
7	苏成涛	8.8			
8	姚乐琪	9			
9	林新	9.1			

图 3-147　建立辅助数据

2 选中 A1:B9 单元格区域的数据建立条形图，如图 3-148 所示。

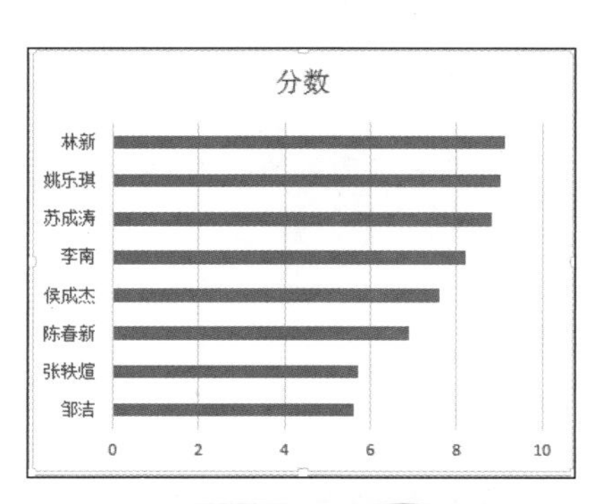

图 3-148　初始图表

❸ 选中D1:E3单元格区域，按“Ctrl+C”组合键进行复制，在“开始”选项卡的“剪贴板”选择组中单击“粘贴”按钮，在弹出的快捷菜单中选择“选择性粘贴”命令，如图3-149所示。

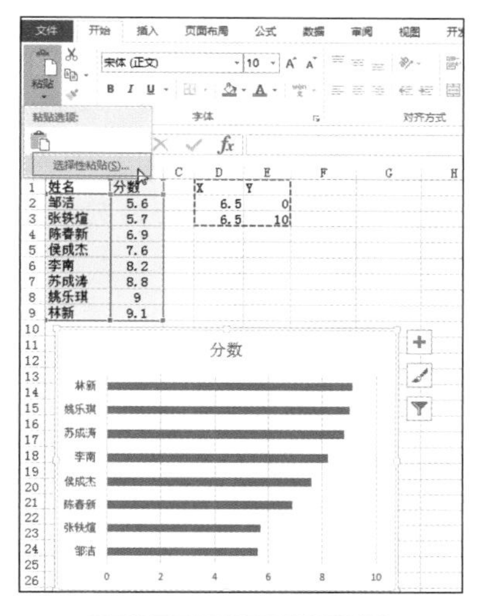

图3-149 复制辅助数据

❹ 弹出“选择性粘贴”对话框，选中“首列中的类别（X标签）”复选框，如图3-150所示。

图3-150 设置粘贴选项

❺ 单击“确定”按钮，效果如图3-151所示。图表效果暂时有些乱，先不必理会。

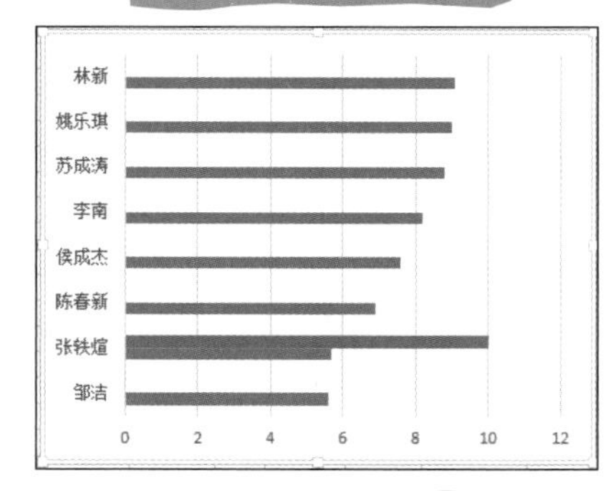

图3-151 粘贴数据后默认效果

❻ 选中添加的数据系列并右击，在弹出的快捷菜单中选择“更改系列的图表类型”命令，弹出“更改图表类型”对话框，在下面的列表框中将“Y”数据系列更改为散点图，如图 3-152 所示。

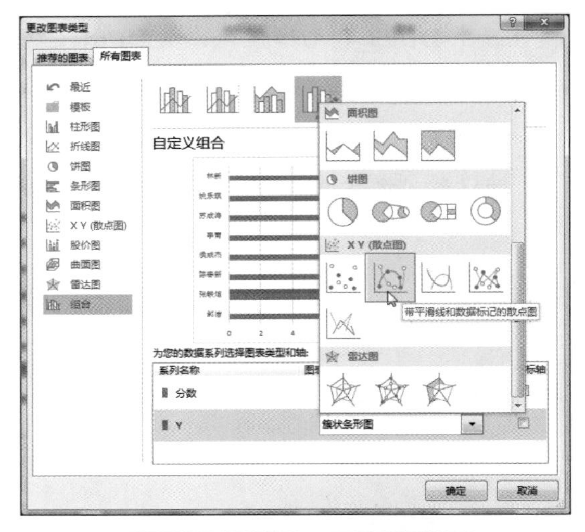

图 3-152 更改所粘贴系列的图表类型

❼ 单击“确定”按钮，效果如图 3-153 所示。

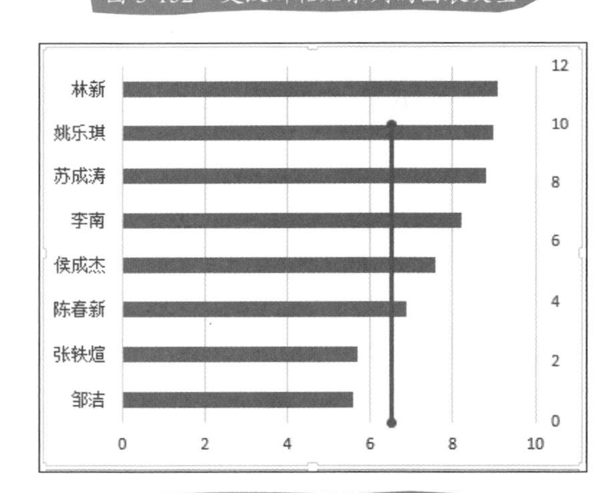

图 3-153 更改后的图表效果

❽ 将右侧坐标轴的刻度最大值更改为“10”并隐藏起来，再对图表进行其他布局及美化设置即可完成图表设计。

第4章

专业课二
——作图就要做到更专业

4.1 时刻以专业要求自己

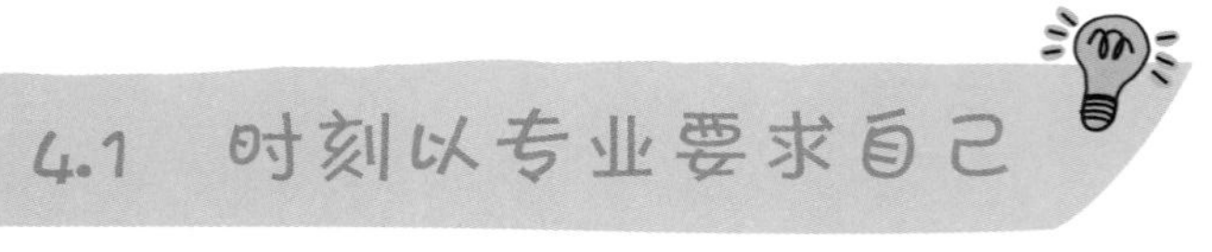

专业图表的特点分析

目前，国内做专业图表一直是以麦肯锡、罗兰 ·贝格这样的世界知名咨询公司的图表，或者是《商业周刊》《华尔街日报》《经济学人》这些世界知名商业杂志上的图表来作为标杆的。

这些图表之所以称之为标杆，是因为即使过去了多年，它们仍然符合设计的基本原则、拥有值得学习的优点。如图 4-1 所示的两张图表，左图为《经济学人》的图表、右侧为罗兰 ·贝格的图表，它们都是早期的商业图表。无论是在网络中还是在书籍中，它们仍然被用于整体布局或是配色使用。

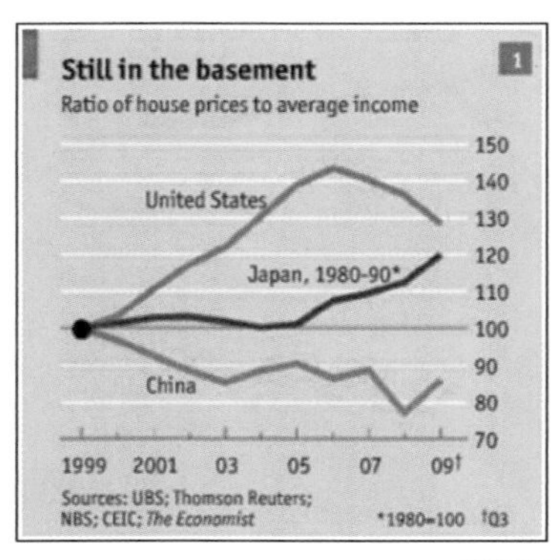

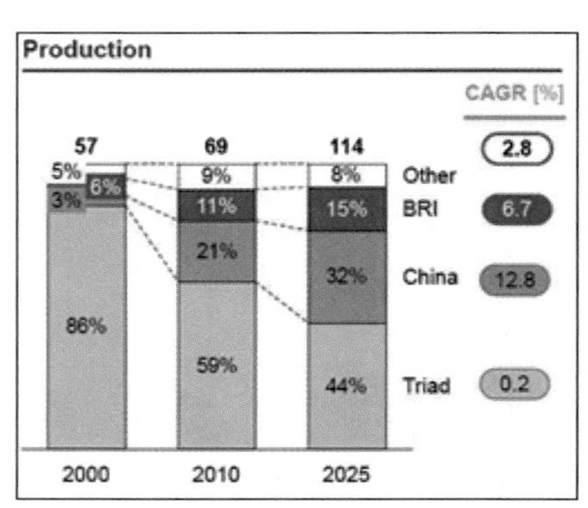

图 4-1 早期商业图表

如图 4-2 所示的麦肯锡的图表，风格简洁，既对补充信息、细节信息以及备注信息更加重视，也更注重了文图一体的排版效果。

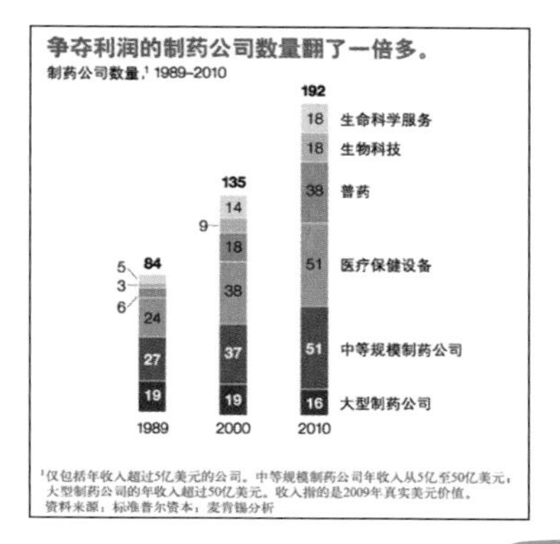

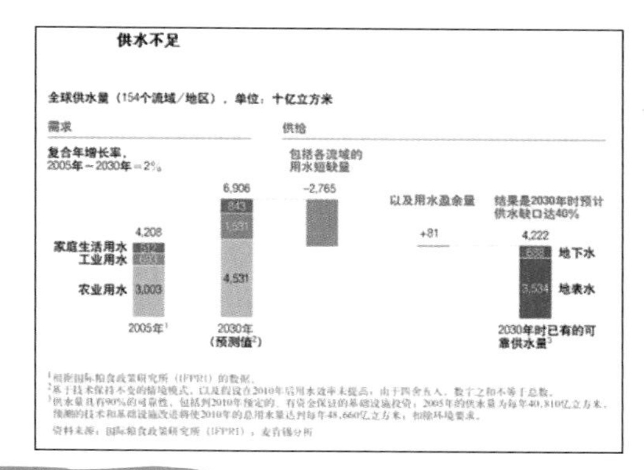

图 4-2 麦肯锡的图表

国内的财经板块、数据分析板块中的一些图表，图表越做越活跃。除了图表主体之外，还将很多非图表元素都应用到了图表当中。图 4-3 为搜狐财经的图表。

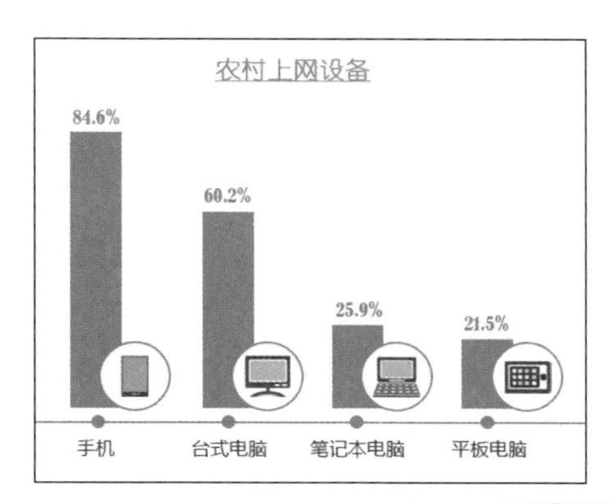

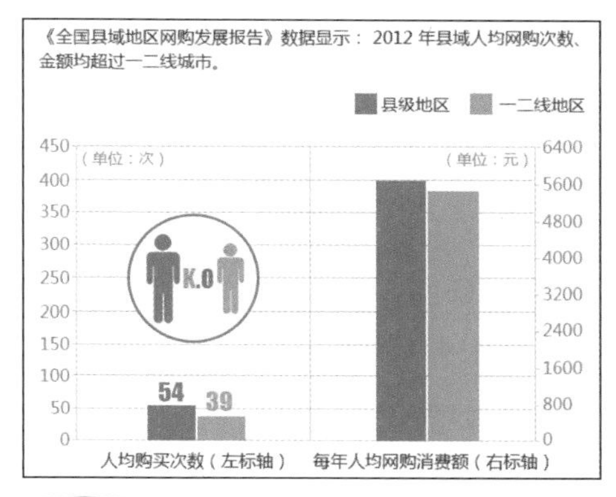

图 4-3 搜狐财经的图表

综上所述，专业图表具有以下四个特点。

1. 简洁的类型

一般只使用最基本的图表类型，并不复杂。不需要过多的解释，任何人都能看懂图表所表达的意思，能真正起到沟通作用。

2. 明确的观点

图表所要表达的观点非常明确。标题无法完全表明的，会添加其他辅助说明或备注文字。

3. 完美的细节

细节处理很到位，不会给人留下任何质疑点。数据使用也非常谨慎，一般都会标明出处，体现专业态度。

4. 设计的外观

以设计的原则去美化图表，把图表处理的既明确反映数据，又能给人带来视觉享受。

细节决定专业度

前面我们已看到很多商业图表，我们都会注意到这些图表对细节的处理数据单位。他们真正具备专业的工作态度，不会让任何人看到图表后，对图表反映的事实产生怀疑。图 4-4 所示为细节完善的图表。

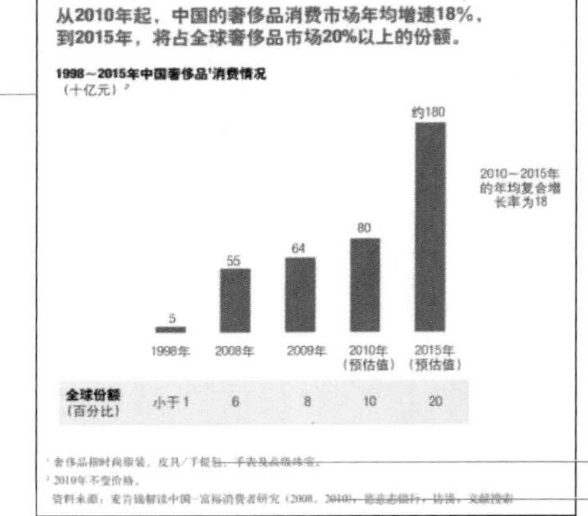

图 4-4 细节完善的图表

1. 数据来源

专业的图表都会标明数据来源，这是增强数据可靠性的有效方法。

2. 图表注释

图表注释是对图表中涉及的概念、指标、判断标签等做出的解释。近年来，商务图表会采用在需要说明的文字右上解标注编号，先要引起注意，再在脚注区进行解释。

3. 数据单位

为了让数据标签显得更加简洁，通常将数据单位更改为万、十万、亿等。

4. 四舍五入的说明

当显示百分比数据标签时，为了避免四舍五入造成总和不等于 100% 的情况发生，应该在脚注部分予以说明，如图 4-5 所示。

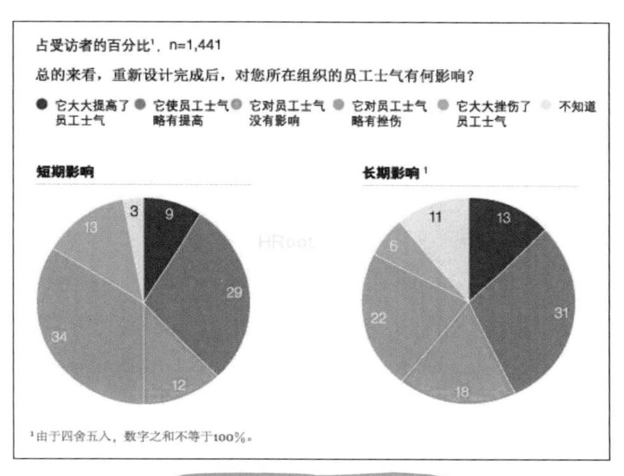

图 4-5 有四舍五入的说明

5. 坐标轴截断标识

一般来说，作图时不会建立截断坐标轴，这样有夸大悬殊的嫌疑。如果有些自然现象情况下使用了截断坐标轴，那么一定要添加截断标识，如图 4-6 所示。

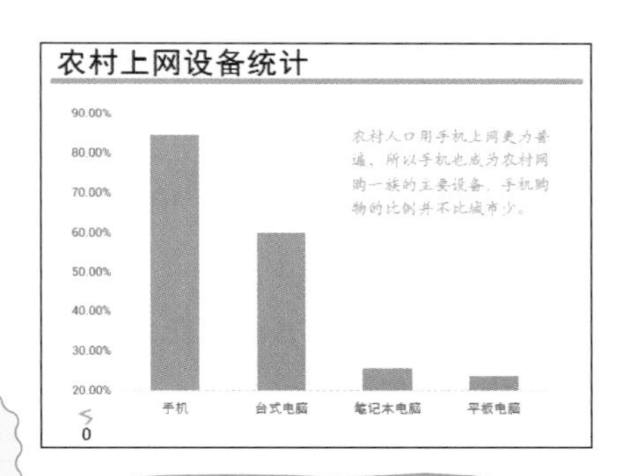

图 4-6 有坐标轴截断标识

截断标识可以使用“自选图表”中的“任意多边形”工具在图表中直接绘制。

6. 简洁坐标轴标签

商务图表注重简洁，因此要让坐标轴尽量简洁，如图 4-7 所示的图表，垂直轴的刻度可以通过数据格式的自定义，让其看起来更加简洁。

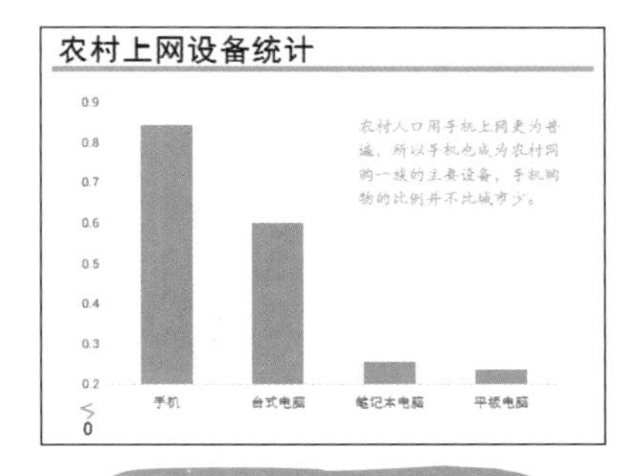

图 4-7 简洁的坐标轴标签

再如麦肯锡、罗兰 · 贝格的图表，当使用年份作为水平轴标签时，如果排版时要将图表的宽度调整的稍小，那么一般采用“2010、’11、’12、’13”的表达方式，既不影响阅读，又让坐标轴标签避免拥挤。

4.2 专业图表常用效果的实现

专业的图表很注重对图表细节的处理，同时对外观效果方面也具有较高的要求。通过对前面图表编辑技术的学习，我们已具备了图表处理的能力，本节中再介绍一些专业图表常用效果实现的方法，以及一些特殊场景下图表的选择及处理方法，这些操作也会全面应用到前面的基础知识。

将图例显示于系列旁

当图表中有多个数据系列时，需要使用图例，在商务图表中经常有将图例放于系列旁的做法，图 4-8 所示的两张图表都对图例采取了这种放置方式。这种图例是采用绘制文本框的方式实现的。

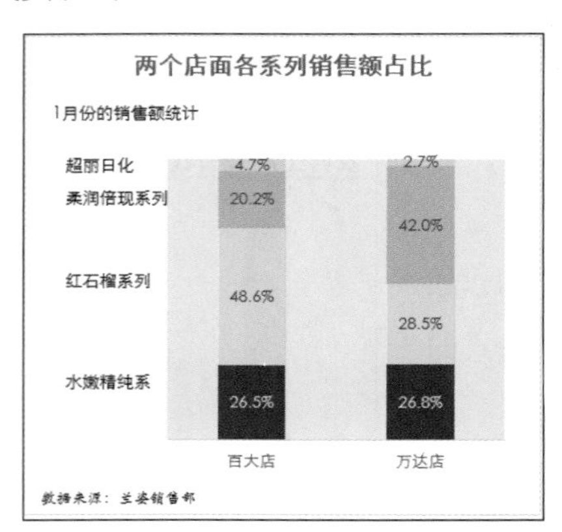

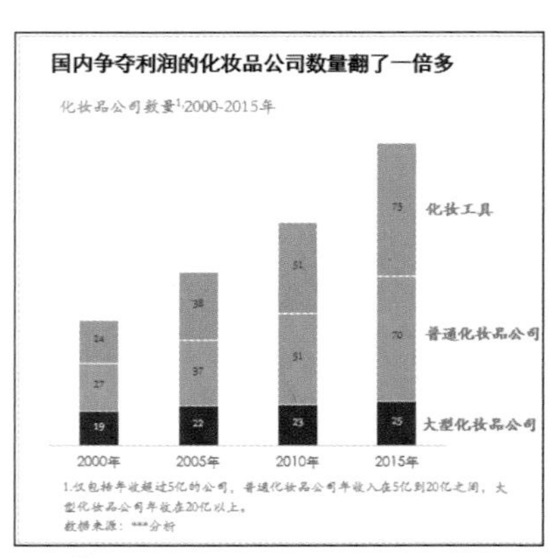

图 4-8 图例显示于系列旁

1 选中图表中的默认图例，按“Delete”键删除。

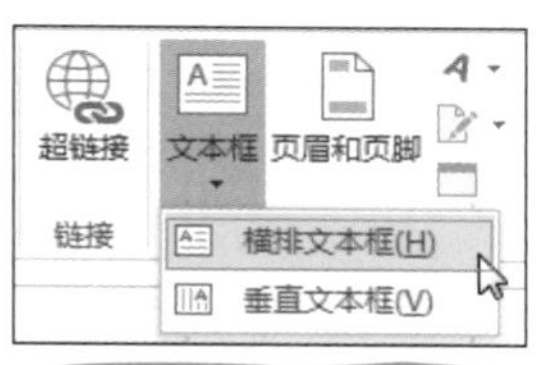

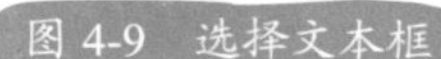
图 4-9 选择文本框

2 在“插入”选项卡的“文本”选项组中单击“文本框”按钮，在弹出的快捷菜单中选择“横排文本框”命令（见图 4-9），然后在图表中需要的位置处绘制文本框并输入文字，如图 4-10 所示。

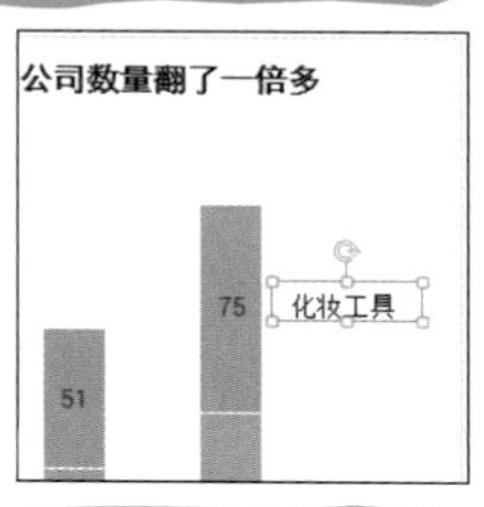

图 4-10 输入文字

3 选中文本框，注意是选中文本框并非是将光标定位到文本框中，然后在“开始”选项卡的“字体”选项组中可以对字体、字号进行设置。

把坐标轴处理得更加专业

商务图表一般使用简洁的坐标轴，通过设置数字格式可以让日期标签或是数值标签显示为相对简洁的样式。另外，还可以进行细节处理，如图 4-11 所示的图表，虽然刻度标签数值简洁，但没有明确的数值单位提示，这样容易造成误解。这时，可以绘制一个文框，输入“¥　万”，注意中间要留有足够的空格，将其放置在“90”的位置上，如图 4-12 所示。

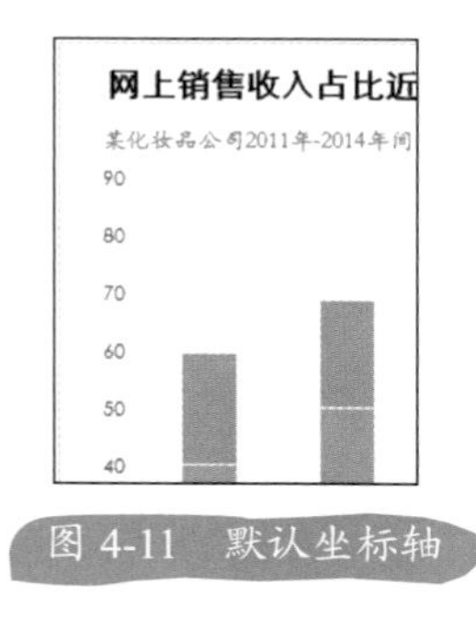

图 4-11 默认坐标轴

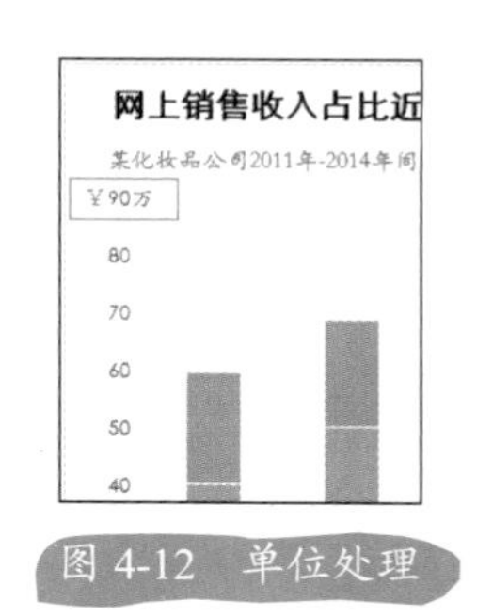

图 4-12 单位处理

如图 4-13 所示的图表，也是采用上面相同的方法对水平轴的标签进行了处理，这样的坐标轴标签在商务图表中十分常见。

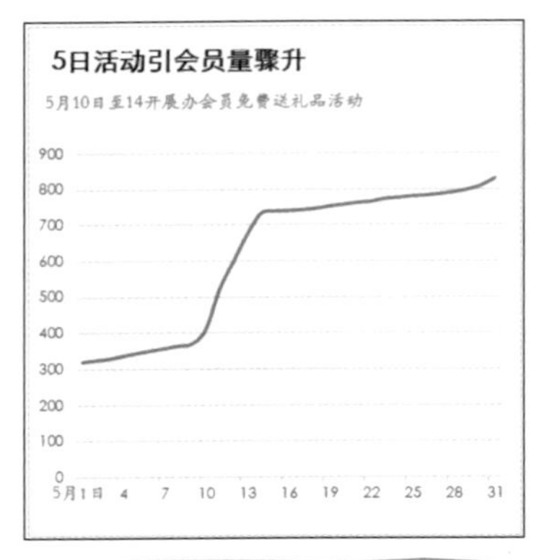

图 4-13　水平轴标签简洁

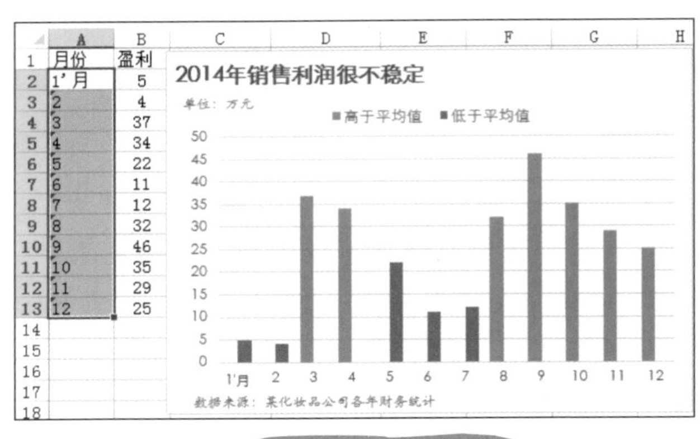

图 4-14　改变数据源

由于坐标轴的标签与数据源是相连接的，因此要让非数值的坐标轴标签显得更简洁，我们可以直接在图表中对数据源进行处理，如图 4-14 所示。

另外，也可以建立一列辅助列，如把年份简化为“2010、’11、’12、’13”的样式，然后把图表的标签设置为引用这个辅助列。

数据标签的细节处理

对于堆积显示的图形，如果本身系列的值比较小，在添加数据标签后就会显得非常拥挤，如图 4-15 所示。这时，一般采用将数据标签放于图旁并添加引导线的方法，如图 4-16 所示。

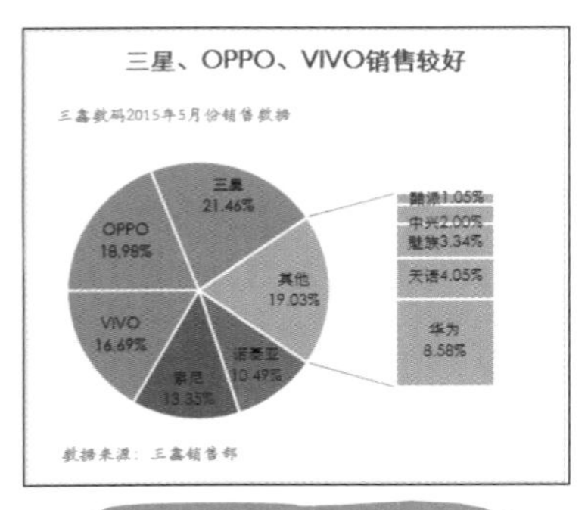

图 4-15　数据标签拥挤

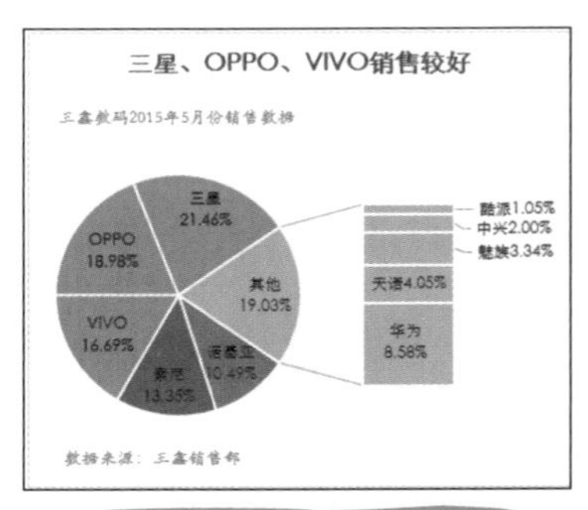

图 4-16　调整后的数据标签

图 4-17 为麦肯锡的图表，也是对数据标签采取这种处理方式。对于指引线，既可以使用程序默认的指引线，也可以利用自选图表来手工绘制。

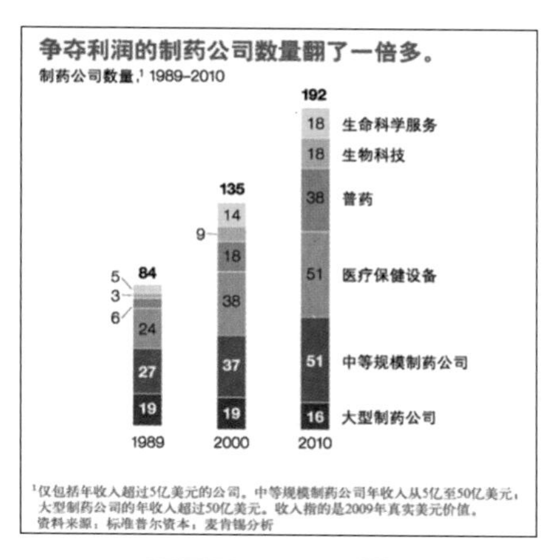

图 4-17 麦肯锡的图表

条形图中负数标签的处理

在建立条形图或柱形图时，如果数据中存在负值，那么会出现分类标签覆盖在图形上的情况，如图 4-18 所示。通常情况下，采用将分类标签移至图外的方法处理，如图 4-19 所示。

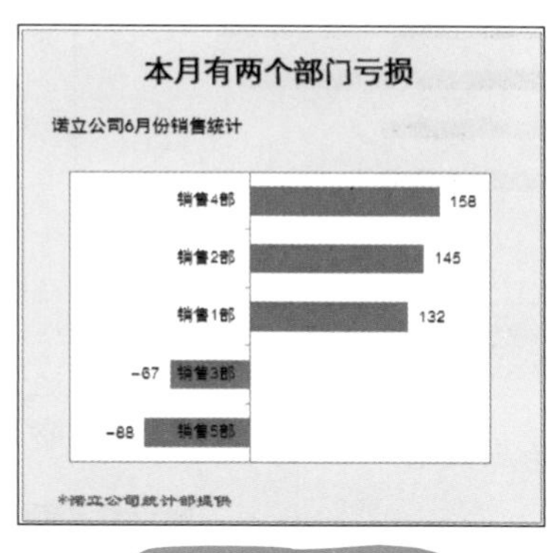

图 4-18 原图表

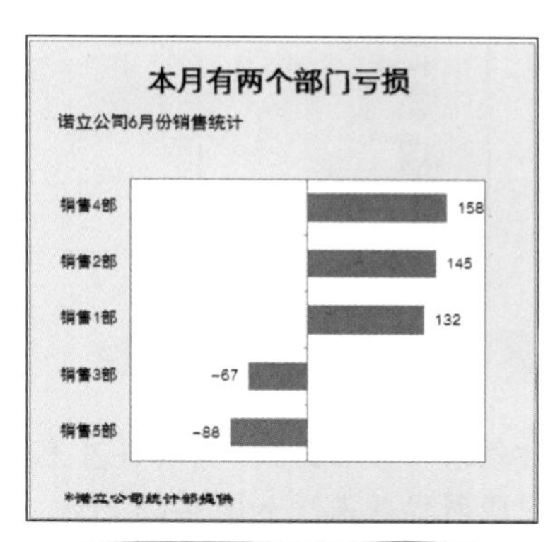

图 4-19 数据标签移至图外

除此之外，还可以通过添加辅助列的方法将分类标签按正负值情况显示于坐标轴的两边，这也符合专业图表的制作要求。

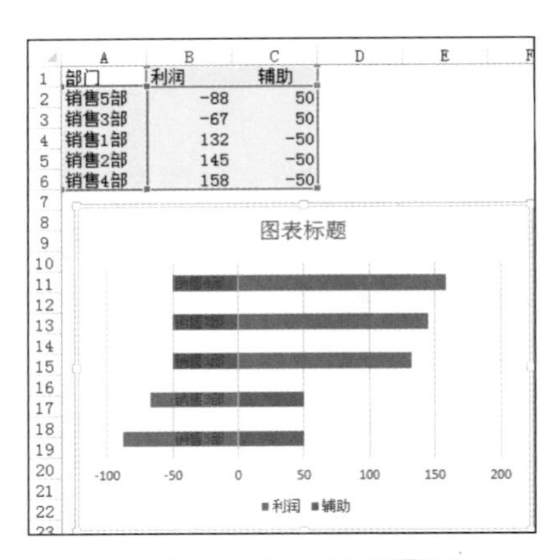

部门	利润	辅助
销售5部	-88	50
销售3部	-67	50
销售1部	132	-50
销售2部	145	-50
销售4部	158	-50

图 4-20　添加辅助数据并建立图表

1 添加辅助数据，选中 A1:C6 单元格区域，建立堆积柱形图，如图 4-20 所示。

2 选中“辅助”数据系列，打开“设置数据标签格式”窗格。在“标签包括”栏下选中“类别名称”复选框，在“标签位置”栏下选中“数据标签内”单选按钮，如图 4-21 所示。完成设置后的效果如图 4-22 所示。

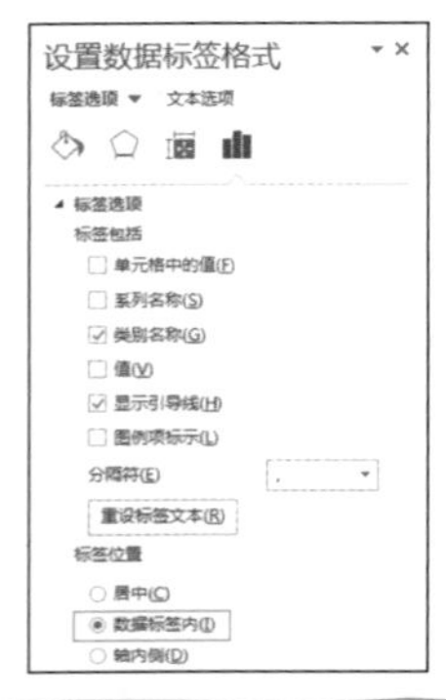

图 4-21　设置数据标签位置

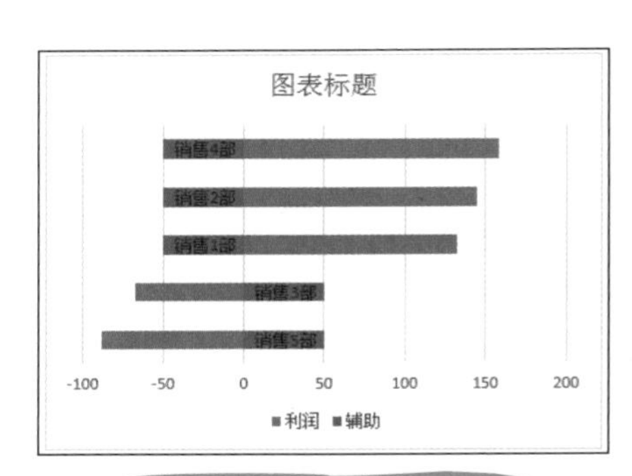

图 4-22　调整后的数据标签

3 选中“辅助”数据系列，为其设置无填充、无轮廓效果，以实现隐藏的效果，如图 4-23 所示。

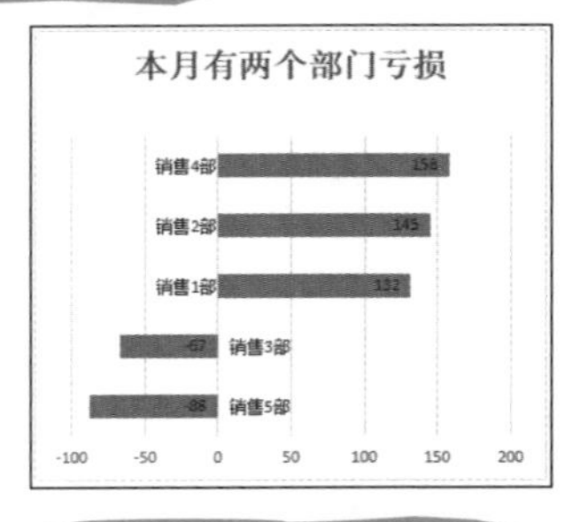

图 4-23　隐藏辅助系列

辅助数据建立为 50 与 -50 并不是特别指定的，因为我们最终需要使用的是这个系列的系列名称，而并非值。最基本的要求是要与前面数据正负相反。另外，数值不能大于现有系列的值即可。

把分类标签置于条形之间

如果条形图的分类标签文字较多，且字数长短不一，那么按默认置于图表右侧效果很不好，如图 4-24 所示。通常情况下，可以将分类轴标签置于条形之间，这样既节省了横向空间，也符合商务图表的作图要求。

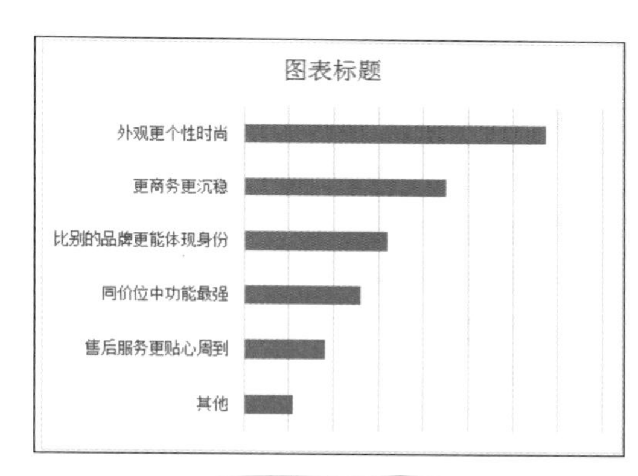

图 4-24 原图表

1. 先将图表中默认的垂直轴的标签删除，然后将图表的数据再一次添加到图表中（做法参见 3.2 小节“数据系列可随时添加”），如图 4-25 所示。

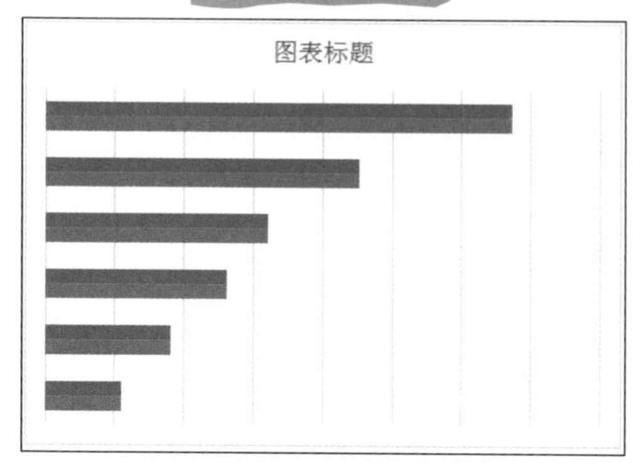

图 4-25 再添加一次数据到图表

图 4-26 添加数据标签

2 接着按照相同的操作方法为后添加的数据系列添加“类别名称”数据标签，并将数据标签的位置设置为“轴内侧”，如图 4-26 所示。图 4-27 为添加了类别名称的数据标签。

3 再选中后添加的数据系列，通过设置无轮廓、无填充隐藏该数据系列，使图表达到如图 4-28 所示的效果。

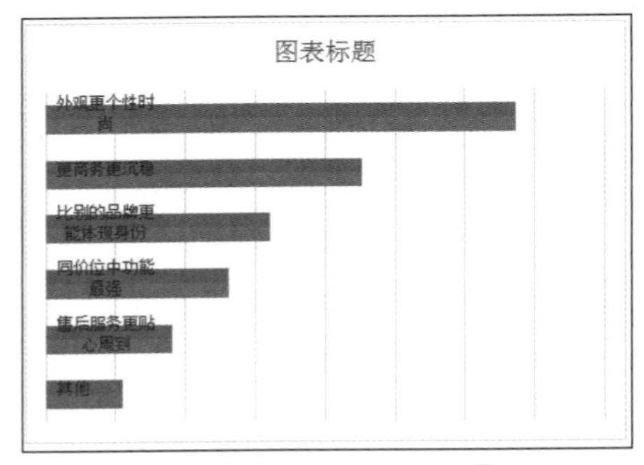

图 4-27 添加了类别名称的数据标签

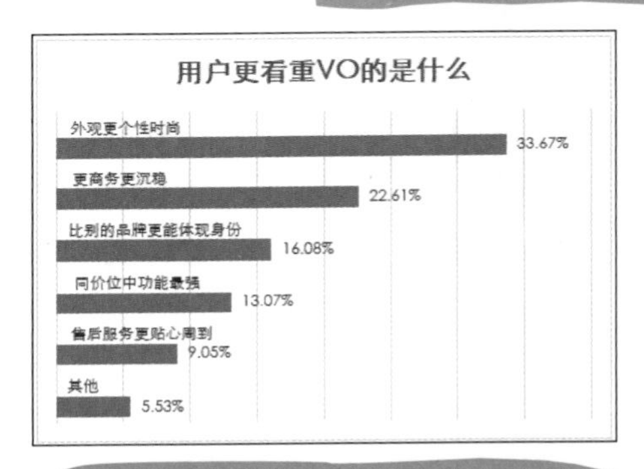

图 4-28 隐藏第二次添加的数据系列

小贴士

若分类标签文字过长，超过一定字符时会自动分行显示，这时可以逐一选中分类标签，通过拖宽标签框的方式让其单行显示。

隔行填充色的网格线

隔行填充的网格线效果有两种方法来实现。第一种方法是利用填充单元格，将图表叠加放置的方法来实现，如图 4-29 所示。

其实现的过程为，先把单元格行高列宽调整好，设置好填充颜色，如图 4-30 所示。然后，再把图表设置为无填充的样式，如图 4-31 所示。

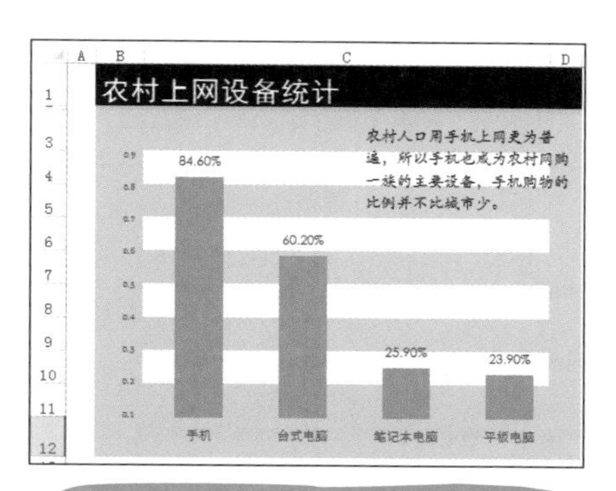

图 4-29 隔行填充色的网格线效果

图 4-30 设置单元格的格式

二者在叠加合并时，一般需要调整位置，在调整位置时要先将图表固定，然后调整单元格的行高列宽，以适应图表即可。

第二种方法是用辅助列，其操作方法如下。

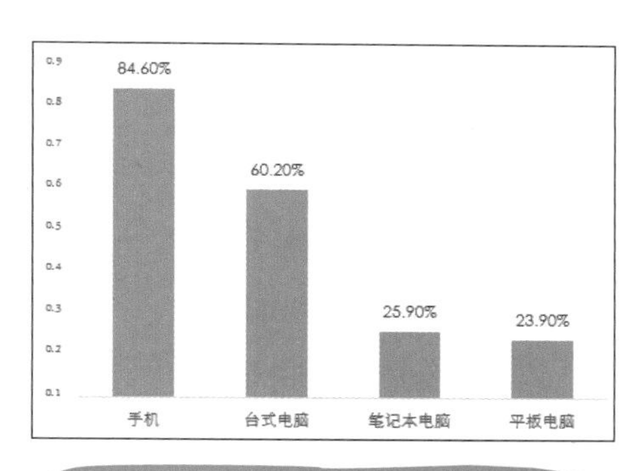

图 4-31 图表区设置为无填充的样式

❶ 添加辅助列，以 0 和 1 间隔显示，这个数目由当前图表数值轴的间隔决定。由于当前图表的数值轴有 9 个数字，因此坐标轴的刻度共使用 9 个数值，如图 4-32 所示。

C2

	A	B	C
1	设备	百分比	辅助
2	手机	84.60%	0
3	台式电脑	60.20%	1
4	笔记本电脑	25.90%	0
5	平板电脑	23.90%	1
6			0
7			1
8			0
9			1
10			0

图 4-32 建立辅助数据

❷ 以辅助列的数据建立条形图，如图 4-33 所示。

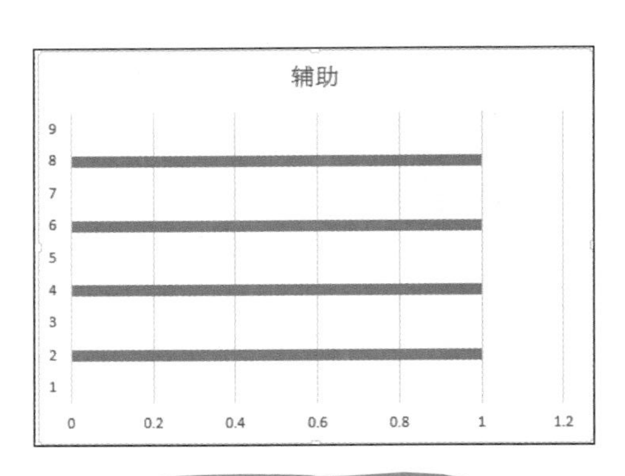

图 4-33　建立条形图

❸ 在水平轴上双击，打开“设置坐标轴格式”窗格，单击“坐标轴选项”标签，在“坐标轴选项”栏下设置让横坐标轴交叉于“最大分类”，如图 4-34 所示。

❹ 在垂直轴上双击，打开“设置坐标轴格式”窗格，单击“坐标轴选项”标签，在“坐标轴选项”栏下设置最大值为“1.0”，并勾选“逆序刻度值”，如图 4-35 所示。

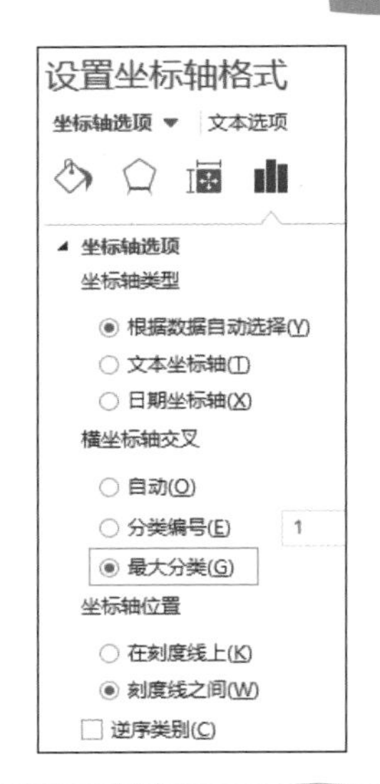

图 4-34　设置水平轴的属性

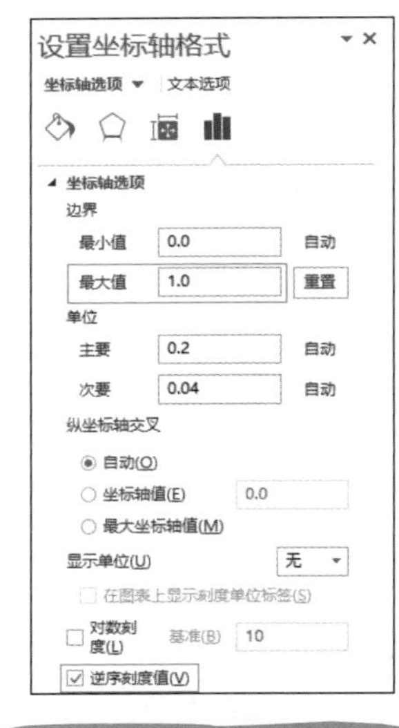

图 4-35　设置垂直轴的属性

步骤 3 与步骤 4 的操作是为了空出左侧与下面位置来显示真正的图表。

5 完成上面的设置后，将图表的分类间距调整为“0”，如图 4-36 所示。接着再将图表名称、水平轴、垂直轴的标签都删除，让图表呈现出一种底纹效果，如图 4-37 所示。

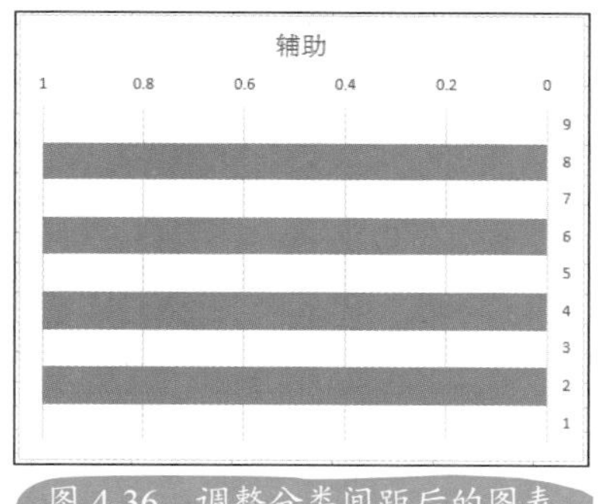

图 4-36 调整分类间距后的图表

图 4-37 简化图表

6 接着再将真正的图表数据通过复制的方法添加到图表中，如图 4-38 所示。最后，将添加的系列的图表类型更改为柱形图，如图 4-39 所示。

图 4-38 复制源数据到图表中

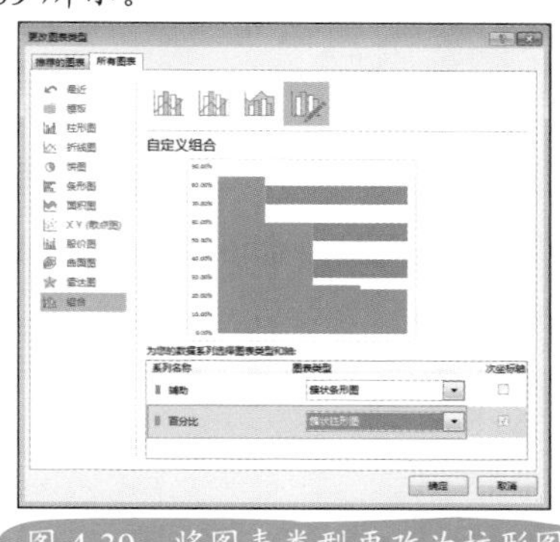

图 4-39 将图表类型更改为柱形图

7 由于前面调整过数据系列的分类间距为“0”，因此更改的柱形图默认间距也为“0”，此时需要将柱形图的分类间距进行重新调整，图 4-40 为调整后的效果。

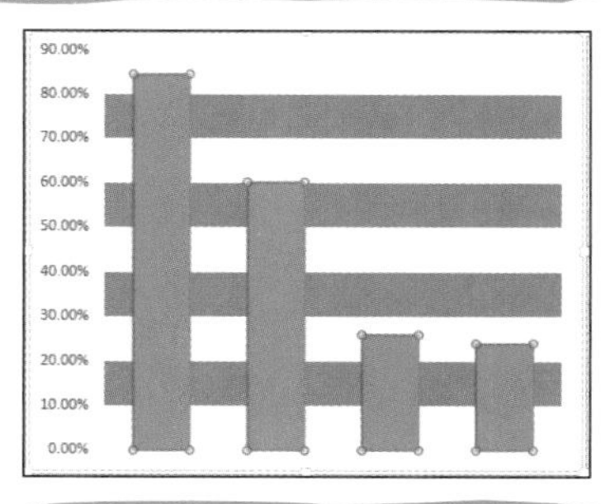

图 4-40 调整分类间距后的图表

8 将图表区设置填充色，再将作为底纹显示的条形图的条状设置填充颜色，以达到隔行填色的效果，如图 4-41 所示。

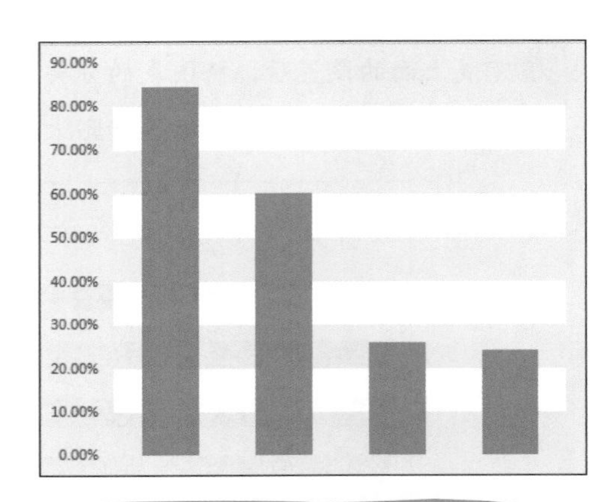

图 4-41　重设底部条形的填充颜色

粗边面积图

面积图能直观地显示出数据的分布区间，通过将面积图处理为粗边效果，不仅可以显示数据分布区间，还可以通过处理后的边线直观显示数据趋势。图 4-42 为处理后的粗边面积图，它是利用折线图与面积图组合使用制作的，如果单一使用面积图，那么设置粗边会让四周都显示为粗边。

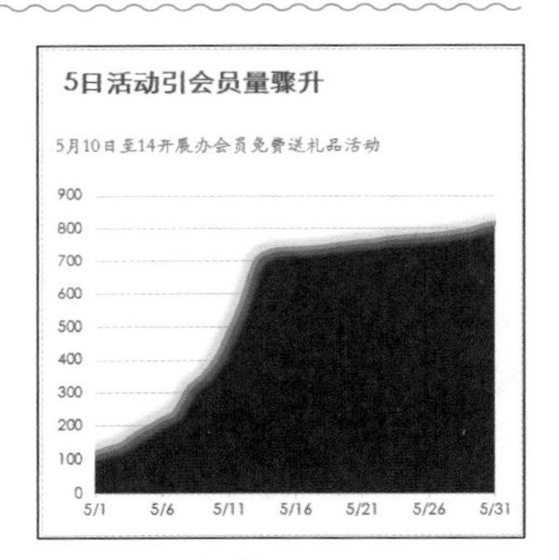

图 4-42　粗边面积图

1 使用当前数据源建立折线图，如图 4-43 所示。

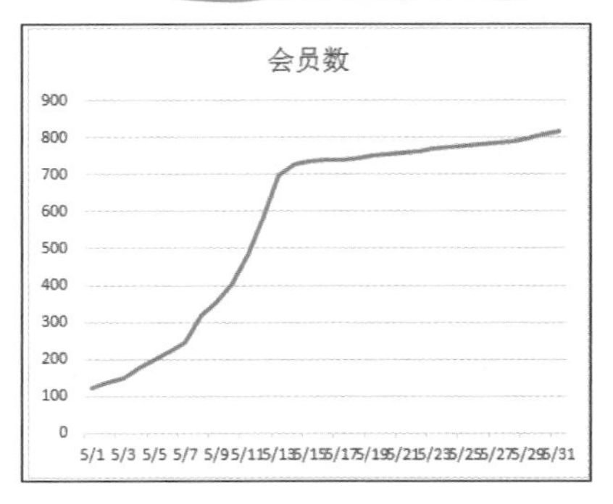

图 4-43　原图表

❷ 将源数据再一次添加到图表中，如图 4-44 所示。虽然当前图表中看不到发生的变化，但是已经有两个系列存在于图表中。通常可以在“当前所选内容”的列表中看到两个“会员数”系列，如图 4-45 所示。

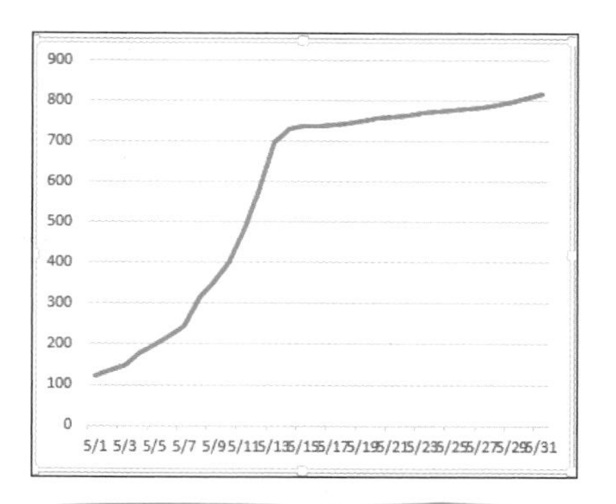

图 4-44 将数据再一次添加到图表中

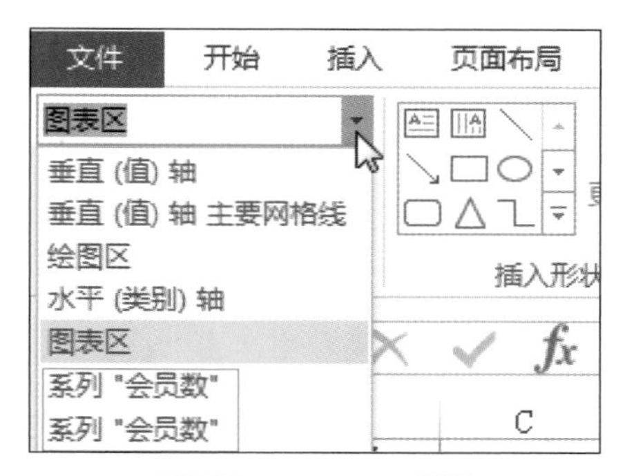

图 4-45 两个“会员数”系列

❸ 选中其中一个系列，将其更改为面积图，如图 4-46 所示。

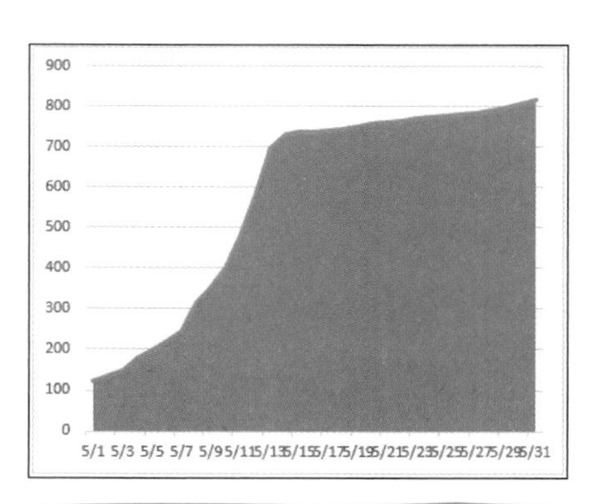

图 4-46 更改其中的一个系列为面积图

4 接着选中折线图，可以设置线条的颜色、粗细值等，如图 4-47 所示。

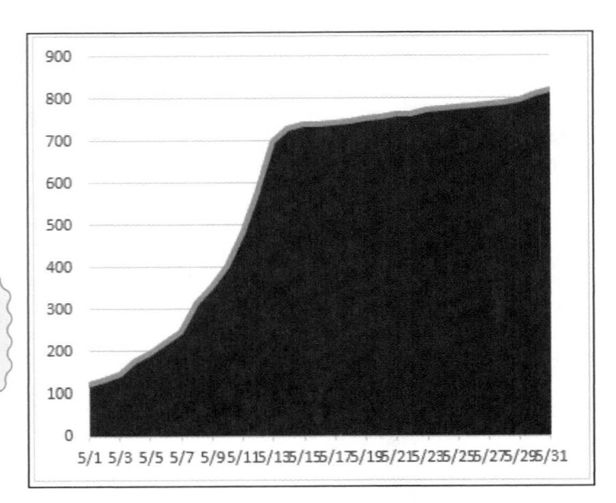

图 4-47　设置折线图的线条格式

小贴士

此图表注意要将折线图设置为从 Y 轴开始绘制。

经验之谈

线条的发光效果

本例效果图中还为折线图设置了发光的特殊效果。其设置方法为，在折线图上双击，在弹出的快捷菜单中单击“设置数据系列格式”中的“效果”标签，在“发光”栏中单击“预设”按钮（见图 4-48），在弹出的下拉菜单中选择发光效果，如图 4-49 所示。

图 4-48　单击“预设”按钮

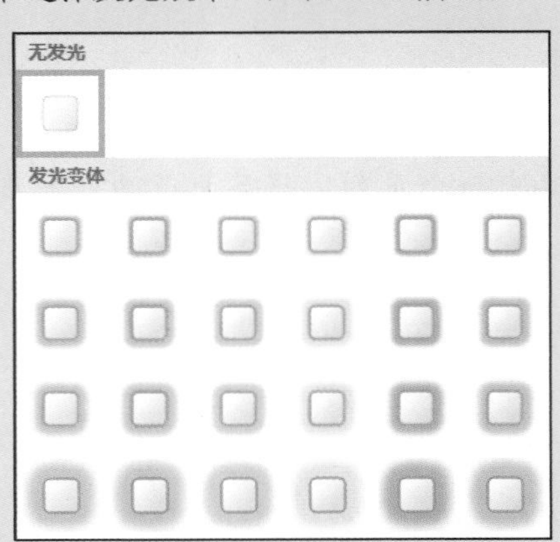

图 4-49　选择发光效果

“效果”标签下还有“阴影”“柔化边缘”“三维格式”三个设置项。对于商务图表来说，不宜大幅度的使用特效，但有时需要使用一两种特效来起到强化的作用。

阴影映射效果

图 4-50 所示的是为柱形添加了阴影映射的效果，这种效果在商务图表中比较常见。这项设计属于一种纯粹的美化设计，是在图表全部制作完成后再添加的。

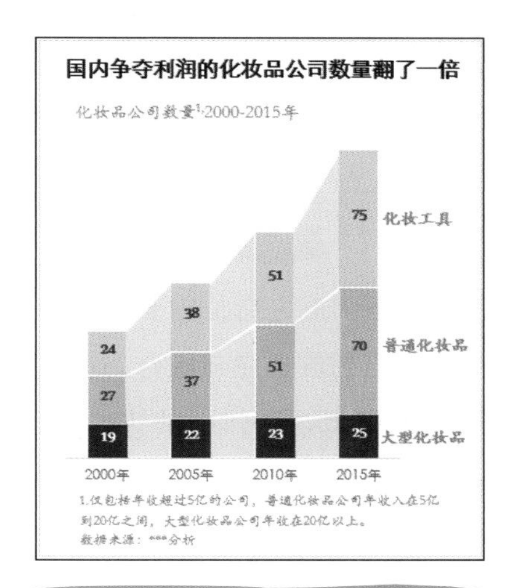

图 4-50 添加了阴影印射效果的图表

1. 在“插入”选项卡的“插图”选项组中单击“形状”按钮，在弹出的下拉列表中选择想要的图形，如图 4-51 所示。

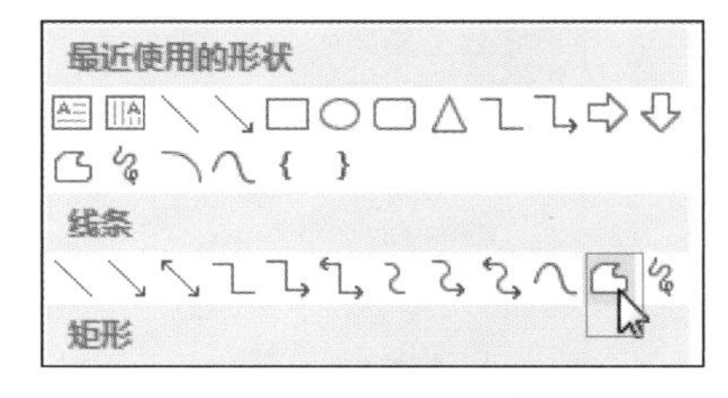

图 4-51 选择图形

2. 在空白处单击一次可以固定一个顶点，拖动画线，再单击一次固定第二个顶点，再拖动画线（见图 4-52），直至绘制出想要的图形，把顶点闭合即形成一个图形，如图 4-53 所示。

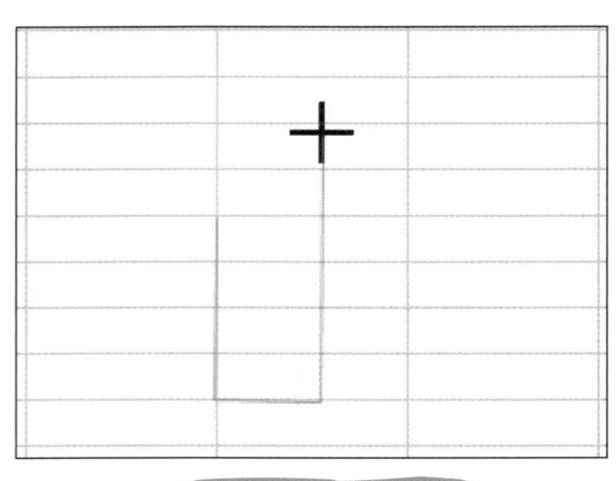

图 4-52 绘制过程

图 4-53 完成绘制

在绘制图形之后，需要对顶点做出调整。将图形移到需要的位置，默认的形状不可能正好与当前位置完全稳合，这时就要根据实际情况来调整顶点的位置。其操作方法是，在图形上右击，在弹出的快捷菜单中选择“编辑顶点”命令（见图 4-54），此时图形上就会出现可拖动编辑的顶点，可以进行如图 4-55 所示的拖动，即把图表调整成了如图 4-56 所示的样式。

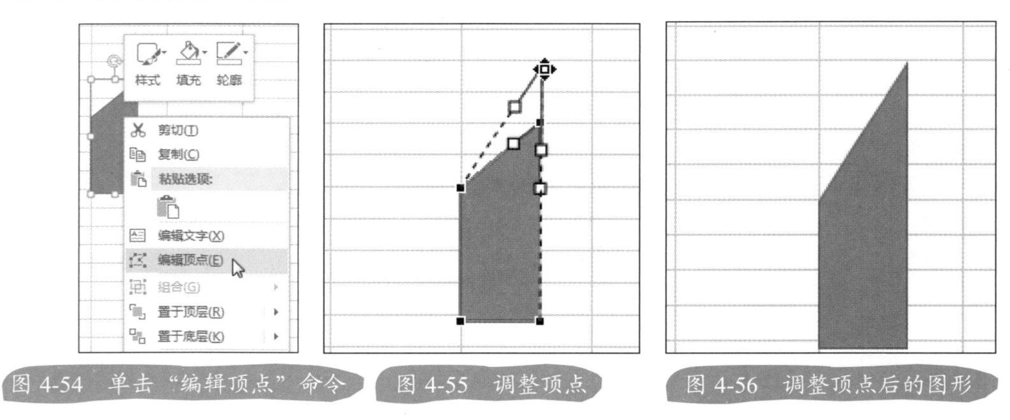

图 4-54 单击“编辑顶点”命令 图 4-55 调整顶点 图 4-56 调整顶点后的图形

位于单元格内的小图表效果

图 4-57 所示的是表格结合的图表，它的制作思路是先制作好表格，再把简化到只剩下

一个条形并且完全透明的图表放置在对应的单元格中。在制作商务图表时，要注重整体版面的清晰、工整，要有突破传统思维的意识，再配合一些必备的图表处理技术。

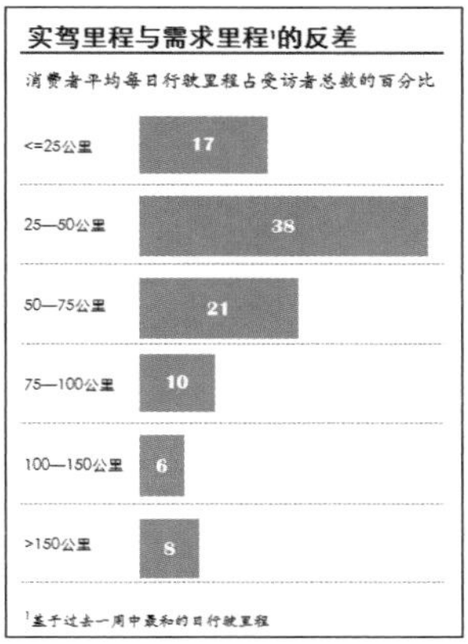

实驾里程与需求里程¹的反差

消费者平均每日行驶里程占受访者总数的百分比

<=25公里 17

25—50公里 38

50—75公里 21

75—100公里 10

100—150公里 6

>150公里 8

¹基于过去一周中最和的日行驶里程

图 4-57 目标图表

1. 先在单元格中输入数据信息并调整好行高列宽，如图 4-58 所示。

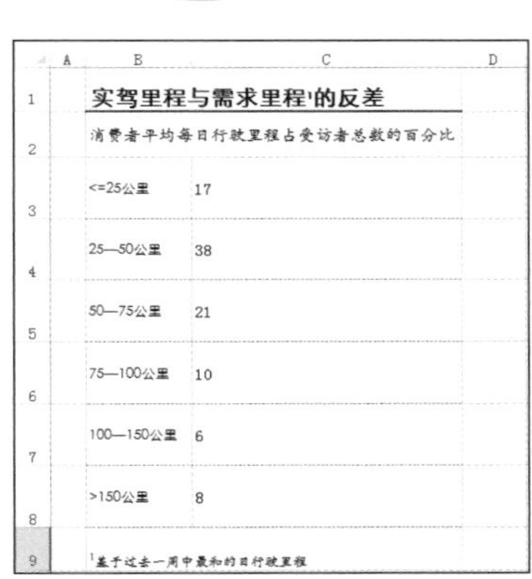

图 4-58 调整好行高列宽

2. 以 C3 单元格的数据建立条形图，如图 4-59 所示。

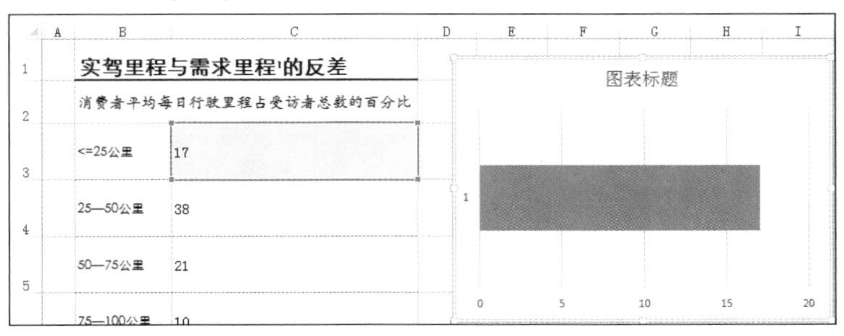

图 4-59 以 C3 单元格的数据建立条形图

3 在垂直轴上双击，打开“设置坐标轴格式”窗格，单击“坐标轴选项”标签，在展开的“边界”栏下将最小值设置为“0”，最大值设置为“40”，如图 4-60 所示。

图 4-60　固定刻度最大值

4 接着再把数据系列的间距调整为“0”，如图 4-61 所示。

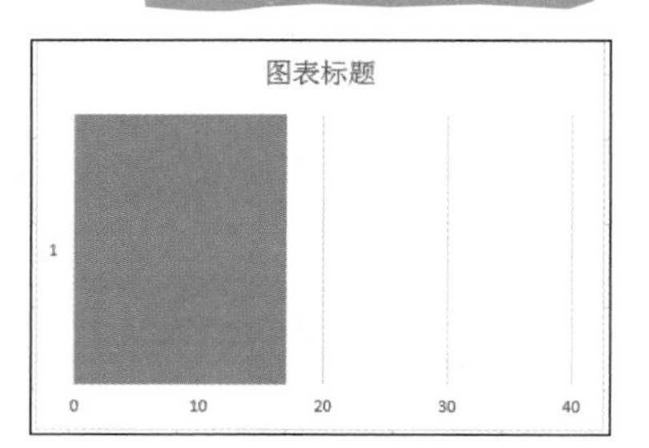

图 4-61　调整间距后的图表

小贴士

步骤 3 的调整很重要，因为这个图表还需要复制多个使用，当更改数据源时，默认情况下刻度的最小值与最大值会随着当前数据源而自动更改。但我们要建立的是多个相互比较的图表，必须要让数据系列具有相同的量纲，这样的大小比较才有意义，因此这一步中需要将最小值设置为“0”，最大值设置为“40”，以便让所有的图表保持统一的坐标轴。这个最大值是根据当前 C 列中的数据决定的，当前 C 列中的最大值为“39”，因此设置为“40”即可。

5 把图表的标题、水平轴标签、垂直标签、网格线全部删除，对图表进行极度简化，并缩小至单元格的高度，如图 4-62 所示。

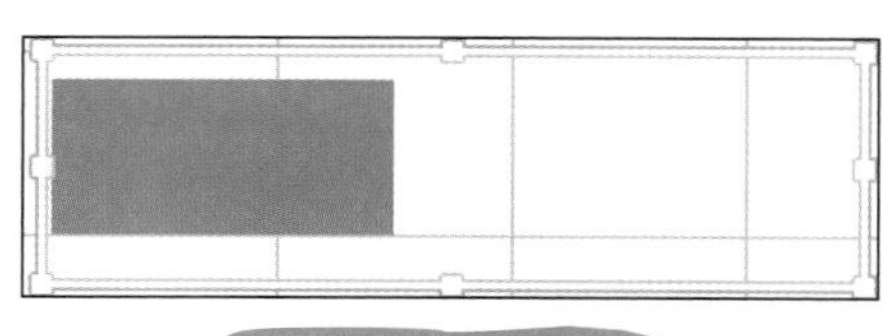

图 4-62　简化图表

6 将图表移至单元格中放置，如图 4-63 所示。

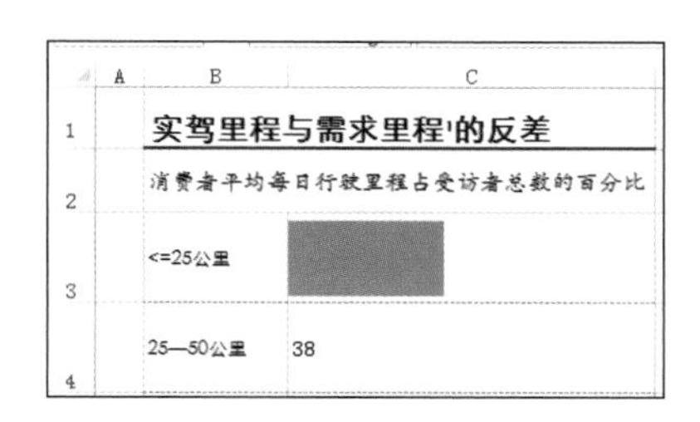

图 4-63 移至单元格中

7 复制图表，放置到第二个单元格中，在图表上右击，在弹出的快捷菜单中选择“选择数据”命令，如图 4-64 所示。弹出“选择数据源”对话框，将图表数据区域设置为 C4 单元格，如图 4-65 所示。

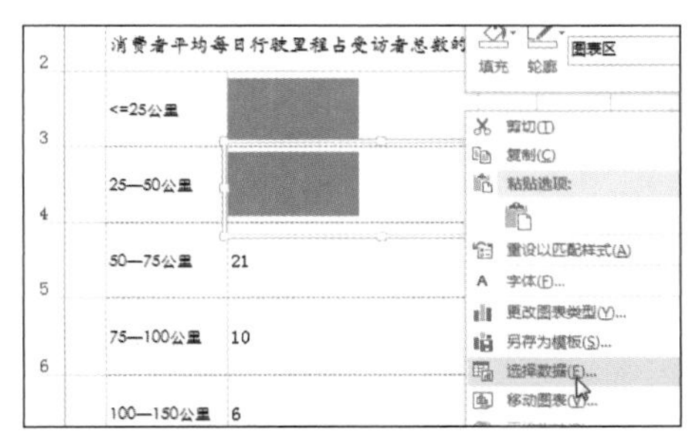

图 4-64 选择“选择数据”命令

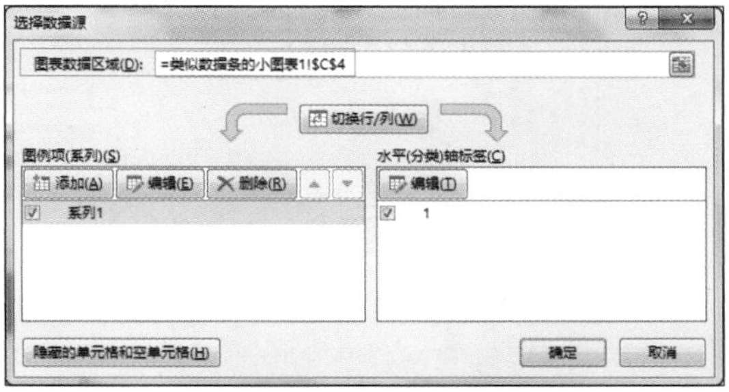

图 4-65 重新选择数据

8 单击“确定”按钮，即可实现更改图表的数据源，得到第二个图表，如图 4-66 所示。

9 接着依次复制图表，按照相同的方法依次重新更改数据源即可得到一组图表。

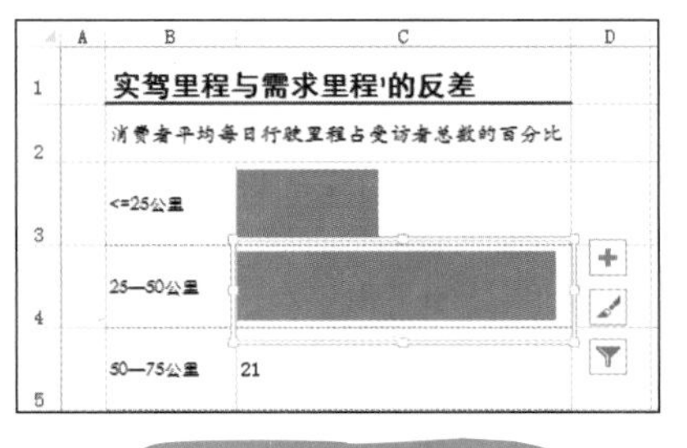

图 4-66 第二个图表

多图表的对齐

当使用多个图表时，可以执行命令使之实现快速对齐。按住“Ctrl”键依次选中多个图表，在“图表工具—格式”选项卡的“排列”选项组中单击“对齐”按钮，在弹出的下拉列表中可以选择对齐方式，如图 4-67 所示。例如，选择“左对齐”即可快速左对齐选中图表，效果如图 4-68 所示。

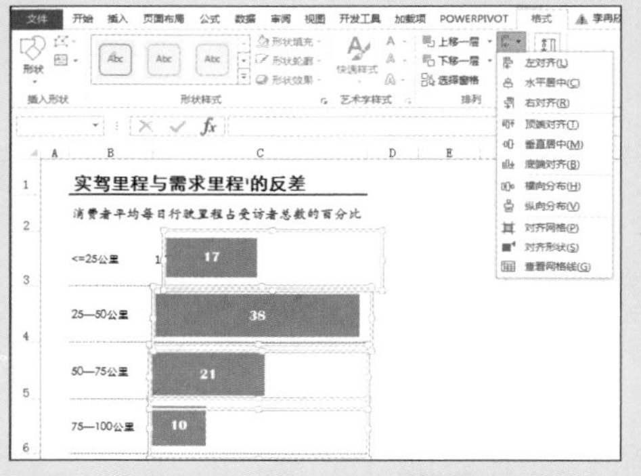

图 4-67 选择对齐方式

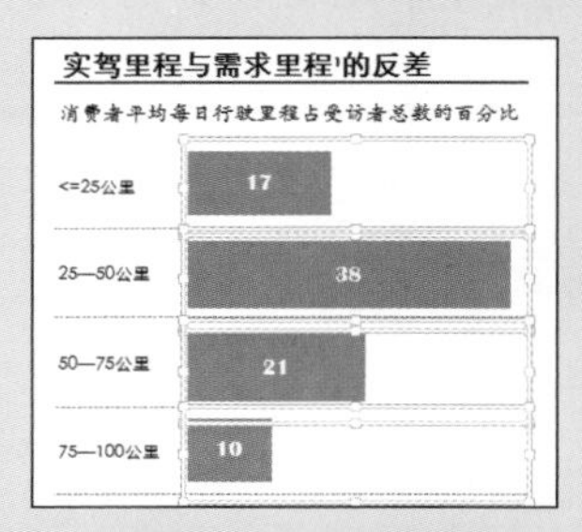

图 4-68 左对齐效果

我们一再强调不要把过多的系列融入到一张图表中，同时当数据具备不同的量级、量纲时，不宜使用多坐标轴，这会降低整体图表的辨识度。因此，在商务图表中经常可以看到组图的效果，这就是专业人士为避免出现上述情况，或是为了从各个方面表达观点而想到的解决方法。图 4-69 为两张麦肯锡的图表，可见在制图的同时非常重视排版效果。

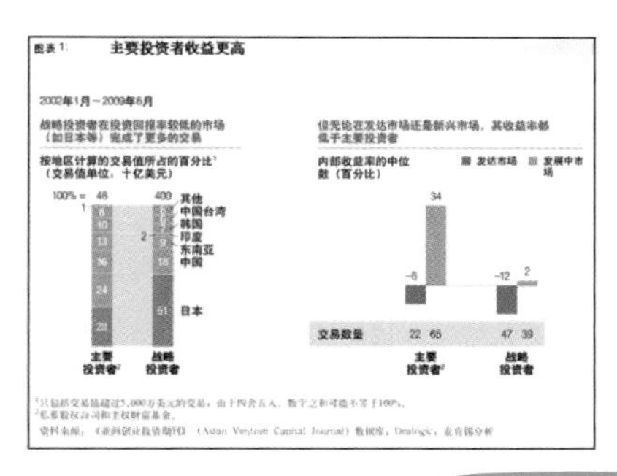

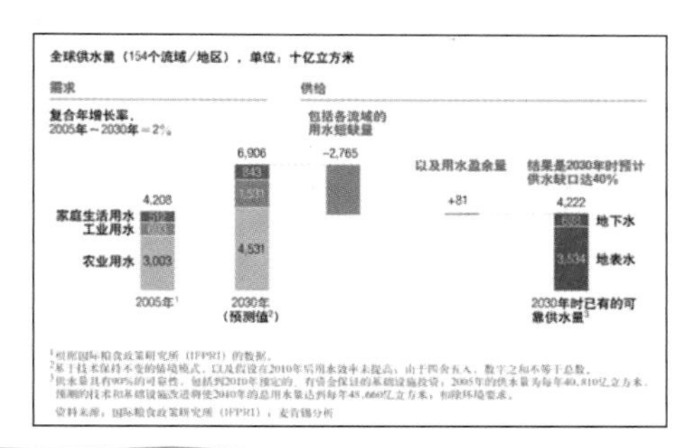

图 4-69 麦肯锡的图表的排版

当看到那些版排得相当工整、专业的图表时，不必羡慕，只要有清晰的制图思路，我们也可以把图表制作得很完美。下面是一个实际操作实例。

❶ 先利用原数据建立默认的图表，如图 4-70 所示。

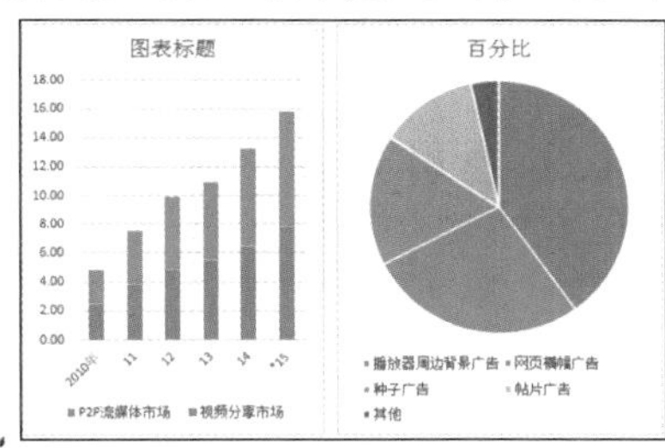

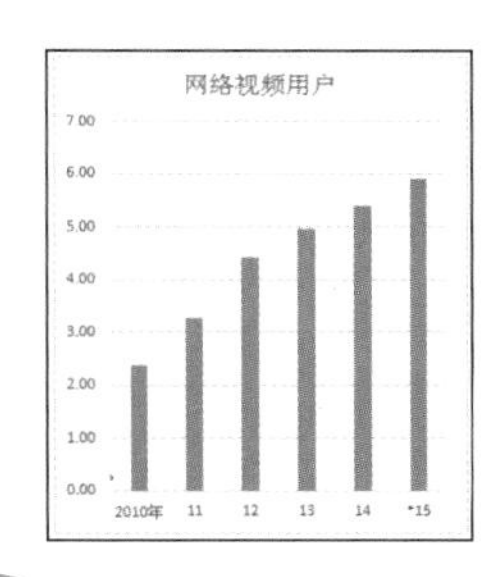

图 4-70 初始图表

❷ 利用编辑技术对图表进行优化设置。由于图表标题、副标题、辅助文字信息等都可以利用单元格进行编排，因此要把图表进行极简化的设计，只保留图表必需的元素。然后分别选中三张图表的图表区，设置无为无填充、无线条的样式，优化后的图表如图 4-71 所示。

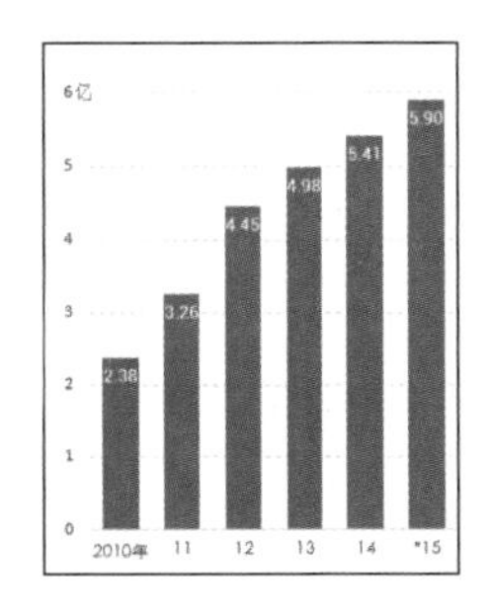

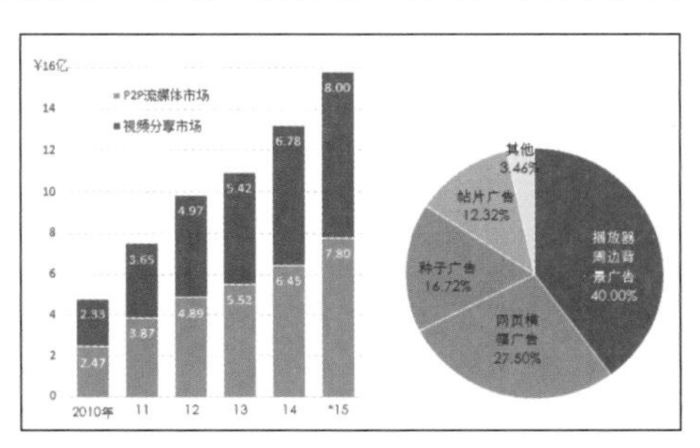

图 4-71 优化后的图表

3 利用工作表的单元格编辑图表的标题、小标题，以及说明文字。三张图表预备并排放置，因此先大致调整好单元格的行高列宽，先预留出足够的空间，如图 4-72 所示。

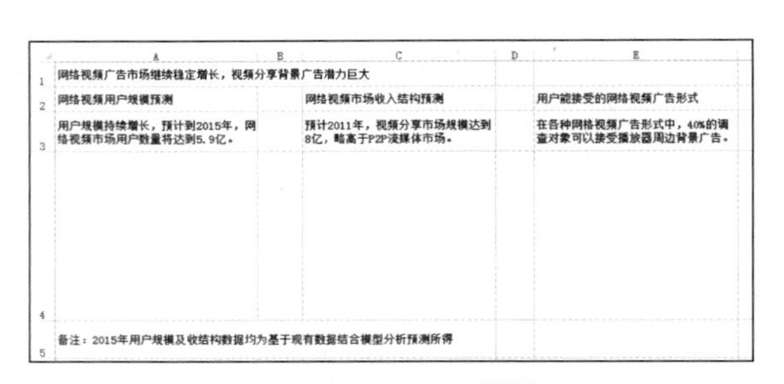

图 4-72 排版表格留出空位

4 将前面建立好的第一张图表复制到预留的位置上，如图 4-73 所示。

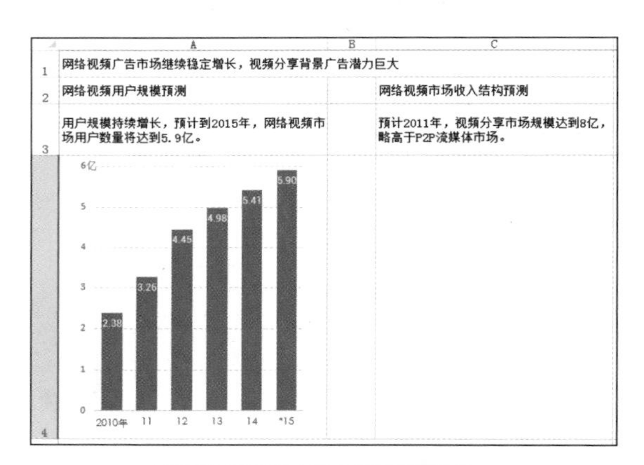

图 4-73 图表移至单元格中

小贴士

为了方便在调整时图表的大小不会随着单元格的调整而改变，因此每一张图表复制过来后必须进行“大小固定，位置随单元格而变”的属性设置，这项操作在前面强调过，这里再次强调，设置如图 4-74 所示。

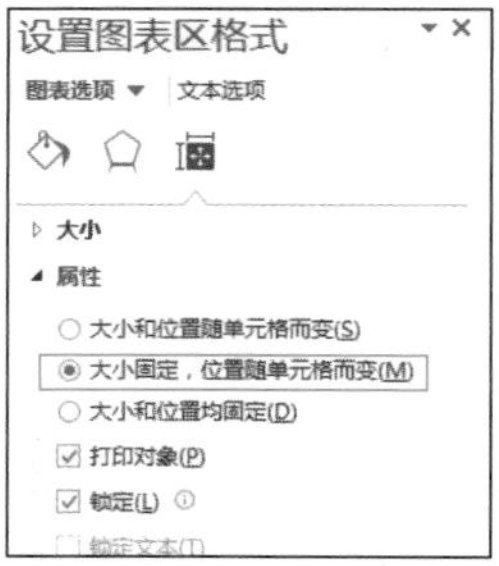

设置图表区格式
图表选项 文本选项
大小
属性
大小和位置随单元格而变(S)
大小固定，位置随单元格而变(M)
大小和位置均固定(D)
打印对象(P)
锁定(L)

图 4-74 固定图表的大小

⑤ 将建立好的几张图表都放置到预留的位置上，如图 4-75 所示。

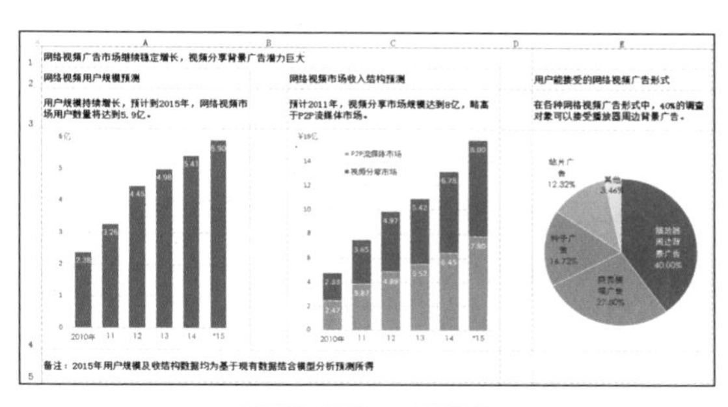

图 4-75 排版图表

⑥ 接着对文字格式进行设置，并通过设置单元格的边框、填充等对整体版进行美化。图 4-76 中线条、底纹色都是对单元格进行设置的效果，设置后再将网络线取消显示即可。

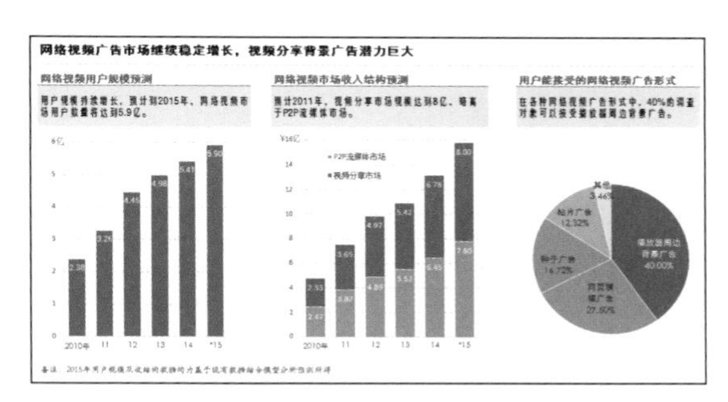

图 4-76 版面美化方案 1

⑦ 图 4-77 所示的是另一种版面美化方案。

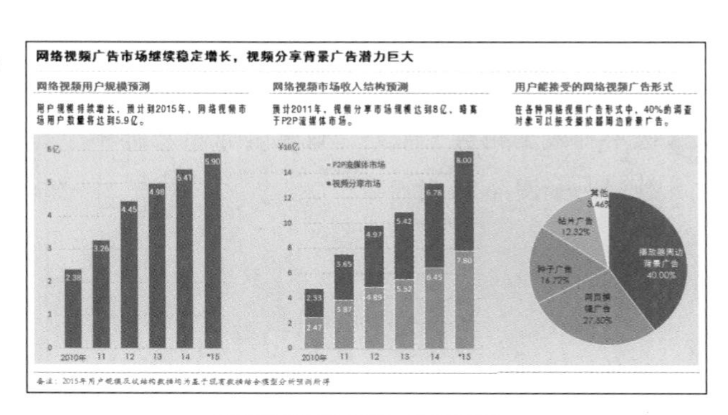

图 4-77 版面美化方案 2

左右对比的条形图效果

在建立条形图时，很多时候我们想实现左右对比的效果，即将两个系列分别显示于左侧和右侧（如图 4-78 所示的图表），而不是以并排对比的方式只显示于一侧。这种做法在商务图表中比较常见。

这种图表的制作有两个关键点，一是要启用次坐标轴，二是对坐标轴刻度的重新设置。具体操作方法如下。

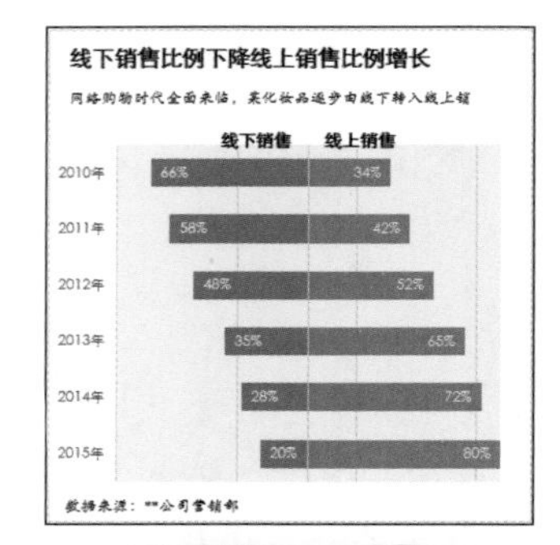

图 4-78　目标图表

1 选中 A1:C7 单元格区域，建立默认条形图，如图 4-79 所示。

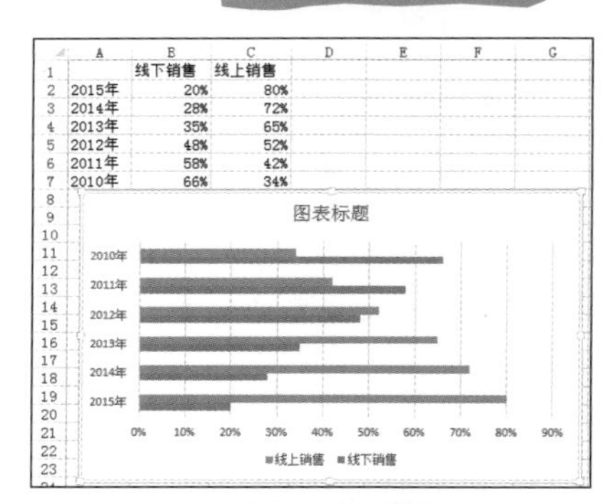

	A	B	C
1		线下销售	线上销售
2	2015年	20%	80%
3	2014年	28%	72%
4	2013年	35%	65%
5	2012年	48%	52%
6	2011年	58%	42%
7	2010年	66%	34%

图 4-79　初始图表

2 选中“线上销售”系列，设置其沿次坐标轴绘制，如图 4-80 所示。

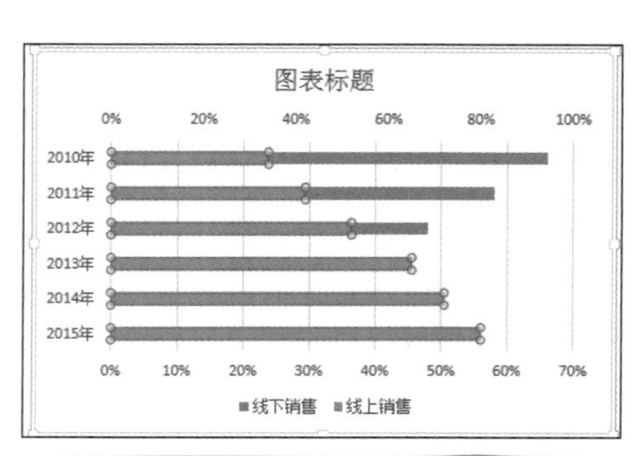

图 4-80　“线上销售”系列沿次坐标轴

3 双击次要垂直坐标轴（上方的），打开“设置坐标轴格式”窗格，单击“坐标轴选项”标签，在“边界”栏下设置最小刻度值为“-0.8”，最大刻度值为“0.8”，如图 4-81 所示。

图 4-81 主要垂直轴的刻度设置

4 双击主要垂直坐标轴（下方的），打开“设置坐标轴格式”窗格，单击“坐标轴选项”标签，在“边界”栏下设置最小刻度值为“-0.8”，最大刻度值为“0.8”，然后选中“逆序刻度值”复选框，如图 4-82 所示。

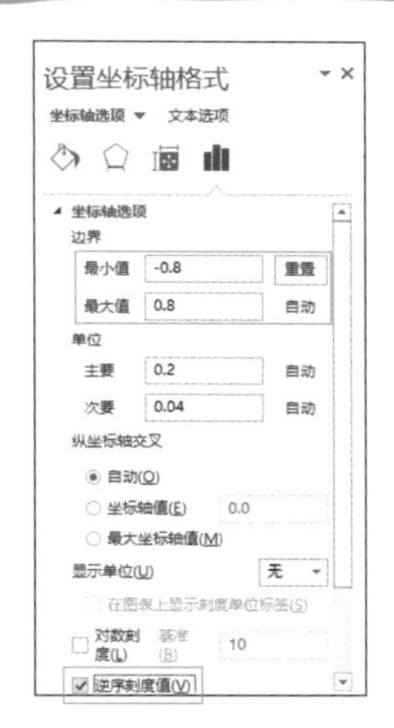

图 4-82 次要垂直轴的刻度设置

5 完成步骤 3 和步骤 4 的操作后，把图表调整为如图 4-83 所示的样式。

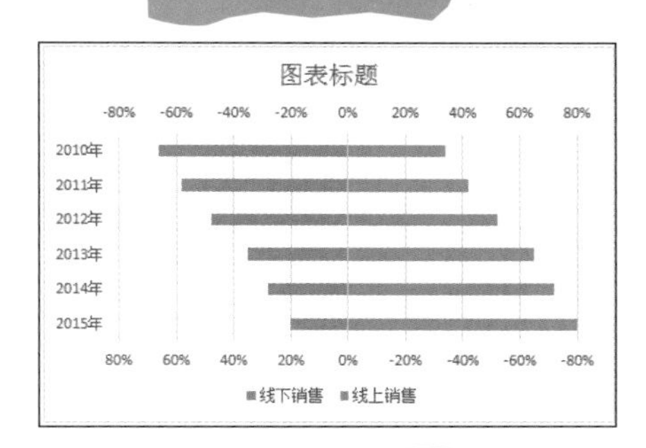

图 4-83 调整后的图表

6 将数据系列的间距调小，从而加宽条状的宽度，如图 4-84 所示。

7 接着再对图表进行其他布局及美化设置即可完成图表的设计。

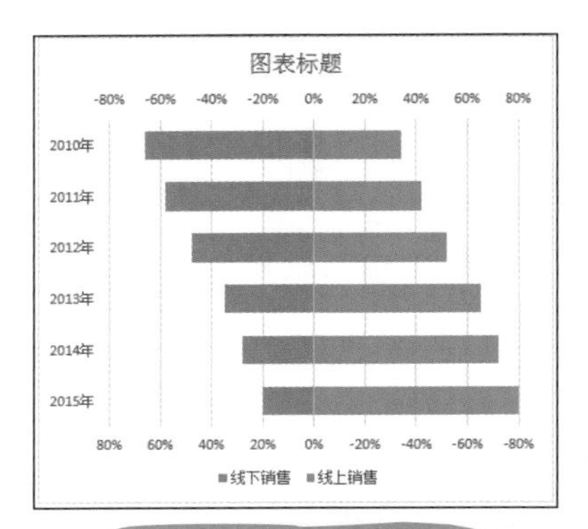

图 4-84 调小系列间距

半圆式饼图效果

在商务图表中，我们经常可以看到半圆式的饼图效果。半圆式的饼图也是使用饼图来做的，只是它在制作完成后需要隐藏辅助数据。这个辅助数据是就当前数据的总和，让总和作为一个扇面出现，但其最终会被隐藏，只是需要利用它起到占位的作用。

1 对原数据进行求合计算，再使用包含合计数在内的数据建立默认饼图，如图 4-85 所示。

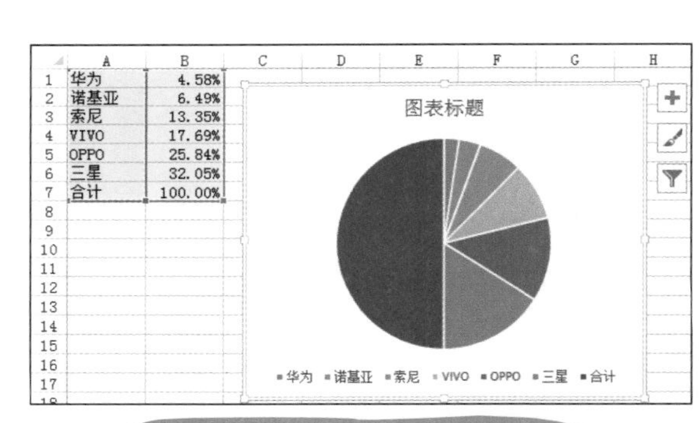

图 4-85 计算合计值并建立饼图

2 设置“第一扇区起始角度”为“270°”，如图 4-86 所示。调整后的效果如图 4-87 所示。

图 4-86 调整第一扇区起始角度

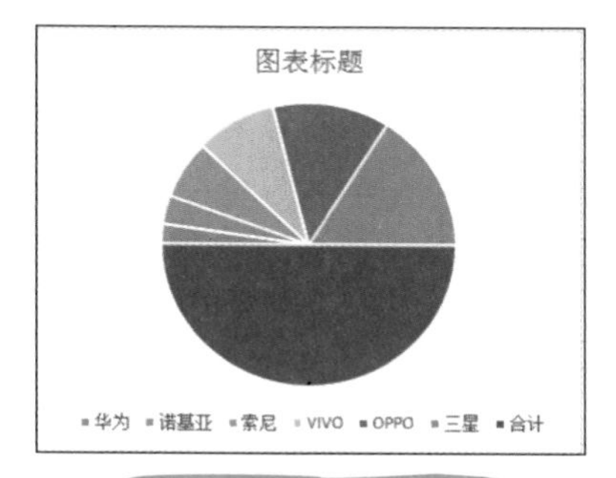

图 4-87 调整后的图表

③ 选中最下面半圆形的数据点，为其设置无填充、无边框以实现隐藏，如图 4-88 所示。再次强调选中数据点的方法，在扇面上单击一次选中的是全部数据点，再在目标数据点上单击一次则选中单个的数据点。

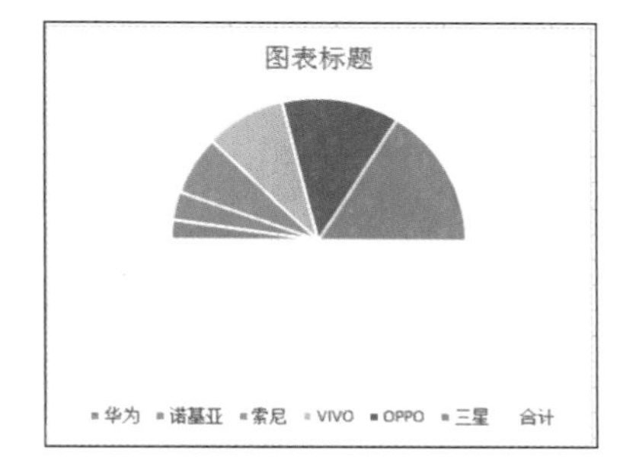

图 4-88 隐藏“合计”数据点

④ 打开“设置数据标签格式”窗格，在“标签选项”栏下选中“类别名称”“值”复选框，如图 4-89 所示。添加了数据标签的图表如图 4-90 所示。

图 4-89 选中标签选项

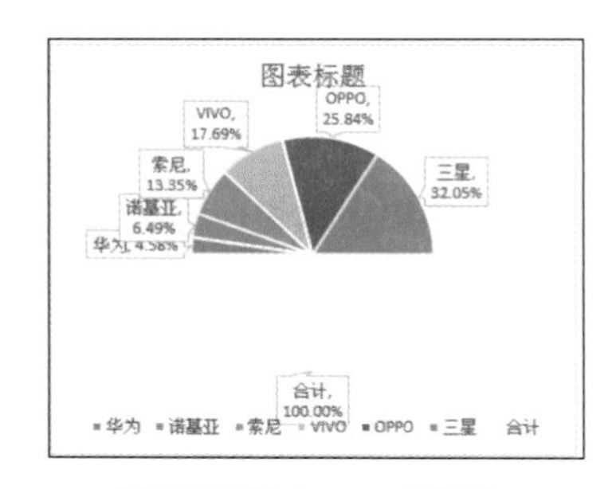

图 4-90 添加了数据标签

5 “合计”数据点的标签需要删除，有些标签的位置也需要调整，选中的方法与选中单个数据点的方法一样。然后再对图表进行其他布局的美化设置，美化后的效果如图 4-91 所示。当然，也可以使用半圆式的圆环图效果，如图 4-92 所示。

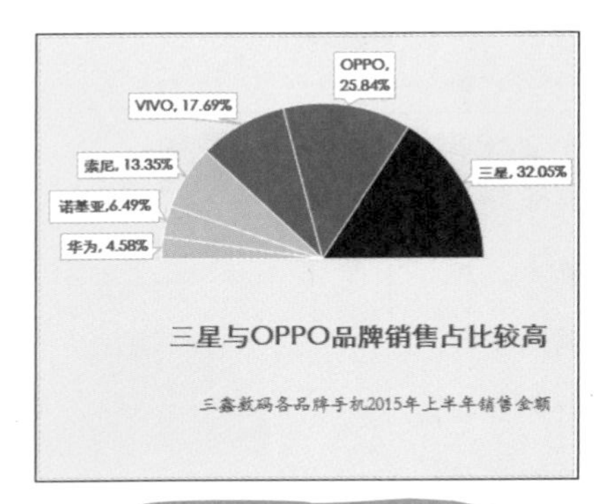

图 4-91 美化后的图表

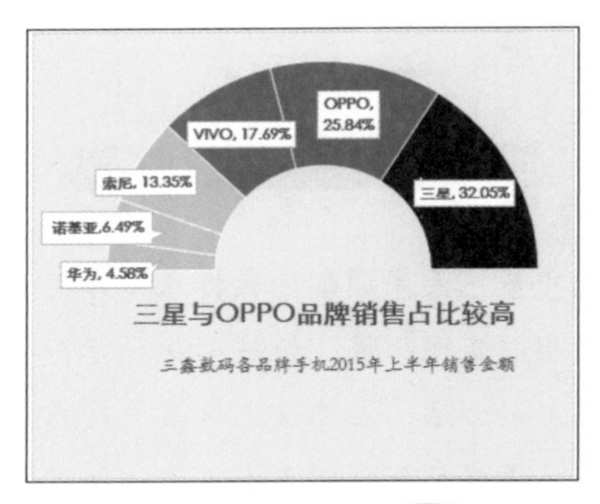

图 4-92 半圆式的圆环图效果

4.3 举足轻重的图表美化

美化图表需要按照一定的标准有目的地进行。比如，前面讲到过众多关于商务图表布局理论、配色要求、编辑技术等都是图表逐步美化的步骤，目的都是让图表的整体设计在视觉上满足大多数人的需求。

图表美化的三个原则

由于人们对图表在视觉方面的要求越来越高，因此美化图表要从设计的原则出发，如简洁（也是我们前面讲到的最大化数据墨水比）、对比、整体协调性等。只有时刻以这些原则来审视并调整图表，才能使最终制作出来的图表具有专业特质。

简约

图表要设计的简约而又不失美感，才是一位图表设计师所追求的境界。简约的标准可以从两个方面理解，一是图表本身并不复杂，二是要求在整体布局上具有商务感的简约、大气。

图 4-93 和图 4-94 为世界顶级咨询公司麦肯锡的图表，这两张图表都是能直观反映出问题的图表，但在整体布局、排版上非常注意细节处理。

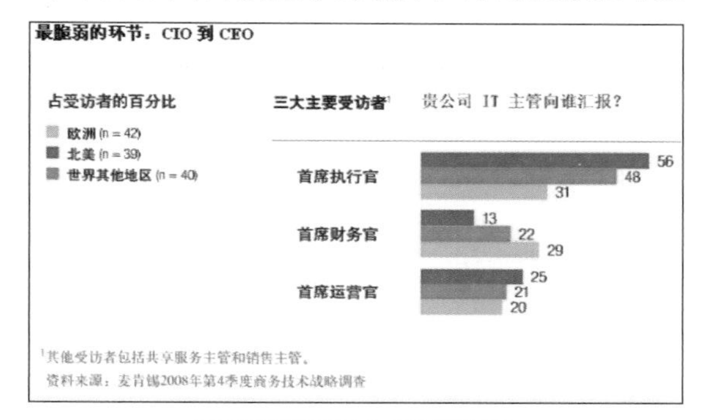

图 4-93 麦肯锡的图表 1

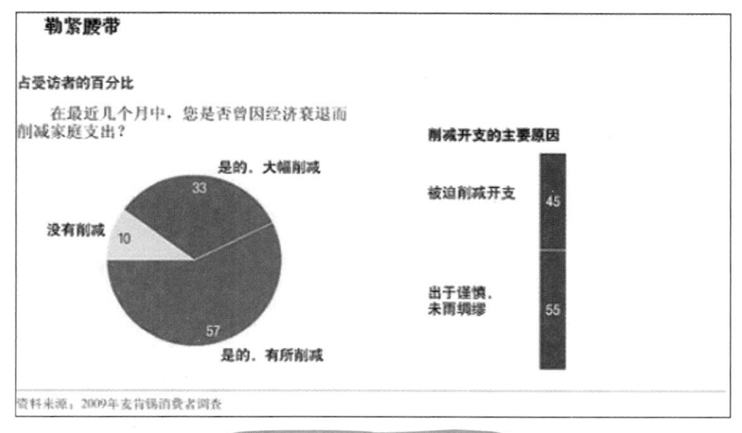

图 4-94 麦肯锡的图表 2

强调

对于图表中需要重点说明的重要元素，可以运用对比强调的原则。通过强调处理的图表可以帮助人们迅速抓住重要信息。要想强调重要元素，可以运用多种手段，如字体（大小、粗细）、颜色（明暗、深浅）以及添加额外图形图片修饰等。

图 4-95 所示的是对重要的扇面进行了颜色强调、分离强调、并还添加了发光的特殊效果。

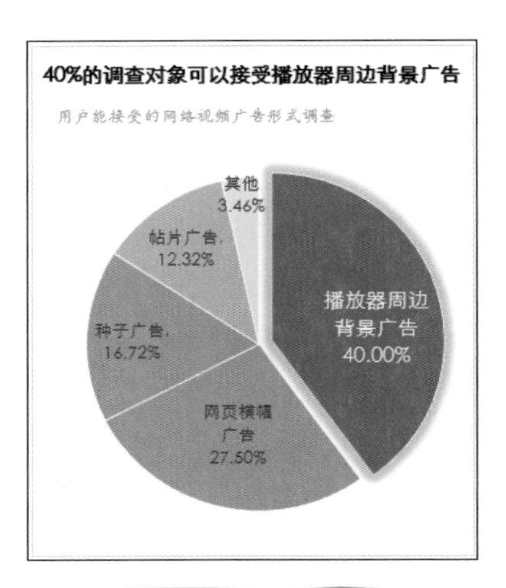

图 4-95　有强调的图表

整洁

图表中各个对象排列整齐、布局合理、和谐自然都可以给人整洁的感觉，要想做到图面整洁就需要从以下几个方面着手。

对齐排列可以给人整齐划一、互相衔接的感觉。现代商务图表中对元素的布局同样以设计的眼光去要求，要让图表中的每一个元素之间像被一根无形的线贯穿在一起一样，排列整齐、整洁自然才能使人更容易理解。

在商务图表中左对齐方式最为常用，它可以给出有效的对齐提示。如图 4-96 所示的图表中，标题、副标题、条形图、图表注释一致采用了左对齐方式。

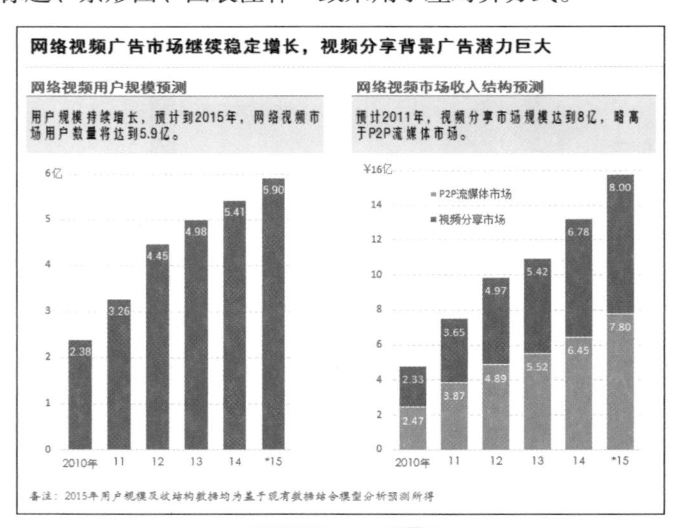

图 4-96　对齐的效果

要体现出和谐自然的效果，使用到的是设计原则中的相关原则，也称为亲近原则，即将相关的内容放在一起，这样人们会自然而然地假设那些距离较近的内容是相关的，同样也会认为那些距离较远的内容之间没有联系，使整个图面看起来更清晰。

即使不具备专业设计师的水平，也要多看、多学，把一些好的美化思路引用到图表的设计中，这对于普通工作人员来说很重要。

非美工必读的色彩意义简析

大多数职场人士都不是美术或设计专业出身，而真正学会色彩产生、色彩属性、色彩象征等相关理论并运用自如又绝非一朝一夕之功，所以，我们必须在最短的时间内对色彩有一个基本的了解，并懂得一些基本的配色技巧。

了解色彩

色彩搭配是指将两种以上的色彩，根据不同的目的性，按照一定的原则重新组合搭配，在互相作用下构成新的色彩关系。配色的关键在于协调色彩之间的搭配关系。

如图 4-97 所示，通过色环，我们来了解以下四个概念。

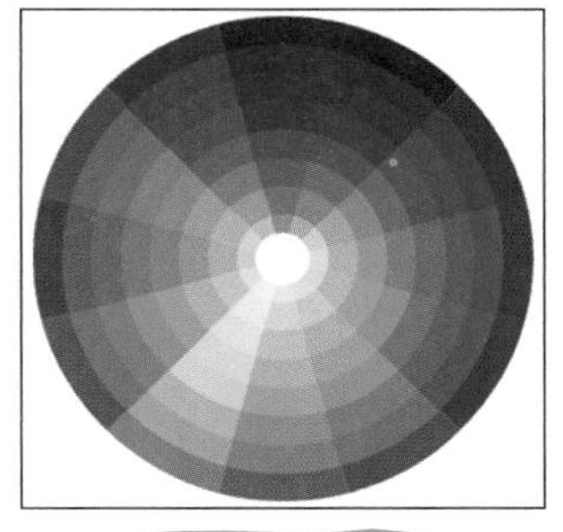

图 4-97 色环

1. 同色系

同色系是指色环中同一个扇区中的颜色（见图 4-98）。它是同一色相中不同明度反映出不同的颜色，或者理解为同一种颜色，因光线照射的强弱不同也会产生不同的明暗变化。图 4-99 为使用同一色系配色的图表效果。

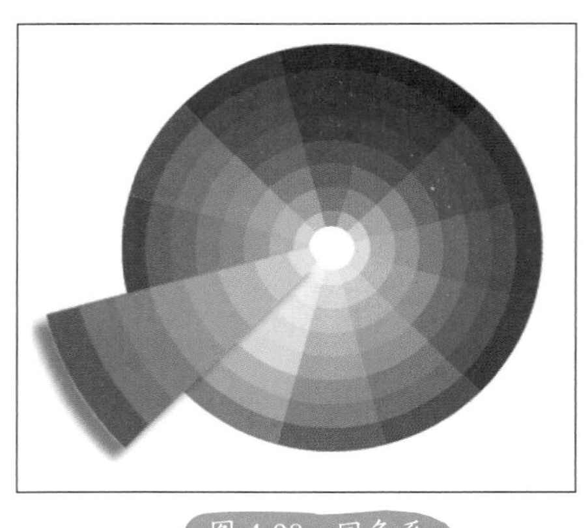

图 4-98　同色系

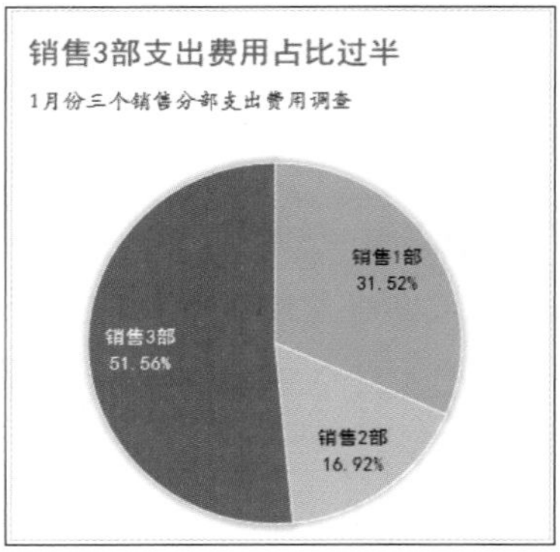

图 4-99　同色系配色图表

由于同色系中所有的颜色都来自同一色相，因此即使随意搭配也很少会出现不协调的情况。配色组合的优点是高雅、文静、简洁，在商务图表中经常被使用，且操作简单，容易上手。但是也有可能导致画面平淡，对象间的区分度不够，对比力度不强，所以要根据实际情况合理使用。

小贴士

色相是色彩所呈现的质的面貌，我们常说的红、橙、黄、绿、蓝、青、紫等就是指不同的色相，明度可以简单地理解成颜色的亮度。

2. 临近色

临近色就是色环上相邻扇区的颜色（见图 4-100），如橙色、橙黄色、橙红色都是相同的基础色，所以邻近色的色调统一协调。临近配色的优缺点与同色系差不多，可用于表现类似、过渡。在实际搭配中，可以使用相同的明度，再适当调整明度让色彩搭配更加多变，从而弥补对比度不够的缺陷。这种搭配方式在商务图表中非常常见。图 4-101 为使用临近色配色的图表效果。

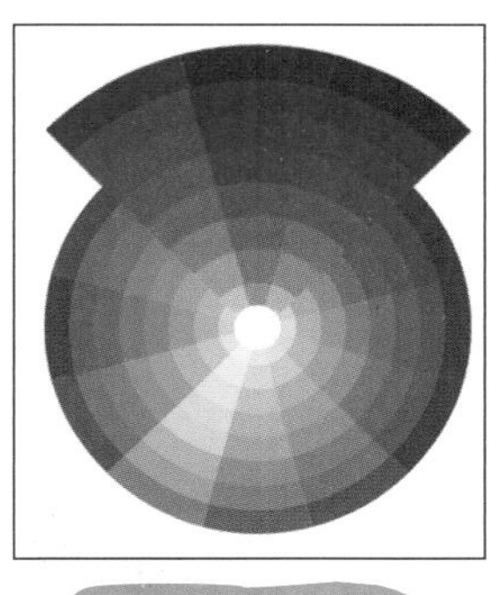

图 4-100 临近色

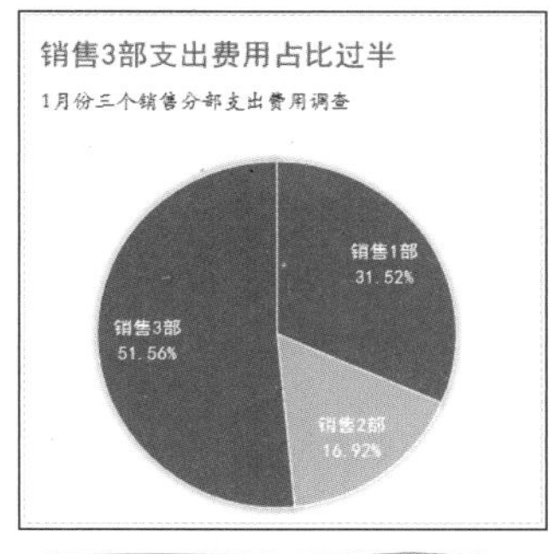

图 4-101 临近色配色图表

3. 对比色

色环上相对扇区的颜色就是对比色（见图 4-102），由于它们之间相互对立，因此可以使用对比色来突出主题、内容或表现不同的类别。最常用的对比色是深色与浅色、亮色与暗色、冷色与暖色。图 4-103 为使用对比色配色的图表效果。

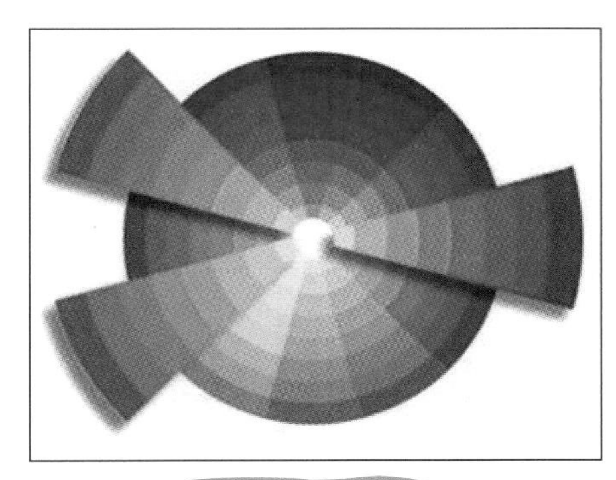

图 4-102 对比色

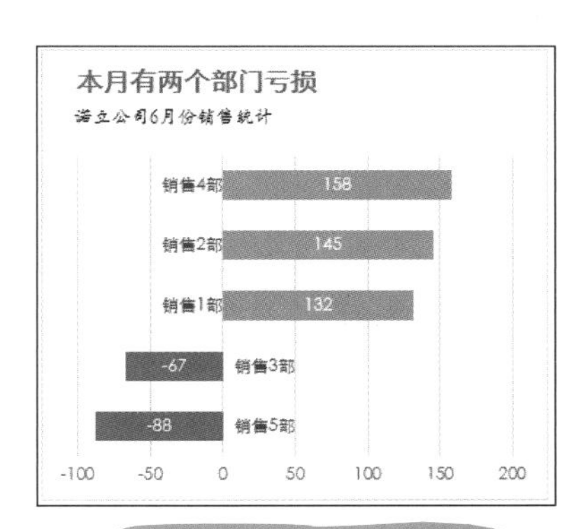

图 4-103 对比色配色图表

4. 冷暖色

冷暖色是指视觉上的色彩会引起人们对冷暖感觉的心理联想。比如，见到红、橙、黄等一系列暖色调，会使人联想到阳光、火光等景物，产生热烈、欢乐、温暖、开朗、活跃等情感反应；见到蓝、青、绿等一系列冷色调，会使人联想到海洋、月亮、冰雪、青山、绿水、蓝天等景物，产生宁静、清凉悲伤等情感反应。

暖色总是趋于前进，冷色总是趋于后退，所以当冷暖色搭配时，暖色总是很容易吸引人的目光，因此可以使用冷暖搭配的效果突出主题、表达强调等。

我们去标准的调色板中了解冷色与暖色，如图 4-104 所示。

图 4-105 为冷色调搭配的图表效果，图 4-106 为暖色调搭配的图表效果。

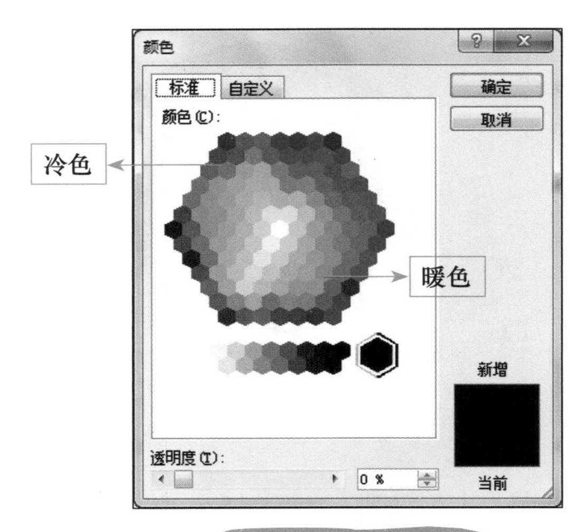

图 4-104 冷色与暖色

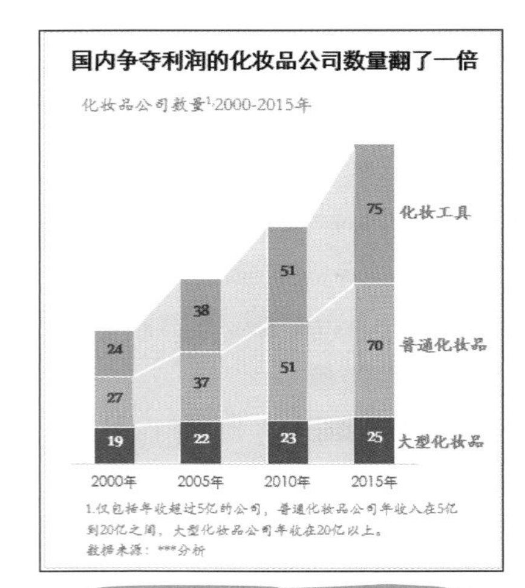

图 4-105 冷色调搭配的图表

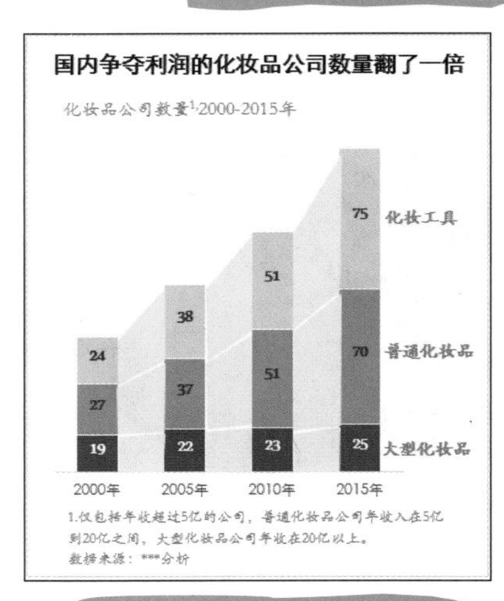

图 4-106 暖色调搭配的图表

用好主题色

从 2007 版本后就引用了主题色的概念。程序在设计时已经为初学者考虑了关于配色的问题，选中图表中任意一个图形或者文字对象均可，当想改变其颜色时，都可以看到相应的主题颜色，如图 4-107 所示。其中，第一行是标准色，其他颜色都是该列颜色同色系的颜色，只是明暗度不同而已。

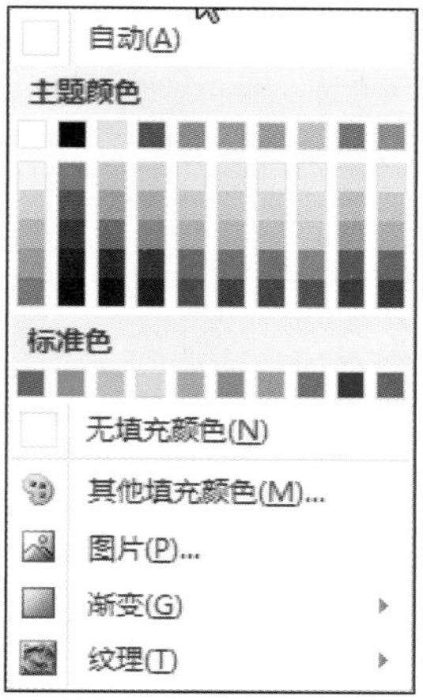

程序在作图时默认使用主题颜色中首行的第 5 ~ 10 个格子的颜色来为图表配色，不够使用时会继续往后使用其余几行颜色（当然一张图表中也不应该包含过多系列，否则违背了前面所述的作图原则）。

主题色是可以更改的，因为程序在设计时为我们提供了多种配色方案，如果想要为图表应用其他配色方案，那么主题色会做相应更改，同时图表的默认颜色也会做相应更改。

图 4-107 主题颜色

在“页面布局”选项卡的“主题”选项组中单击“颜色”按钮，可以显示出程序内置的多种配色方案（见图 4-108），单击即可应用。应用后可以看到主题色发生了相应的改变（见图 4-109），同时图表的配色也发生了改变，图 4-110 为“Office 默认”主题色，图 4-111 为“纸张”主题色。

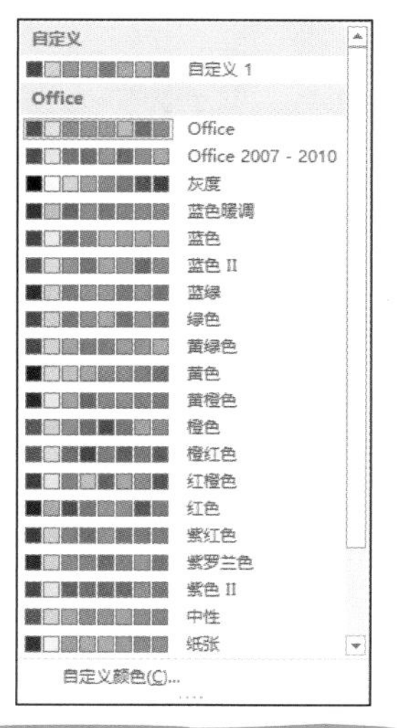

图 4-108 程序提供的配色方案

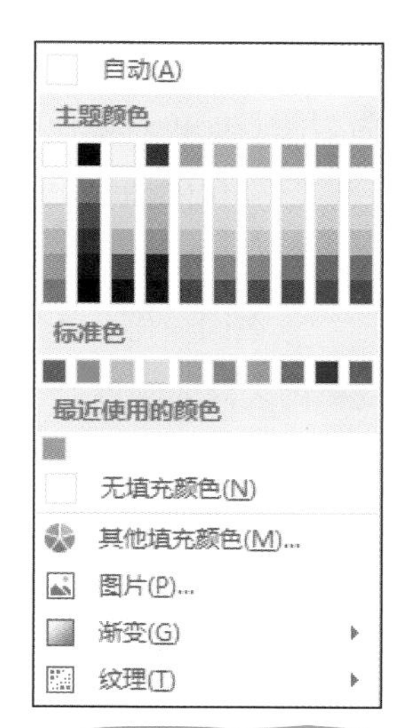

图 4-109 主题色

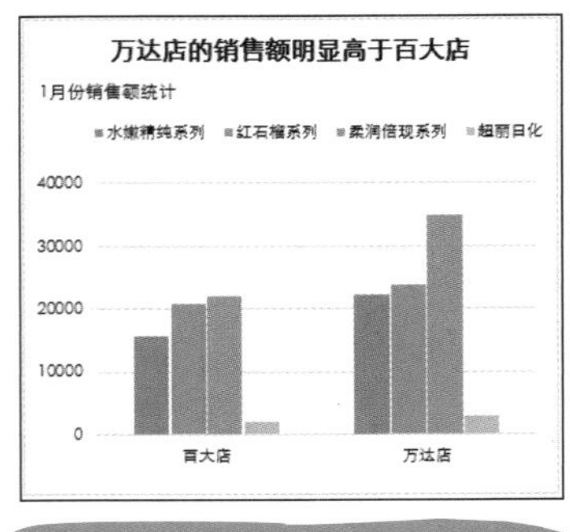

图 4-110 “Office 默认” 主题色

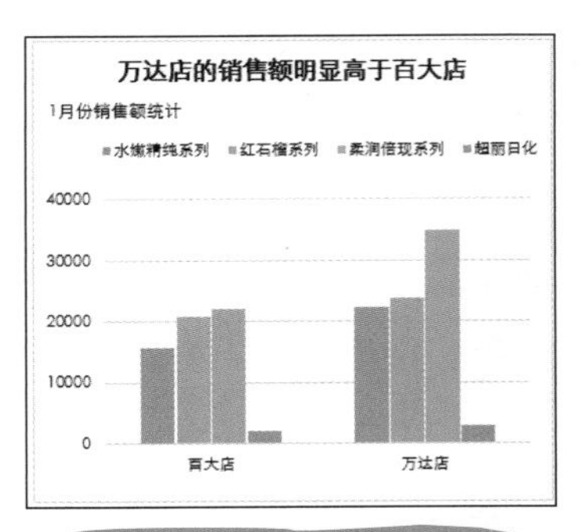

图 4-111 “纸张” 主题色

小贴士

在第 1 章中讲到过关于商务图表的经典用色，那些都是专业图表总结出来的配色经验，实际配色时要借鉴使用。

不要给图表滥用“彩妆”

我们总是会认为为图表配色就是让图表变得更漂亮、更美观，但这绝不是配色的唯一目的。配色既要美观，还要保障图表更容易阅读、理解。因此，不要给图表滥用“彩妆”。总结起来可以归纳为以下五个注意点。

（1）整体风格统一。在同一份分析报告中，一旦选定了图表的配色方案，就要始终保持一致，不要随意变换图表内的颜色。

（2）有目的地使用颜色。我们做图表使用颜色一方面是为了美化图表，另一方面是为了有效展示数据关系。用颜色突出特定的数据，强调需要引起关注的地方，区别不同的类别等都是合理的做法。我们要有目的地使用颜色。

（3）颜色数量适宜。优秀的配色方案，用到的颜色总数量一般少于六种。

（4）非数据元素使用浅色，数据元素使用亮色或突出色。对于坐标轴、网格线等非数据元素，使用浅色即可。

（5）不能同时使用大红和大绿。同时使用大红和大绿的色彩，会使人觉得比较刺眼。大红、大绿属于强调的色彩，图 4-112 为使用绿色起到强调作用的图表。

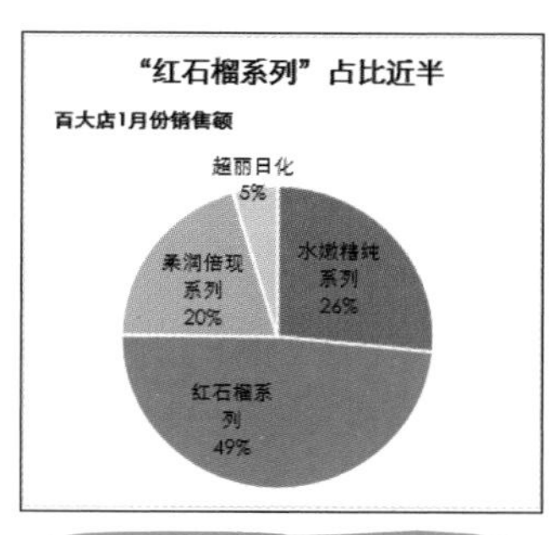

图 4-112　用色彩强调

个性化的 Web 2.0 网络化配色

我们不考虑 Web 2.0 在互联网模式上的改变，但 Web 2.0 给人最直观的印象是色彩，所有界面、栏目配色都是那么的闪亮、舒服，甚至是炫酷。

如图 4-113 所示的是 Web 2.0 浅色效果，给人的感觉是清新、优雅。如图 4-114 所示的是 Web 2.0 过渡色，给人的感觉是荧光炫亮。

图 4-113　Web 2.0 浅色

图 4-114　Web 2.0 过渡色

这种网格化的配色也可以应用到商务图表的配色中。虽然我们不赞成把商务图表做到炫酷，但是这种网络化的配色方案也是非常灵活的，可以搭配的色彩众多，只要考虑好图表的使用目的与场合，总能找到合适的配色。

图 4-115 为 Web 2.0 配色风格的图表。

那么如何引用 Web 2.0 网站中的色彩呢？我们可以利用百度搜索"取色器下载"，然后安装一款取色器软件。运行软件，在需要使用这些颜色时，可以拾取它们的 RGB 值，然后为图表设置颜色。

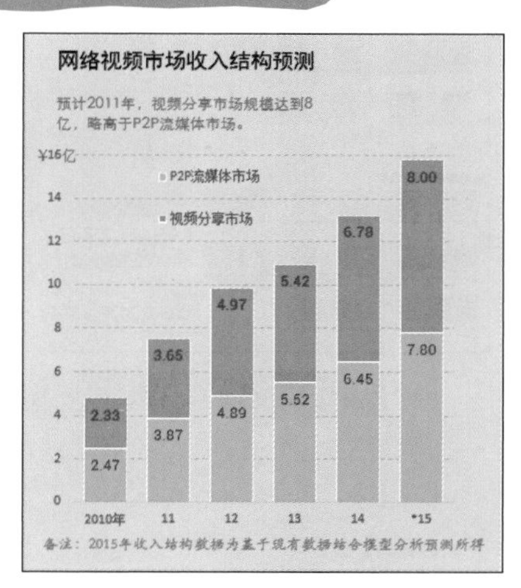

图 4-115　Web 2.0 配色风格

1 以 Colors Lite 软件为例，如图 4-116 所示。

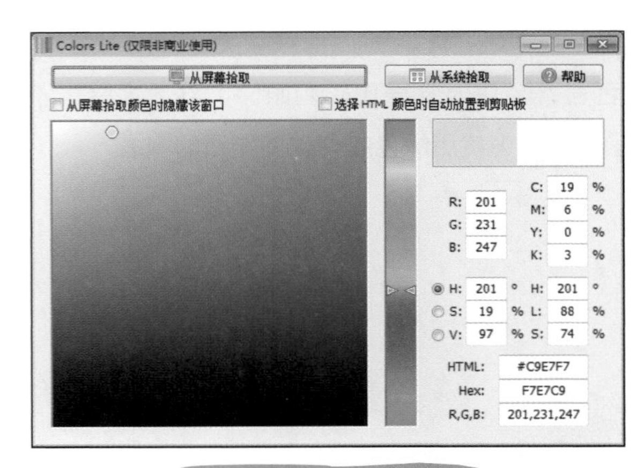

图 4-116　Colors Lite 软件

2 当需要拾取颜色时，单击“从屏幕拾取”按钮，即可移动指针指向任意想拾取的颜色上（见图 4-117），确定后单击即可锁定此颜色，软件中准确地显示了该颜色的 RGB 值，如图 4-118 所示。

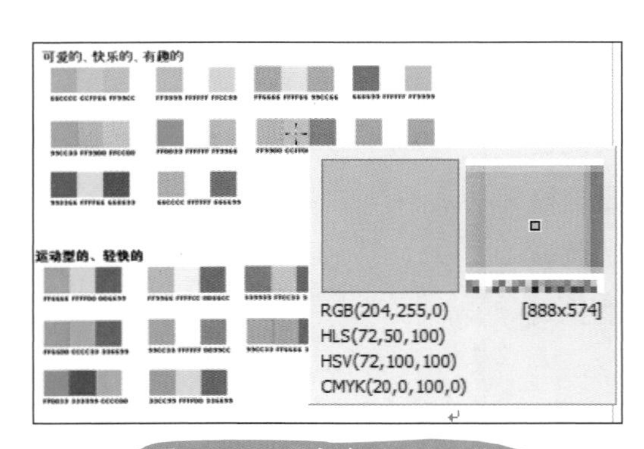

图 4-117　该颜色的 RGB 值

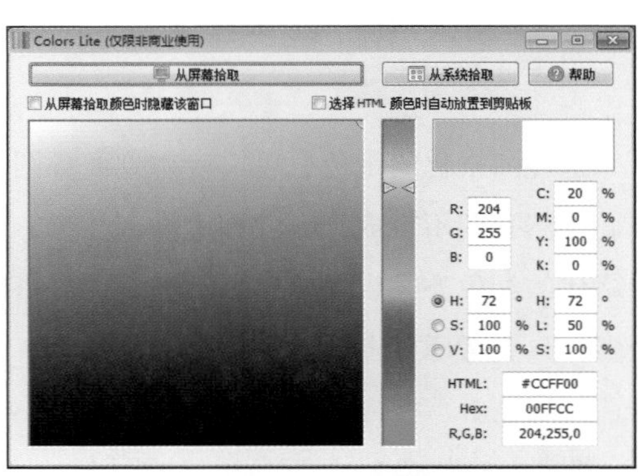

图 4-118　拾取 RGB 值

3 有了该颜色的 RGB 值后，当需要设置图表中对象的颜色时，右击可以打开“颜色”设置框，通过准确设置 RGB 值来确定颜色，如图 4-119 所示。

图 4-119 设置颜色 RGB 值

以下是六种经典的 Web 2.0 风格的配色方案

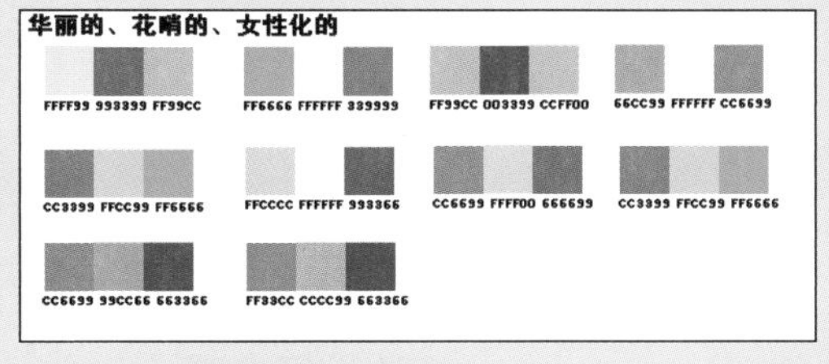

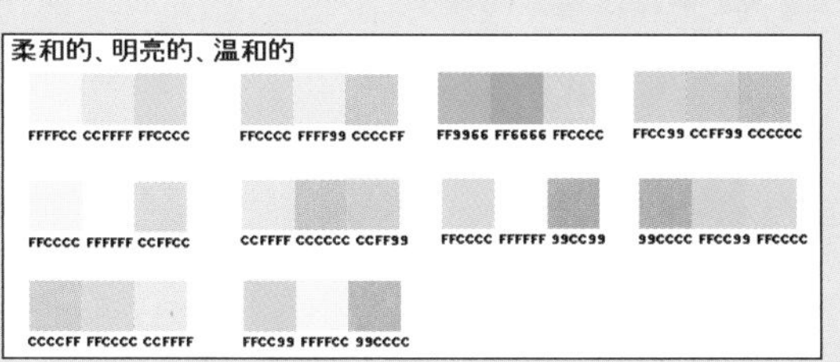

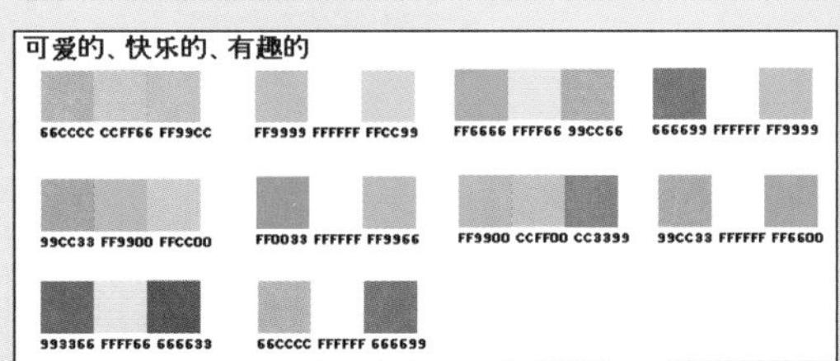

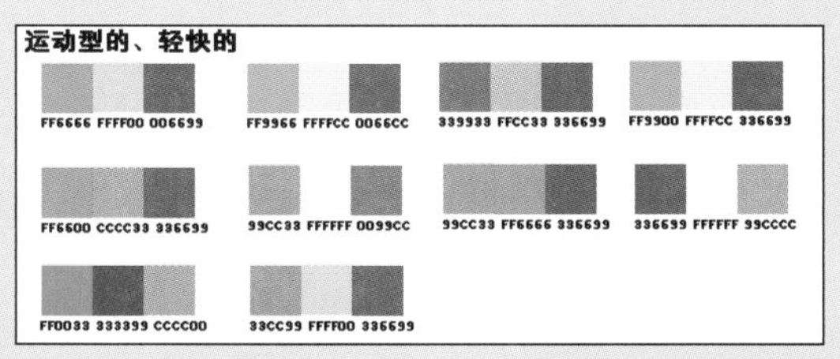

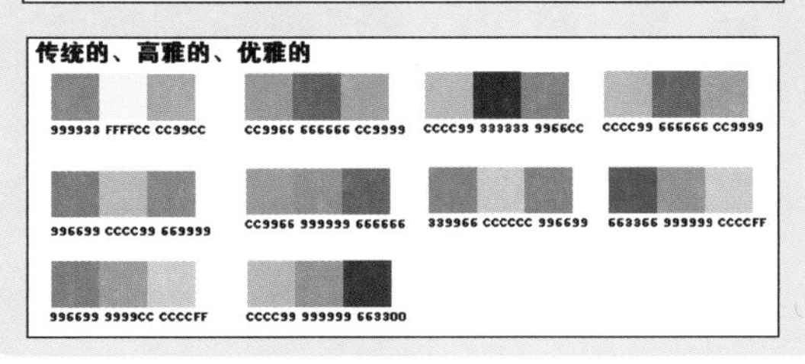

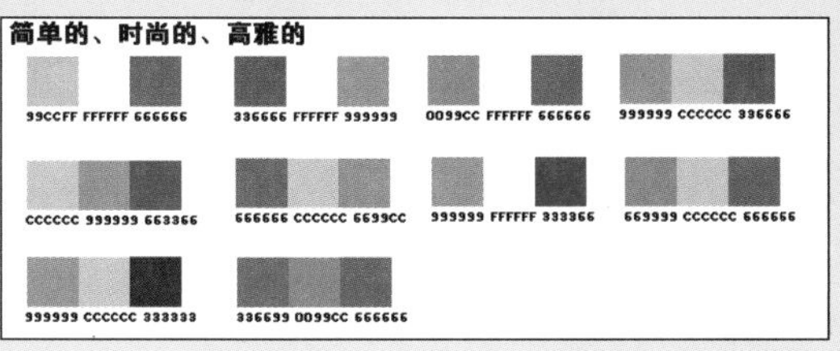

图形图片增强表现力

第 1 章中讲到过商务图表中为了渲染图表的表达效果，有时候会利用一些非图表元素去补充设计图表。在对原图表编辑排版后，再添加一些自选图形、图片、文本框等非图表元素，让图表呈现出最优状态。

图 4-120 为一张极其平常的默认图表。下面来看看这张图表的变形记。

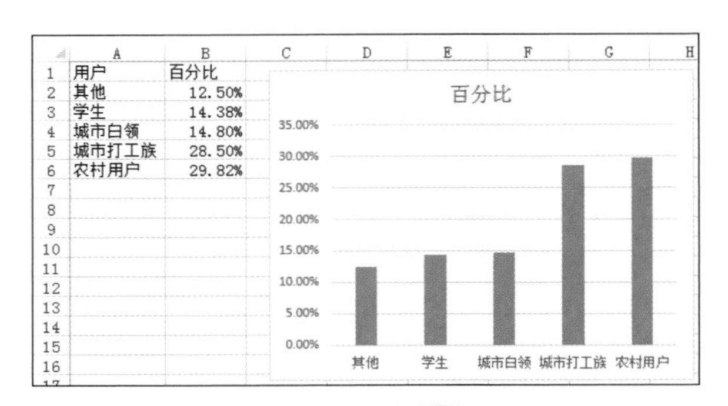

图 4-120 原始图表

1. 利用图表编辑技术将图表简化成如图 4-121 所示的样式。

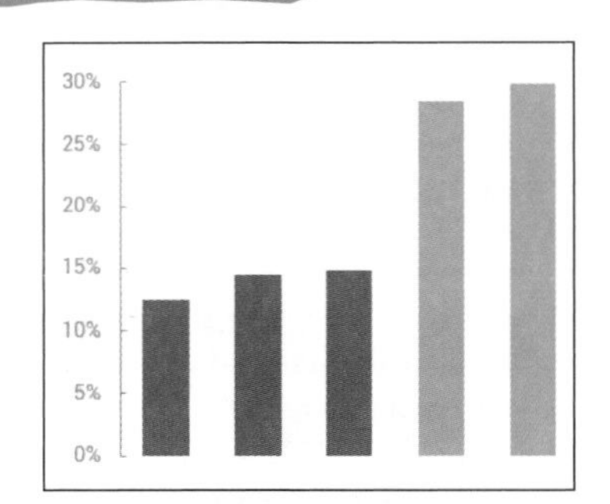

图 4-121 简化图表

2. 添加一根线条作为水平轴，绘制小圆形作为刻度标记，如图 4-122 所示。

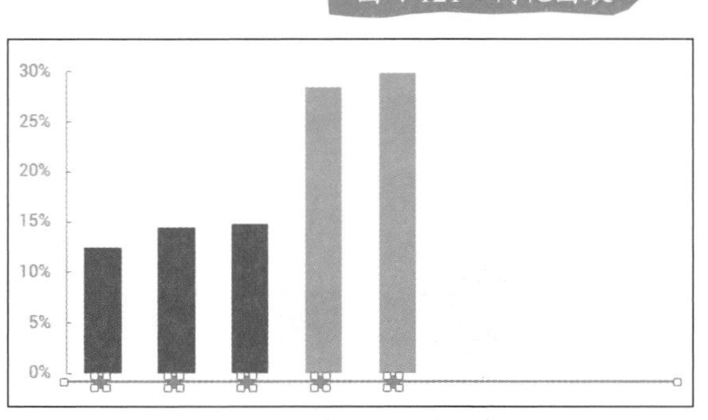

图 4-122 添加形状

3 利用绘制文本框的方法添加数据标签，因为当前图表的数据标签中有几项文字过多，不适合单行显示，但默认的数据标签又无法将文字调整为双行显示，所以采用了绘制文字框的方法，如图 4-123 所示。

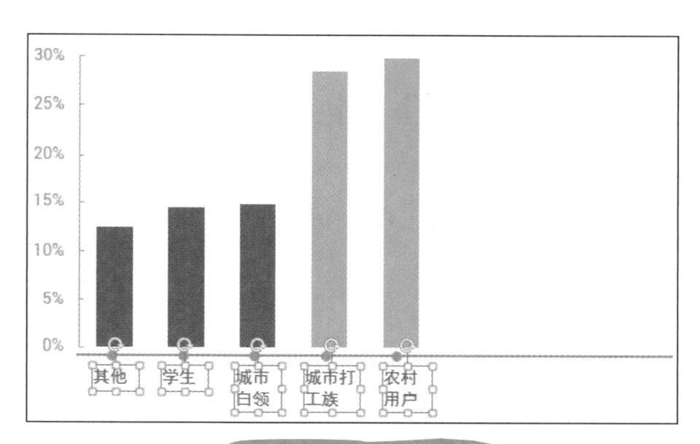

图 4-123 添加文本框

小贴士

对于需要重复设计的对象，其处理方法是先制作一个完整的文本框，后面的复制，或做局部修改。例如，此处先创建一个文本框并设置好字体及格式，后面直接复制或修改文字即可。

4 添加图形强调重点部位，图形被设置无填充颜色，边框为虚线样式，再添加三角形并旋转 90° 作为指向标记，如图 4-124 所示。

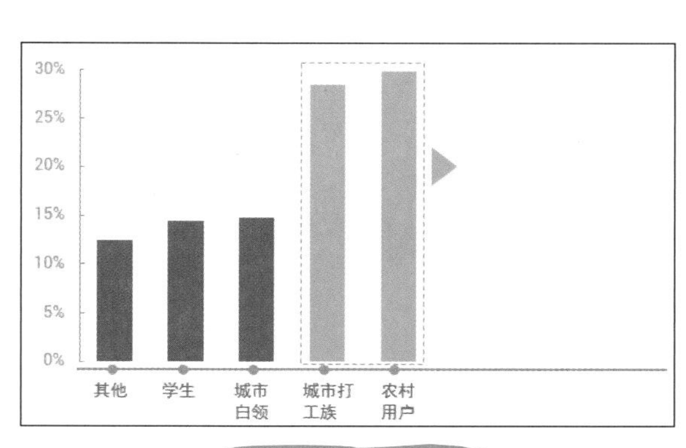

图 4-124 添加图形

5 添加文本框，输入说明文字，并添加几张形象的剪贴画放置到合适的位置上，补充上图表的标题，即完成了整张图表的设计，如图 4-125 所示。

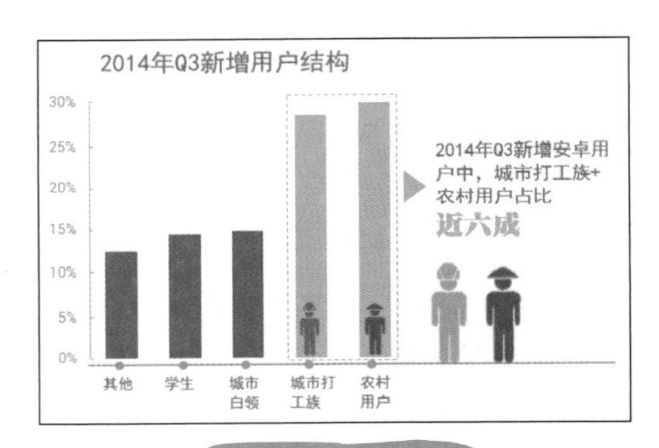

图 4-125 添加图片

第5章

提升课一——图表高级处理技术

5.1 数据比较可视化

表内小图方案（仿华尔街日报的表内饼图和条形图）

表内小图方案是商务图表的常用做法，表图合一，无论用于哪个场合，应用效果都很好。如图 5-1 所示的图表，用条形图表示销售额，用饼图表示预算完成率。

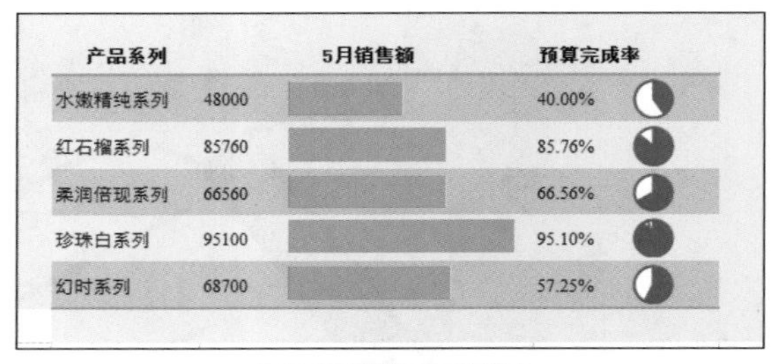

产品系列	5月销售额	预算完成率
水嫩精纯系列	48000	40.00%
红石榴系列	85760	85.76%
柔润倍现系列	66560	66.56%
珍珠白系列	95100	95.10%
幻时系列	68700	57.25%

图 5-1 图表效果

此图表建立简单，重在排版效果，其在建立时有以下三个要点。

- 把图表最简化。
- 建立条形图时注意固定最大值，以让所有条形图具有一致的度量标准。
- 建立饼图时需要依靠辅助数据。

1 先根据销售额与预算额计算预算完成率，如图 5-2 所示。

H2 =F2/G2

	E	F	G	H
1		5月销售额	预算	预算完成率
2		48000	120000	40.00%
3		85760	100000	85.76%
4		66560	100000	66.56%
5		95100	100000	95.10%
6		68700	120000	57.25%

图 5-2 计算预算完成率

❷ 用公式“=100%–H2”计算得到“辅助”列，如图 5-3 所示（H 列与 I 列的数据是用来创建饼图的）。

I2 =100%-H2

	E	F	G	H	I
1		5月销售额	预算	预算完成率	辅助
2		48000	120000	40.00%	60%
3		85760	100000	85.76%	14%
4		66560	100000	66.56%	33%
5		95100	100000	95.10%	5%
6		68700	120000	57.25%	43%

图 5-3 计算辅助数据

❸ 选中 F2 单元格的数据创建条形图，如图 5-4 所示。

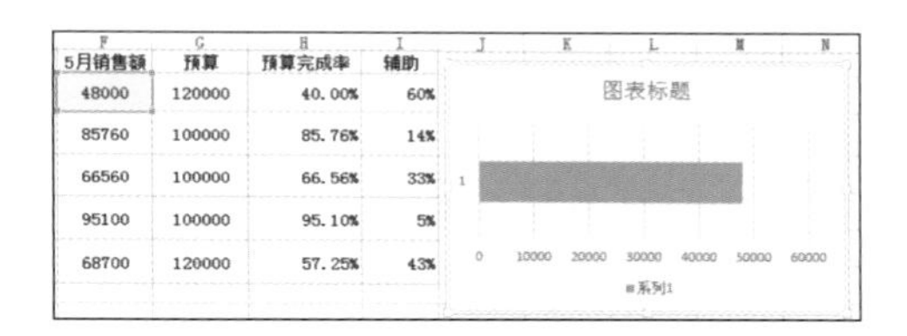

图 5-4 建立条形图

❹ 把条形图数值轴的最大值设置为“100000”，如图 5-5 所示（这个值的大小由 F 列中所有数据的最大值决定，即要保证大于等于这个最大值。如果不固定这个值，图表会根据当前数据源的值自动判断最大值，固定这个值是为了让所有条形图具有相同的度量标准）。

图 5-5 设置刻度最大值

❺ 删除图表中的标题、坐标轴、网格线，然后把图表的属性设置为“大小和位置均固定”，如图 5-6 所示（这项操作是为了方便将图表放置于单元格中时，图表不会随着单元格行高列宽的调整而发生改变）。将图表移至 B3 单元格并调整大小，如图 5-7 所示。

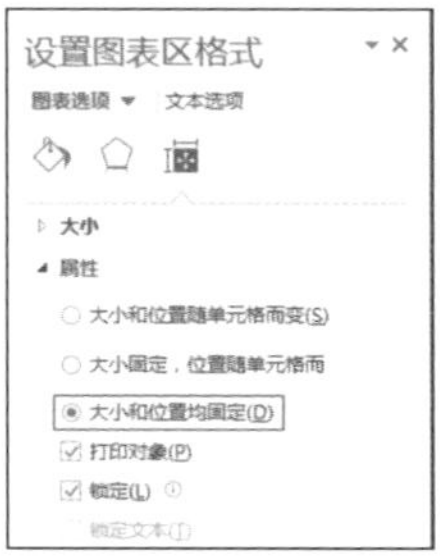

图 5-6 固定图表大小和位置

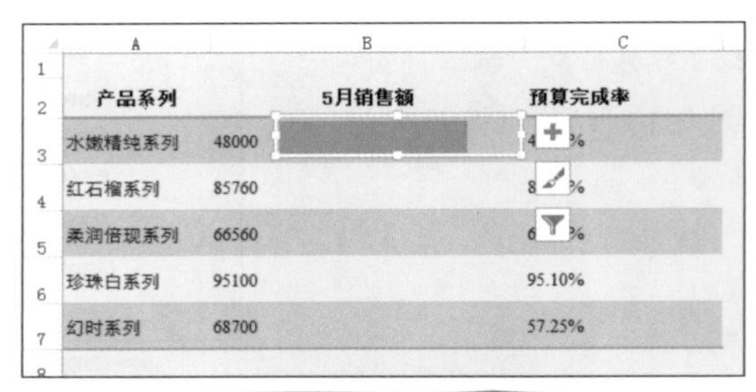

产品系列		5月销售额	预算完成率
水嫩精纯系列	48000		4 %
红石榴系列	85760		8 %
柔润倍现系列	66560		6 %
珍珠白系列	95100		95.10%
幻时系列	68700		57.25%

图 5-7　图表移至单元格

6 复制图表到 B 列其他单元格，这时所有图表的数据源与第一个图表完全一样，选中第二个图表右击，在弹出的快捷菜单中选择“选择数据”命令（见图 5-8），在弹出的“选择数据源”对话框中重新设置其数据区域为 F3 单元格，如图 5-9 所示。

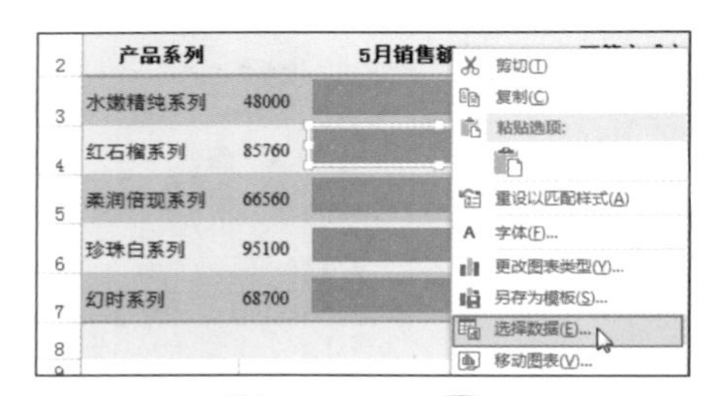

图 5-8　“选择数据”命令

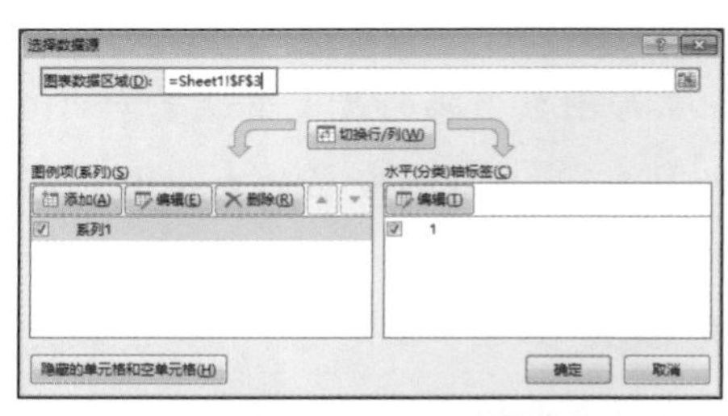

图 5-9　“选择数据源”对话框

7 按照相同的方法设置其他单元格中图表的数据源，更改后的效果如图 5-10 所示。

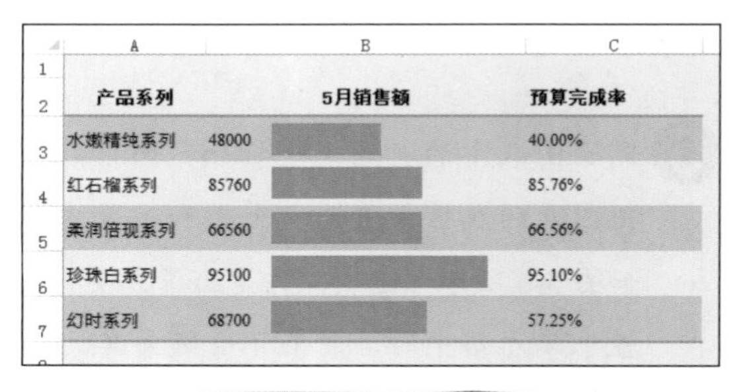

产品系列		5月销售额	预算完成率
水嫩精纯系列	48000		40.00%
红石榴系列	85760		85.76%
柔润倍现系列	66560		66.56%
珍珠白系列	95100		95.10%
幻时系列	68700		57.25%

图 5-10　更改后的图表

8 选中 H2:I2 单元格区域，建立饼图，如图 5-11 所示。简化饼图，并将“预算完成率”这个数据点设置为红色，其他设置为白色，如图 5-12 所示。

5月销售额	预算	预算完成率	辅助
48000	120000	40.00%	60%
85760	100000	85.76%	14%
66560	100000	66.56%	33%
95100	100000	95.10%	5%
68700	120000	57.25%	43%

图表标题

图 5-11 建立饼图

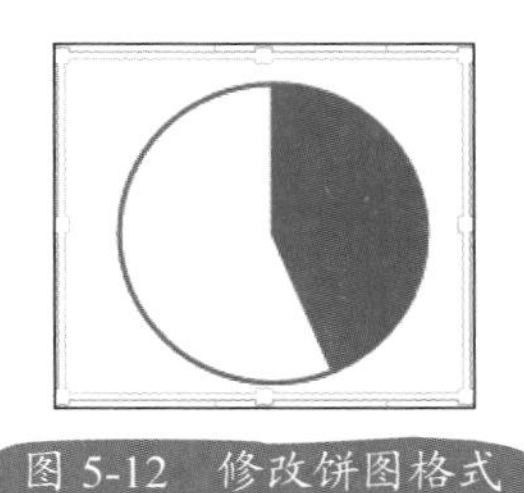

图 5-12 修改饼图格式

9 将图表移至 C3 单元格中，并调整大小，如图 5-13 所示。然后，按照相同的方法复制图表并重新设置各饼图数据源即可。

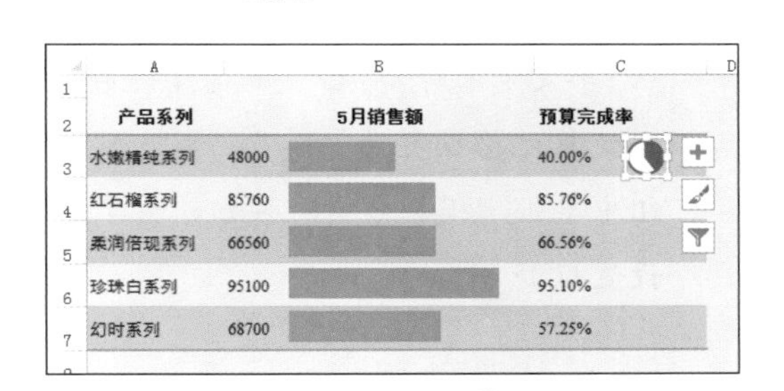

图 5-13 放置饼图

小贴士

在移动图表至单元格时，按住“Alt”键移动图表，把图表对齐到单元格左上角；按住“Alt”键，通过图表右下角控制点调整图表的大小，把图表对齐到单元格右下角，这样图表就被锚定到了这个单元格中（或单元格区域）。

最后数据点与目标值比较

本张图表实现的效果是在图表的最后一个数据点上显示出与下一期目标值对比的效果，如图 5-14 所示。

这张图表在数据源方面先要做好如下的准备工作。当前给出的 1 ~ 5 月的销售额，现在需要利用单变量求解的方法计算出 6 月的目标销售额。

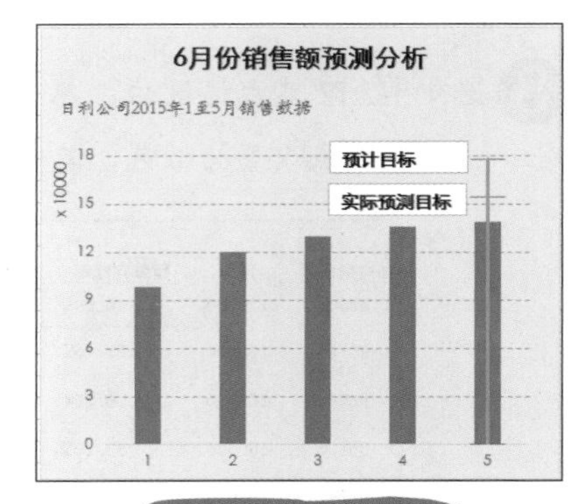

图 5-14　图表效果

1 在 B8 单元格中设定求和公式（见图 5-15），预计前半年的销售金额要达到 800000，在“单变量求解”对话框中将目标单元格设定为“B8”单元格，目标值设置为“800000”，可变单元格设置为“B7”，如图 5-16 所示（在“数据”选项卡的“数据工具”选项组中单击“模拟分析”按钮，再单击“单变量求解”按钮，即可弹出“单变量求解”设置框）。

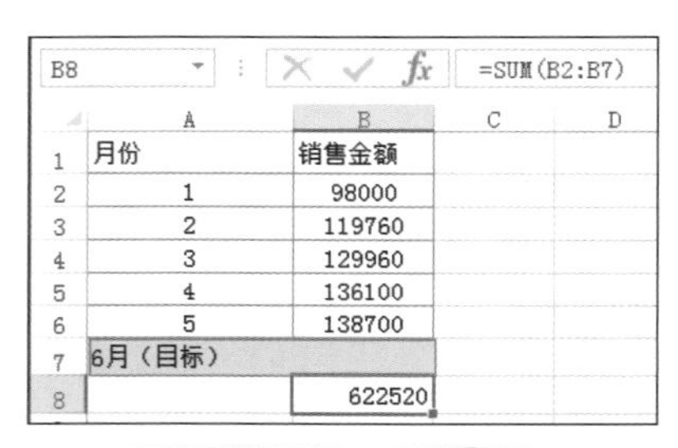

B8　=SUM(B2:B7)

	A	B	C	D
1	月份	销售金额		
2	1	98000		
3	2	119760		
4	3	129960		
5	4	136100		
6	5	138700		
7	6月（目标）			
8		622520		

图 5-15　设定求和公式

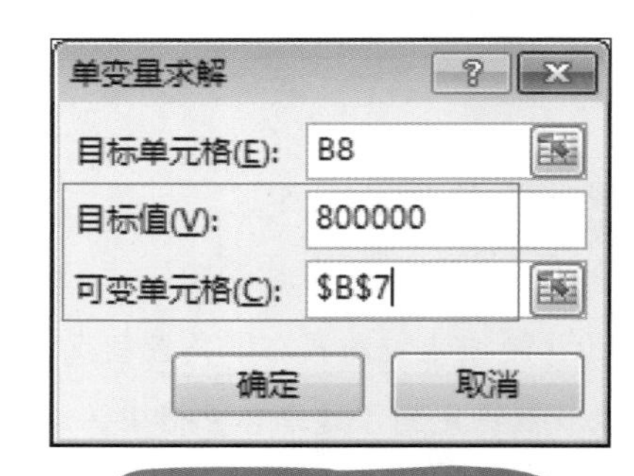

图 5-16　设置单变量求解

2 最后单击“确定”按钮，就可以看到求解出的值，如图 5-17 所示。

	A	B
1	月份	销售金额
2	1	98000
3	2	119760
4	3	129960
5	4	136100
6	5	138700
7	6月（目标）	177480
8		800000
9		

图 5-17　求解目标值

3 选中 B9 单元格，在公式编辑栏中输入公式“=SUM(LINEST(B2:B6,A2:A6)*{6,1})”，按回车键可以根据 1 ~ 5 月的实际销售金额得到 6 月预测销售额，如图 5-18 所示（LINEST 函数使用最小二乘法对已知数据进行最佳直线拟合）。

B9 =SUM(LINEST(B2:B6,A2:A6)*{6,1})

	A	B	C	D	E	F
1	月份	销售金额				
2	1	98000				
3	2	119760				
4	3	129960				
5	4	136100				
6	5	138700				
7	6月（目标）	177480				
8		800000				
9	6月（修订目标）	153826				

图 5-18 LINEST 预测销售额

创建此图表的过程如下。

1 把求得的目标数据与修订目标数据创建为 D1:E4 单元格区域的数组样式，如图 5-19 所示。

	A	B	C	D	E
1	月份	销售金额		X	Y
2	1	98000		5	0
3	2	119760		5	177480
4	3	129960		5	153826
5	4	136100			
6	5	138700			
7	6月（目标）	177480			
8		800000			
9	6月（修订目标）	153826			

图 5-19 建立辅助数据

2 使用 A1:B6 单元格区域的数据创建图表，如图 5-20 所示。接着选中 D1:E4 单元格区域，使用选择性粘贴的方法（见图 5-21），将数据粘贴到图表中，效果如图 5-22 所示。

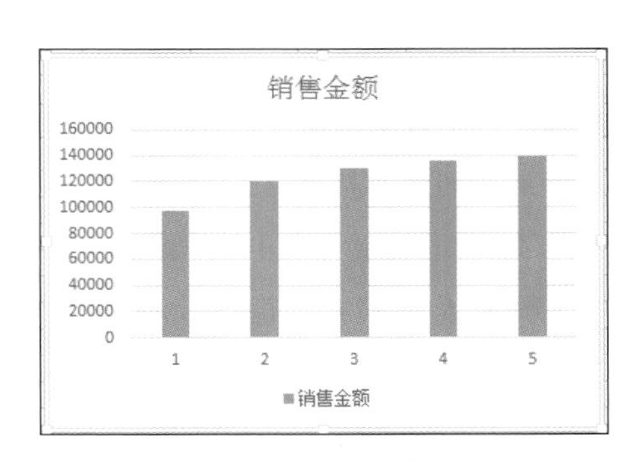

图 5-20 创建图表

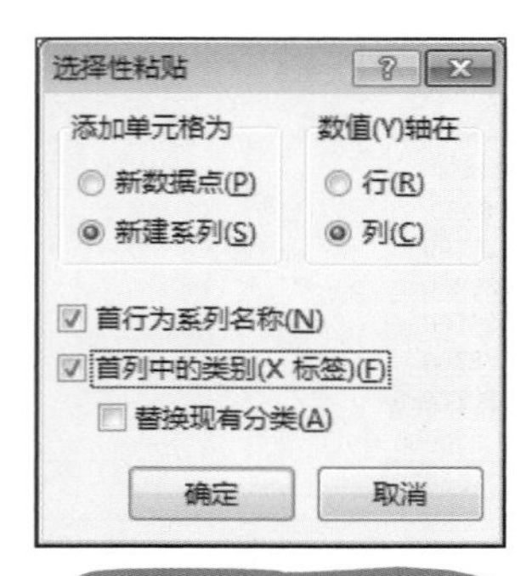

图 5-21 选择性粘贴

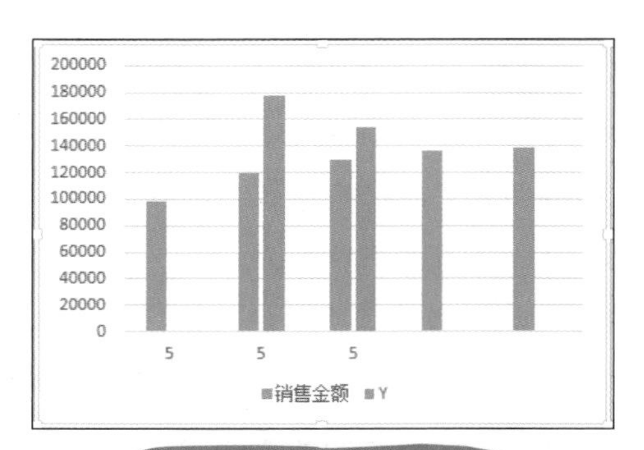

图 5-22 添加数据的图表

3 选中新添加的系列，将图表类型更改为“带直线和数据标签的散点图”，如图 5-23 所示。更改后的效果如图 5-24 所示。

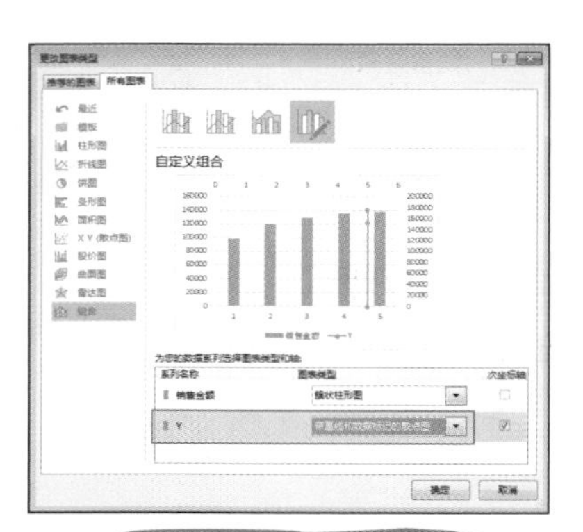

图 5-23 更改图表类型

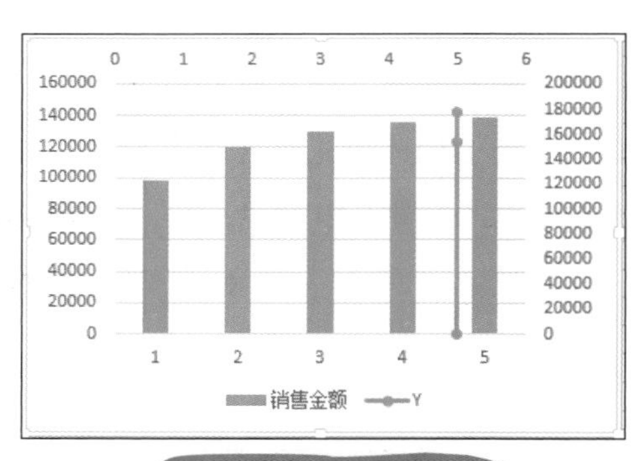

图 5-24 更改后的图表

4 将次要垂直轴刻度的最大值调整到与左侧一样，从而保持统一的度量标准。另外，要想让散点图的刻度保持与柱形图一致，需要将最小值设置为“0.5”，最大值设置为“5.5”，如图 5-25 所示。调整后即可让散点图的线条与柱形图最后一个系列重叠，如图 5-26 所示。

图 5-25 设置最小最大值

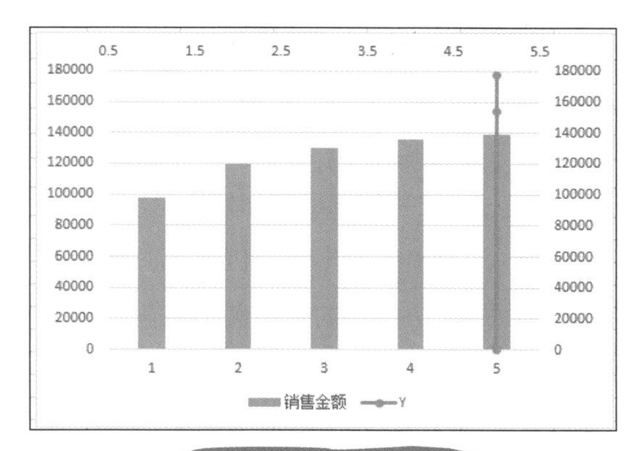

图 5-26 调整后的图表

5 选中散点图，为其添加误差线，方向设置为“正负偏差”，末端样式设置为“无线端”，误差量设置为“0.2”，如图 5-27 所示。设置后的图表样式如图 5-28 所示。再经过隐藏散点图的数据点等其他操作即可让图表达到效果图中的样式。

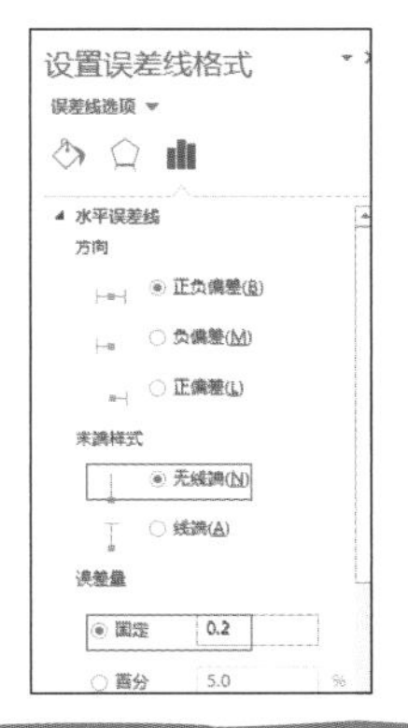

图 5-27 设置误差线属性

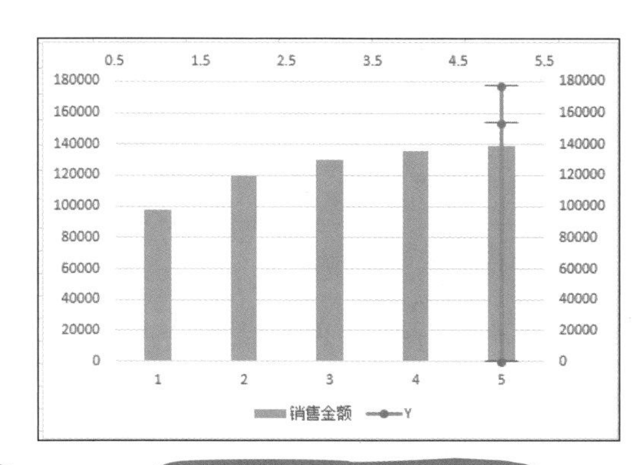

图 5-28 设置后的图表样式

添加误差线的位置在“图表工具—设计”选项卡的“图表布局”选项组中单击“添加图表元素”按钮，在弹出的下拉列表中选择“误差线”选项即可。

不同数量级的分类比较图

在日常办公中，我们经常会遇到不同数量级的数据，由于数据差距悬殊，反映到图表中小数据系列会被挤压到很小，甚至根本看不见，因此不具备比较的价值。如果数据间的量纲不同，建立到同一张图表中是无法比较的，但利用双坐标轴勉强可以解决两个系列之间的关系。本例介绍一种方法，先将数据按一定的比例将数据标准化，以消除它们之间数据量级与量纲的差异。

当前数据如图 5-29 所示（本例只以两个数据系列举例，当出现多个数据系列时操作方法相同），建立的图表可以达到如图 5-30 所示的效果。

	A	B	C
1	**集团学历与收入的调查分析		
2	学历	人数	月均收入
3	高中及以下	112	2213
4	大专	180	3000
5	本科	360	3780
6	研究生	89	4276
7	硕士及以上	45	6230

图 5-29　数据表

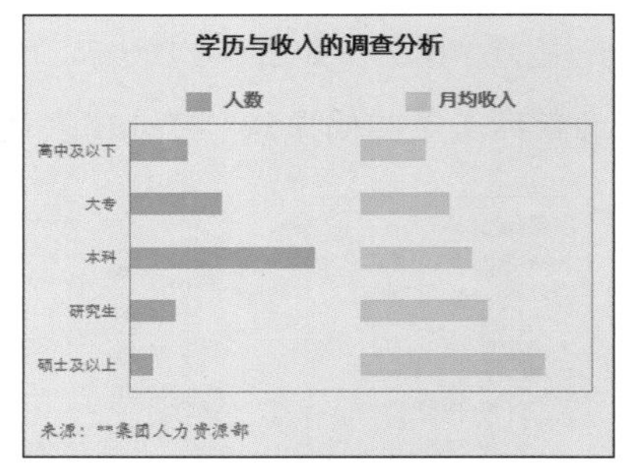

图 5-30　图表效果

在建立此图表时需要注意以下两个要点。

- 区分标准化不同数量级的数据。
- 利用辅助系列添加数据标签。

1 首选建立辅助数据，F3 单元格的公式是“=B3/MAX($B$3:$B$7)*0.8”，向下复制，如图 5-31 所示（这个公式的意义为即将 B 列中的最大值标准化为 0.8，其他按比例折算）。

F3　=B3/MAX($B$3:$B$7)*0.8

	D	E	F	G	H	I
1						
2		学历	人数	辅1	月均收入	辅2
3		高中及以下	0.248889			
4		大专	0.4			
5		本科	0.8			
6		研究生	0.197778			
7		硕士及以上	0.1			

图 5-31　将数据标准化

② G3 单元格的公式是“=1-F3”，向下复制，如图 5-32 所示（这一列绘制到图表中以作为占位使用）。

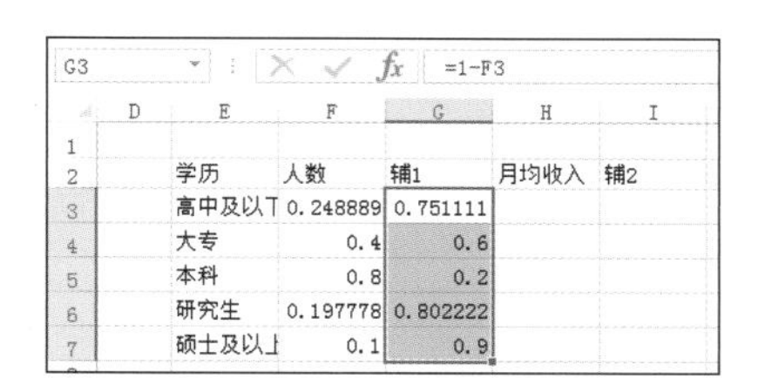

G3 =1-F3

	D	E	F	G	H	I
1						
2		学历	人数	辅1	月均收入	辅2
3		高中及以下	0.248889	0.751111		
4		大专	0.4	0.6		
5		本科	0.8	0.2		
6		研究生	0.197778	0.802222		
7		硕士及以上	0.1	0.9		

图 5-32　建立辅助数据

③ 按照相同的方法将“月均收入”列的数据进行标准化，如图 5-33 所示。

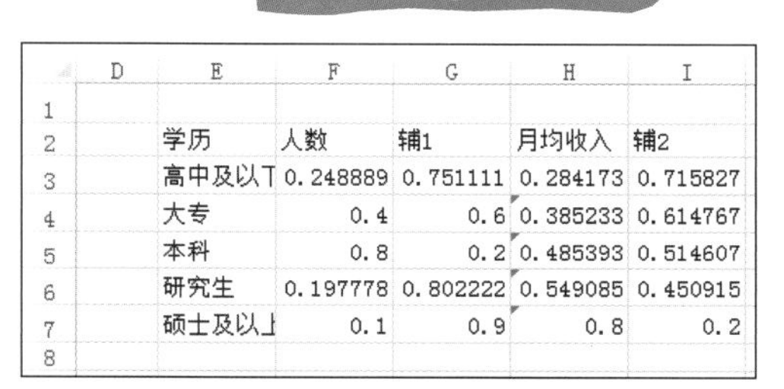

	D	E	F	G	H	I
1						
2		学历	人数	辅1	月均收入	辅2
3		高中及以下	0.248889	0.751111	0.284173	0.715827
4		大专	0.4	0.6	0.385233	0.614767
5		本科	0.8	0.2	0.485393	0.514607
6		研究生	0.197778	0.802222	0.549085	0.450915
7		硕士及以上	0.1	0.9	0.8	0.2
8						

图 5-33　标准化数据

④ 以 E2:I7 单元格区域的数据建立条形图，如图 5-34 所示。然后将“辅 1”和“辅 2”两个数据系列隐藏。

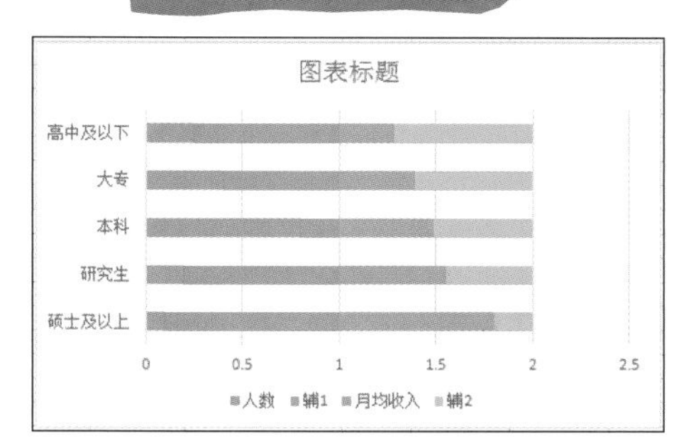

图 5-34　初始图表

完成上面的操作后，图表已基本完成，下面需要对分类标签进行处理。

① 在 B9:C10 单元格区域建立辅助数据，如图 5-35 所示。

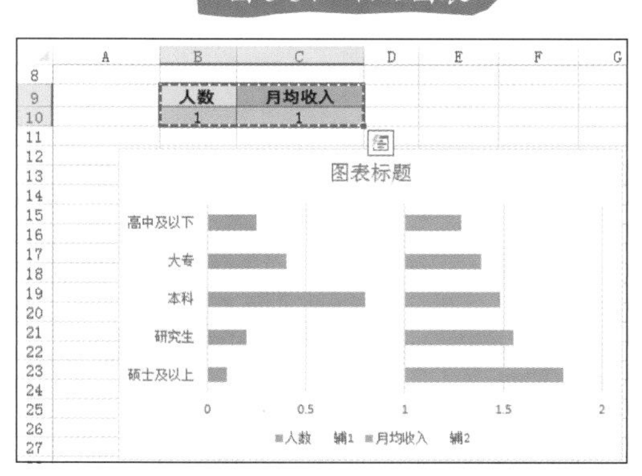

图 5-35　辅助数据

❷ 使用选择性粘贴的方法（见图 5-36），将B9:C10 单元格区域数据粘贴到图表中。

图 5-36　选择性粘贴数据

❸ 选择添加到图表中的“系列 5”这个系列，将其更改为柱形图，如图 5-37 所示（由于这一系列添加到图表中时系列值很小，在图表中基本看不见，因此要选中这个系列。

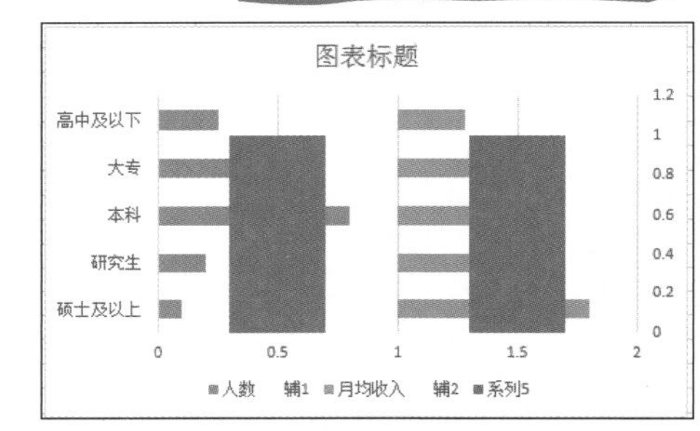

图 5-37　将辅助系列更改为柱形图

❹ 为图表添加次要纵坐标轴，如图 5-38 所示。添加后图表上方会出现标签，如图 5-39 所示。再将“系列 5”柱状隐藏即可。

图 5-38　添加次要纵坐标轴

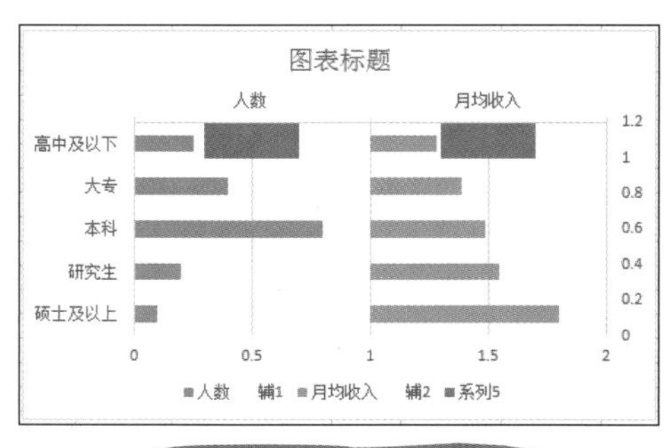

图 5-39　获取需要的标签

用不等宽的柱形图比较二维数据

不等宽的柱形图可以直观地比较二维数据，在横向通过柱形的宽度比较一组数据，在纵向通过柱形的高度比较一组数据，如图 5-40 所示。

我们称之为柱形图，实际上它是利用堆积柱形图创建的。在创建此图表时需要注意以下三个要点。

- 对于数据源的组织。
- 要启用日期坐标轴。
- 对数据标签的添加。

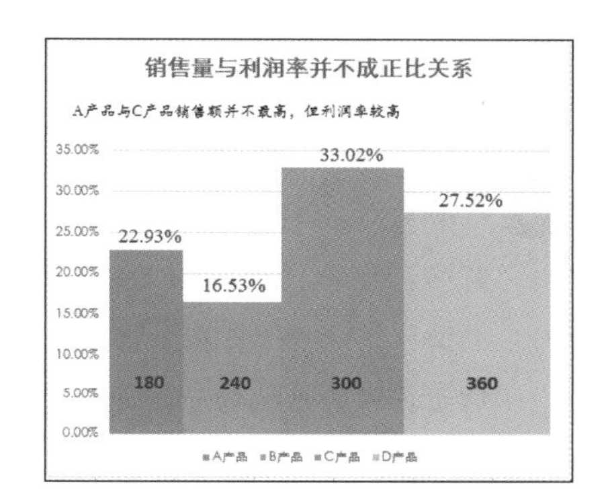

图 5-40 图表效果

1 首先要根据 B 列的数据计算累计销售量，这项数据在组织数据源时需要用到，如图 5-41 所示。

	A	B	C	D
1	企业名称	销售量	利润率	累计销售量
2	A产品	180	22.93%	180
3	B产品	240	16.53%	420
4	C产品	300	33.02%	720
5	D产品	360	27.52%	1080

图 5-41 计算累计销售量

2 把数据组织成如图 5-42 所示的样式。A 列数据是组织的关键，它利用的是上面计算的累计数据，这样组织让它绘制到水平轴上也是累积的状态，后面几列数据是按利润率来组织的。

7		A产品	B产品	C产品	D产品
8	0	22.93%			
9	180	22.93%			
10	180				
11	180		16.53%		
12	420		16.53%		
13	420				
14	420			33.02%	
15	720			33.02%	
16	720				
17	720				27.52%
18	1080				27.52%
19					

图 5-42 数据图表数据源

3 选中 A7:E18 单元格区域的数据建立面积图，默认图表如图 5-43 所示。

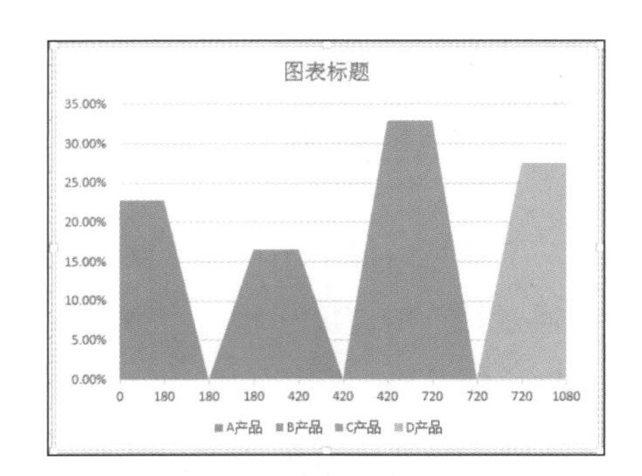

图 5-43 初始图表

4 接着在水平轴上双击，打开“设置坐标轴格式”窗格，单击“坐标轴选项”标签，在“坐标轴”类型栏下选中“日期坐标轴”单选按钮，如图 5-44 所示。设置后的效果如图 5-45 所示。

图 5-44 启用“日期坐标轴”

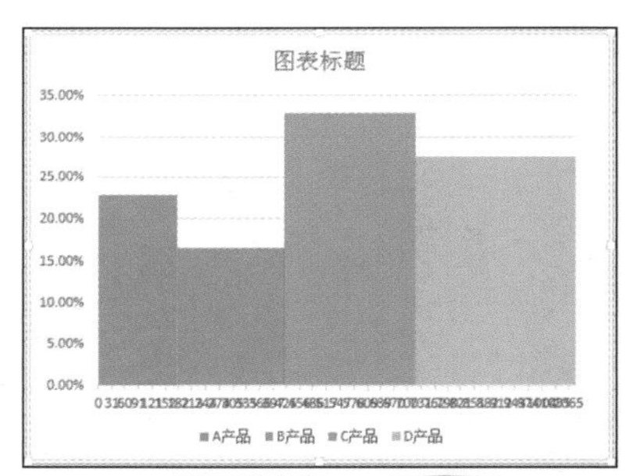

图 5-45 设置后的图表

完成上面的操作后，图表已基本完成，下面需要对数据标签进行处理。

1 选中 A1:B5 单元格区域的数据建立柱形图，如图 5-46 所示。

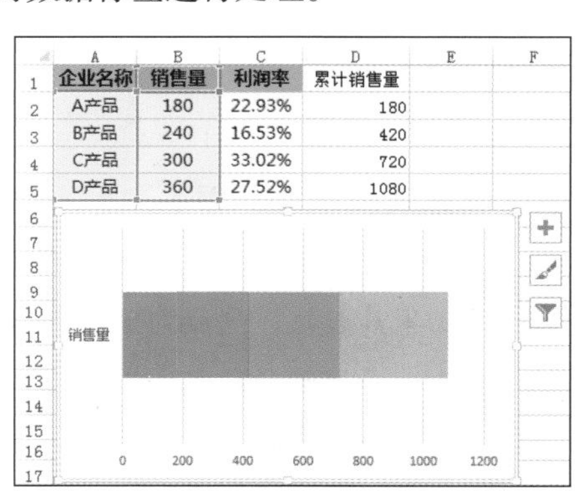

企业名称	销售量	利润率	累计销售量
A产品	180	22.93%	180
B产品	240	16.53%	420
C产品	300	33.02%	720
D产品	360	27.52%	1080

图 5-46 建立图表

2 为图表添加“值”数据标签，然后把除数据标签以外的所有元素都删除或隐藏，并把图表区设置为无填充颜色，如图 5-47 所示。

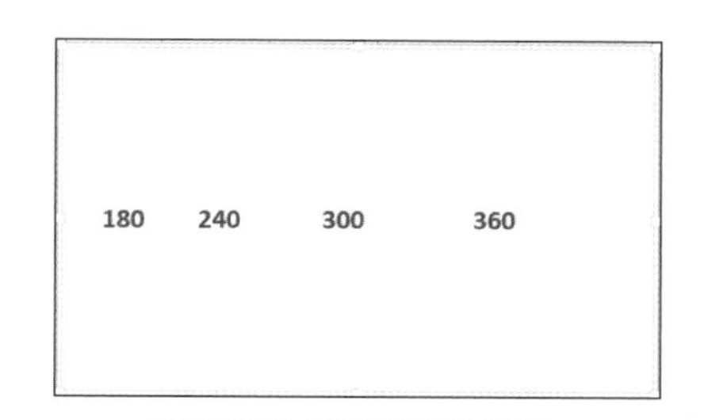

图 5-47 只保留数据标签

3 排版好前面建立的图表后，将此图表覆盖到上方，并调整好标识的位置，如图 5-48 所示。

4 按照相同的方法再以“利润率”列的数据建立柱形图，并只保留数据标签移至主图表中即可。

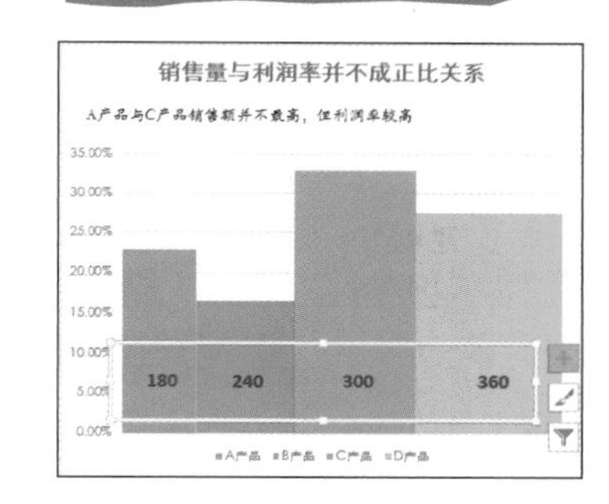

图 5-48 放置标签到图表中

5.2 目标达成及进度的可视化

两项指标比较的温度计图表

温度计图表是一种常见的图表类型，它可以用来对两项指标进行直观的比较，如比较实际与预算、今年与往年、毛利与收入、子项与总体等。由图 5-49 中，我们可以直观地看到 1 月份与 2 月份实际销售额是超出预算还是未达标。

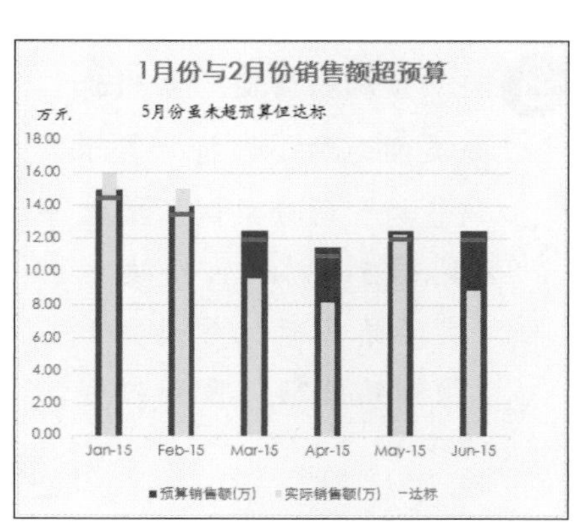

图 5-49 图表效果

建立此图表时需要注意以下两个要点。

- 其中一个系列沿次坐标轴绘制，且刻度的最大值与最小值保持一致。
- 一般把当前的指标放在前面，采用亮色或深色，把过去的指标放在后面，采用浅色。

1 使用图 5-50 所示的数据建立柱形图，默认图表如图 5-51 所示。

	A	B	C	D
1	日期	预算销售额(万)	实际销售额(万)	达标
2	Jan-15	15.00	15.97	14.50
3	Feb-15	14.00	14.96	13.50
4	Mar-15	12.50	9.60	12.00
5	Apr-15	11.50	8.20	11.00
6	May-15	12.50	12.30	12.00
7	Jun-15	12.50	8.90	12.00

图 5-50 数据表

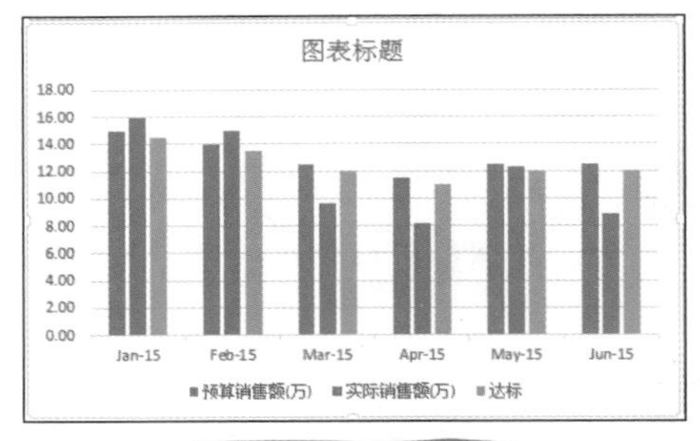

图 5-51 初始图表

2 将“实际销售额”系列沿次坐标轴绘制，再将“达标”系列更改为折线图，效果如图 5-52 所示。

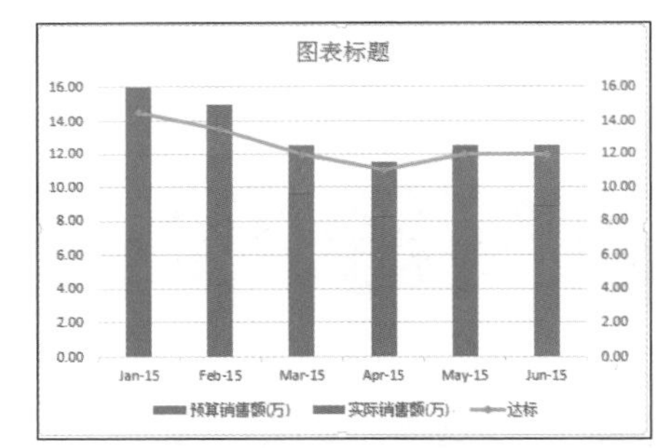

图 5-52 “达标”系列更改为折线图

3 将“预测销售额”系列的分类间距缩小，将“实际销售额”的分类间距增大（见图 5-53），从而达到“实际销售额”系列位于“预测销售额”系列内部的效果。

图 5-53 调整分类间距

4 选中折线图，将折线图的数据标记更改为短横线样式，如图 5-54 所示。并且，将线条设置为“无线条”以实现隐藏。

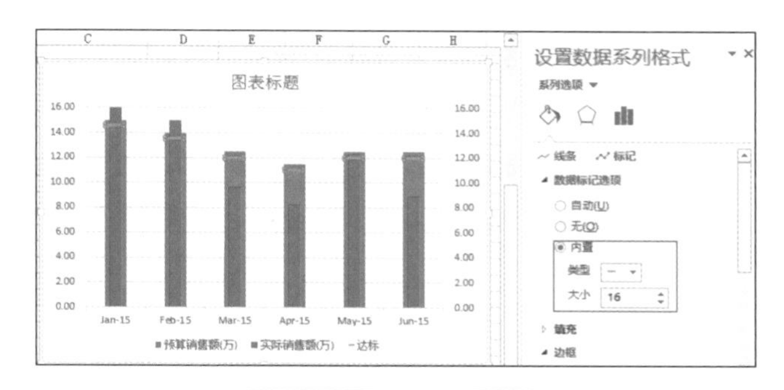

图 5-54 设置折线的数据标记

进度条式计划完成图

本例中介绍的计划完成图表用于实时对数据进行更新并显示进度，如图 5-55 所示的图表，当随着日期每日填入生产量时，图表能实现自动更新完成量。

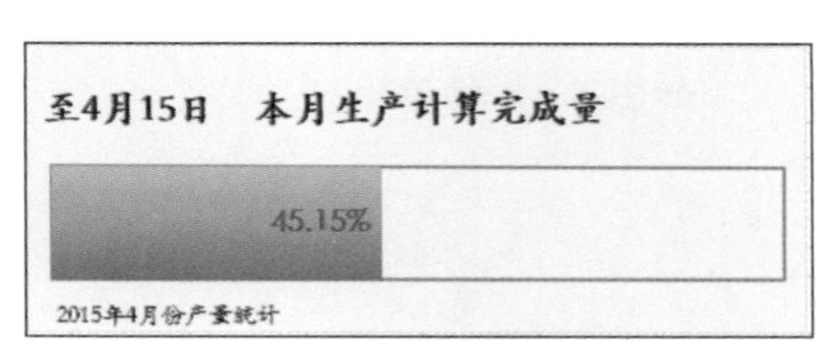

图 5-55 图表效果

建立此图表时需要注意以下两个要点。

- 需要使用公式根据当前合计值与计划值计算出完成百分比。
- 动态图表标题的设计。

1 在 B34 单元格中计算出完成百分比，如图 5-56 所示。（随着每日生产量的填入，此值会随之发生改变。）

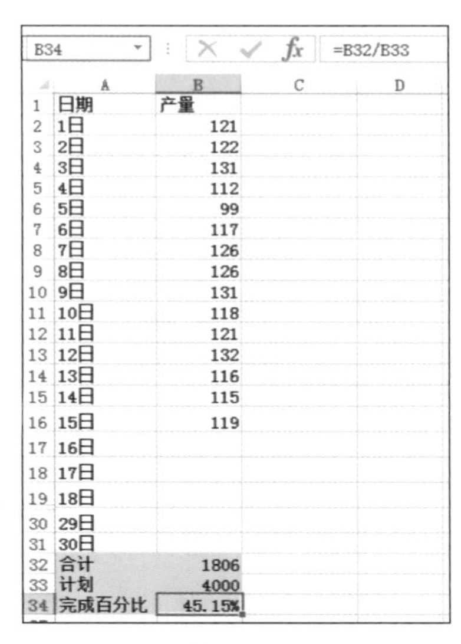

B34 =B32/B33

	A	B	C	D
1	日期	产量		
2	1日	121		
3	2日	122		
4	3日	131		
5	4日	112		
6	5日	99		
7	6日	117		
8	7日	126		
9	8日	126		
10	9日	131		
11	10日	118		
12	11日	121		
13	12日	132		
14	13日	116		
15	14日	115		
16	15日	119		
17	16日			
18	17日			
19	18日			
30	29日			
31	30日			
32	合计	1806		
33	计划	4000		
34	完成百分比	45.15%		

图 5-56 计算出完成百分比

❷ 由于图表会随着各日产量的填入而不断发生改变，因此图表的标题也应该具备动态的效果，即至 × 月 × 日要与当前日期相一致。首先可以在单元格中返回值，然后再链接到图表的标题。选中 C3 单元格，在公式栏中输入公式 “=" 至 "&TEXT(TODAY(),"m 月 d 日 ")&CHAR(2)&" 本月生产计算完成量 "”，按回车键返回标题，如图 5-57 所示。

C3 ="至"&TEXT(TODAY(),"m月d日")&CHAR(2)&"本月生产计算完成量"

	A	B	C	D	E	F	G	H	I
1	日期	产量							
2	1日	121							
3	2日	122	至4月15日 本月生产计算完成量						
4	3日	131							
5	4日	112							
6	5日	99							
7	6日	117							

图 5-57　根据当前日期建立动态标题

❸ 选中 A34:B34 单元格区域的数据建立图表，如图 5-58 所示。

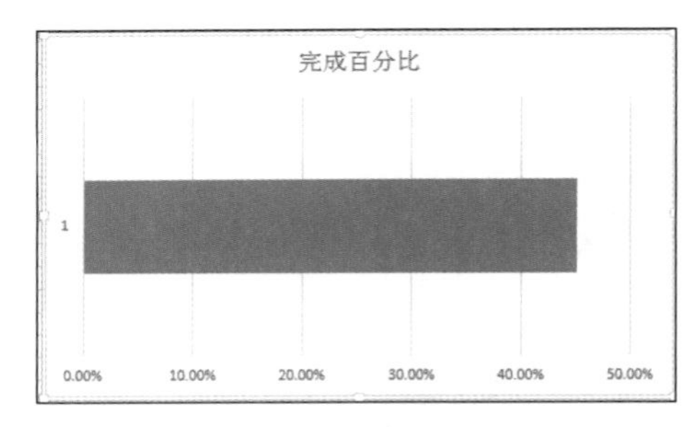

图 5-58　使用完成百分比建立图表

❹ 将图表的刻度的最大值设置为 “1.0”（见图 5-59），即用于表达总体是百分之百的比例效果，如图 5-60 所示。

图 5-59　设置最大值值

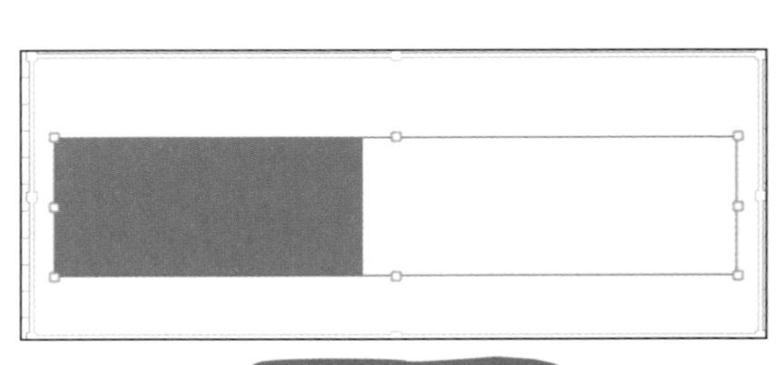

图 5-60　简化图表

❺ 在图表中绘制并选中文本框，在编辑栏中设置其等于C3单元格，如图5-61所示。然后，按回车键得到如图5-62所示的图表。

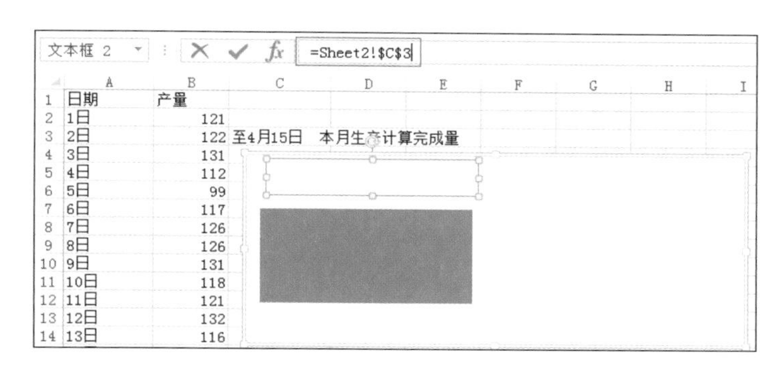

文本框 2 =Sheet2!$C$3

	A	B	C	D
1	日期	产量		
2	1日	121		
3	2日	122	至4月15日	本月生产计算完成量
4	3日	131		
5	4日	112		
6	5日	99		
7	6日	117		
8	7日	126		
9	8日	126		
10	9日	131		
11	10日	118		
12	11日	121		
13	12日	132		
14	13日	116		

图 5-61 绘制文本框并与C3单元格链接

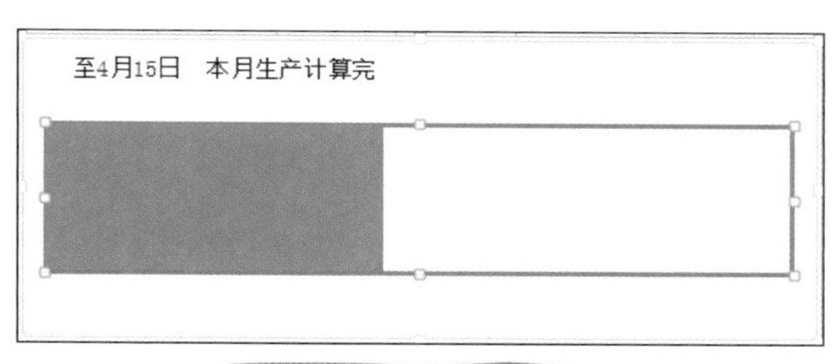

图 5-62 返回动态标题

变动评测标准达标评核图

本例中介绍的图表体现的是数据与某一评测指标的对比，并且评测指标是变动的，如图5-63所示。

建立此图表时需要注意以下两个要点：

- 对辅助数据源的组织；
- 对散点图刻度最大值、最小值的设定。

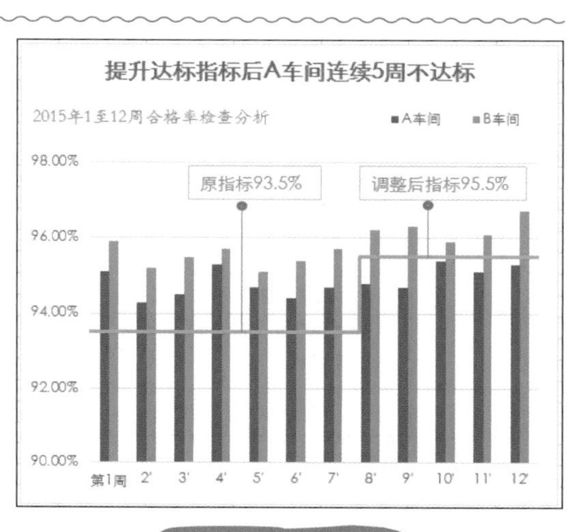

图 5-63 图表效果

❶ 根据达标指标建立辅助数据，如图 5-64 所示（注意表格中黄色底纹部分）。

	A	B	C	D	E	F
1	周数	A车间	B车间		辅助	达标指标
2	第1周	95.10%	95.90%		1	93.50%
3	2'	94.30%	95.20%		2	93.50%
4	3'	94.50%	95.50%		3	93.50%
5	4'	95.30%	95.70%		4	93.50%
6	5'	94.70%	95.10%		5	93.50%
7	6'	94.40%	95.40%		6	93.50%
8	7'	94.70%	95.70%		7	93.50%
9	8'	94.80%	96.20%		7	95.50%
10	9'	94.70%	96.30%		8	95.50%
11	10'	95.40%	95.90%		9	95.50%
12	11'	95.10%	96.10%		10	95.50%
13	12'	95.30%	96.70%		11	95.50%

图 5-64　建立辅助数据

❷ 选中 A1:C13 单元格区域的数据建立图表，如图 5-65 所示。

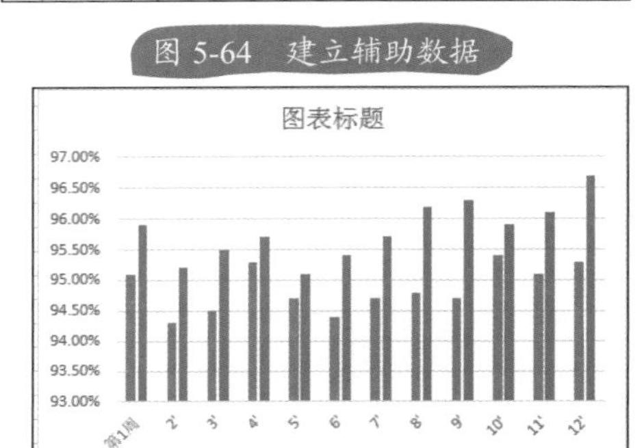

图 5-65　初始图表

❸ 将 E1:F13 单元格区域复制到图表中，注意要使用选择性粘贴方式，并选中“首列中的类别（X 标签）”复选框，如图 5-66 所示。

❹ 将新添加的系列的图表类型更改为散点图，如图 5-67 所示。

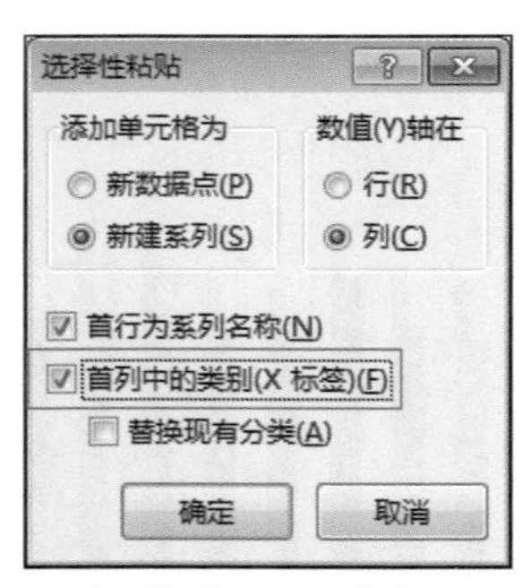

图 5-66　选择性粘贴

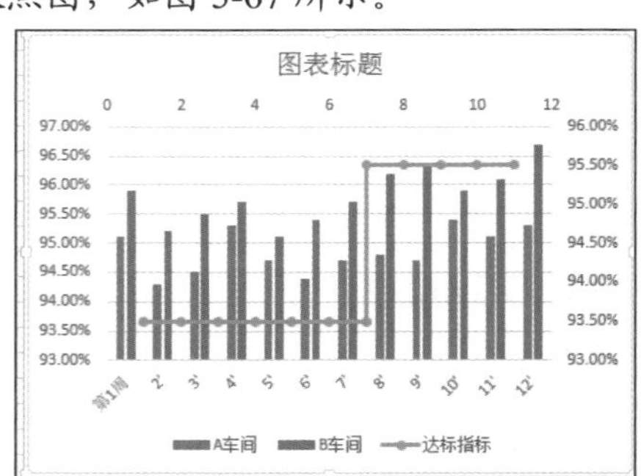

图 5-67　添加了新数据

5 然后将主要纵坐标轴与次要纵坐标轴刻度的最大值与最小值保持一致，再将散点图的横坐标轴的刻度最小值设置为“1”，最大值设置为“11”，从而让散点的起点与终点完全横跨整个系列，如图 5-68 所示。

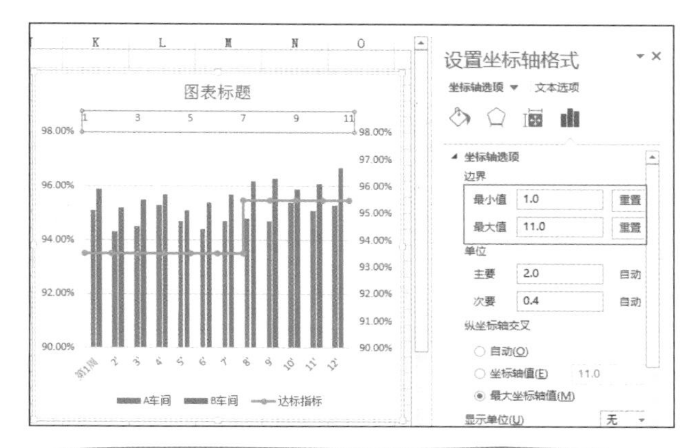

图 5-68 修改散点图横坐标轴的最小值与最大值

5.3 数字变化（构成）可视化

结构细分的瀑布图

结构细分的瀑布图用于结构详细呈现数据的构成情况。如图 5-69 所示的图表，实现的效果是既呈现出了各项数据，又体现了它们在合计数据中所占的比例。

建立此图表时需要注意以下两个要点。

- 占位数据的安排。
- 调整条形图分类标签的次序。

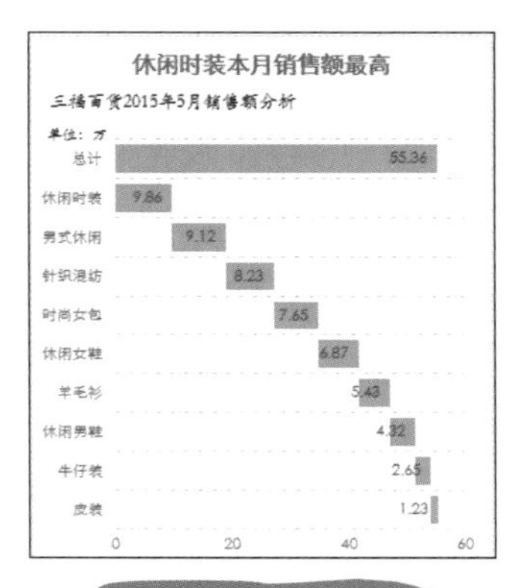

图 5-69 图表效果

1 本图表源数据如图 5-70 所示，使用源数据安排作图数据，如图 5-71 所示。建立“总计”行并计算出总计值，保持第一行空白，从第二行开始输入公式“=SUM($C$3:C3)”，然后向下填充。

	A	B
1	项目	月销售额(万)
2	休闲时装	9.86
3	男式休闲	9.12
4	针织混纺	8.23
5	时尚女包	7.65
6	休闲女鞋	6.87
7	羊毛衫	5.43
8	休闲男鞋	4.32
9	牛仔装	2.65
10	皮装	1.23
11		

图 5-70 数据表

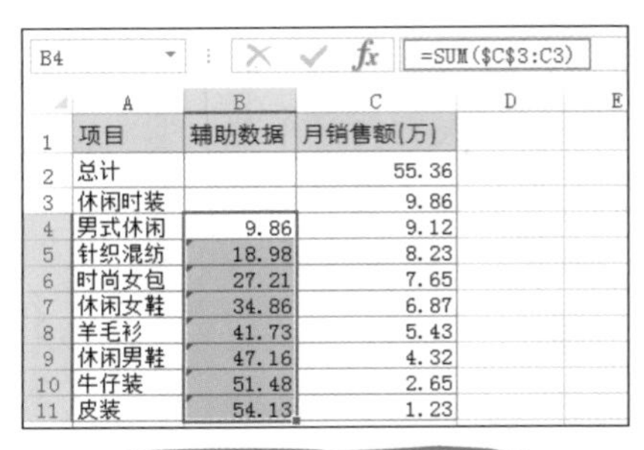
B4 =SUM($C$3:C3)

	A	B	C	D	E
1	项目	辅助数据	月销售额(万)		
2	总计		55.36		
3	休闲时装		9.86		
4	男式休闲	9.86	9.12		
5	针织混纺	18.98	8.23		
6	时尚女包	27.21	7.65		
7	休闲女鞋	34.86	6.87		
8	羊毛衫	41.73	5.43		
9	休闲男鞋	47.16	4.32		
10	牛仔装	51.48	2.65		
11	皮装	54.13	1.23		

图 5-71 建立辅助数据

❷ 使用 A1:C11 单元格区域内的数据建立图表，如图 5-72 所示。

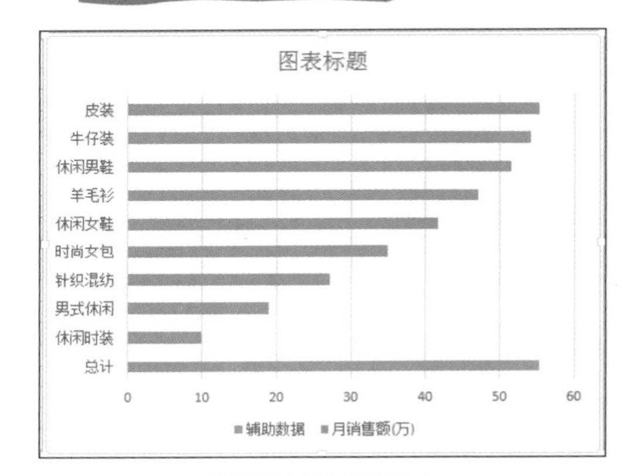

图 5-72 初始图表

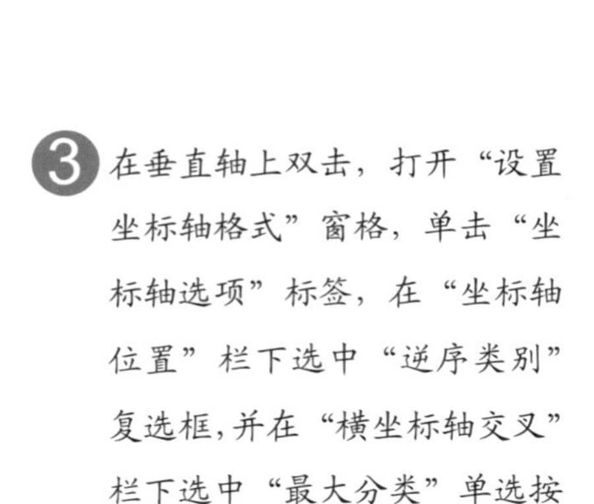

❸ 在垂直轴上双击，打开“设置坐标轴格式”窗格，单击“坐标轴选项”标签，在“坐标轴位置”栏下选中“逆序类别”复选框，并在“横坐标轴交叉”栏下选中“最大分类”单选按钮，如图 5-73 所示。

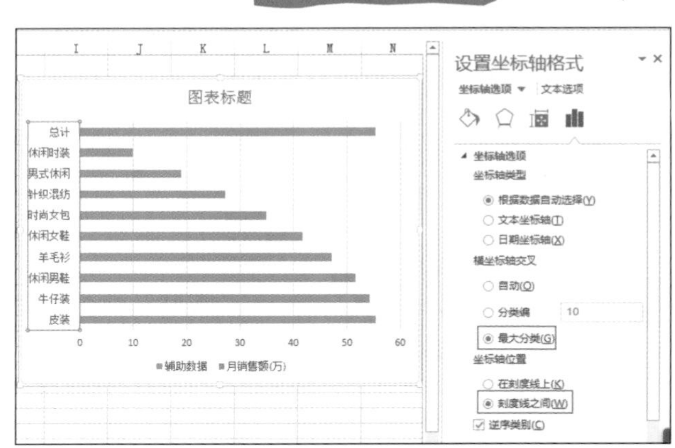

图 5-73 设置垂直轴的属性

4 删除图表中的垂直网格线，然后为图表添加主要水平网格线，添加位置如图 5-74 所示。然后隐藏辅助系列，设置后的效果如图 5-75 所示。

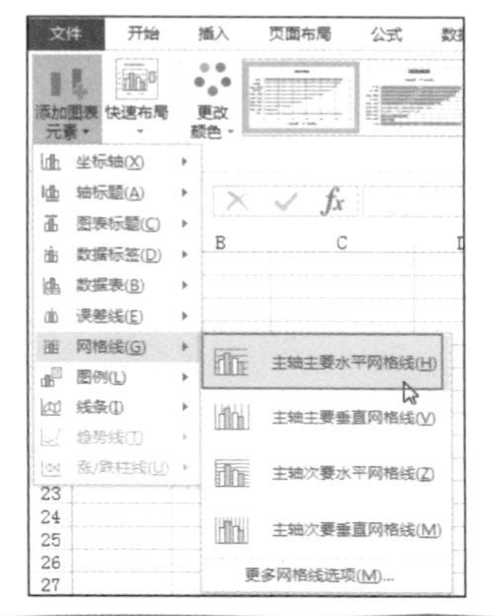

图 5-74 添加主轴主要水平网格线

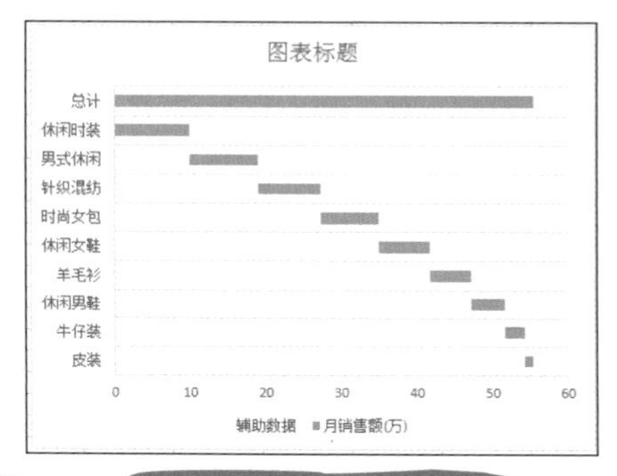

图 5-75 设置后的效果

变动因素细分的瀑布图

瀑布式的增减变化分析图表常用于直观显示受某些变动因素的影响，最终导致了某个结果。图 5-76 为生产领域的图表，图表中不仅直观地显示出了 4 月成本和 5 月成本，还显示出了哪些要素有增、哪些要素有减才导致了最终成本的增长。

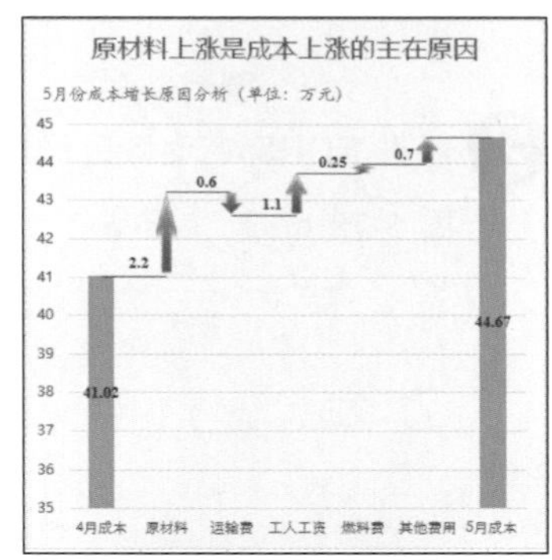

图 5-76 图表效果

建立此图表时需要注意以下三个要点：

- 占位数据的安排；
- 误差线的使用；
- 使用图片填充数据系列。

❶ 本图表源数据如图 5-77 所示，使用源数据安排作图数据。

	A	B	C	D	E	F	G	H	I
1	项目	4月成本	5月成本	成本差异		项目	占位辅助	成本	累计
2	原材料	22.5	24.7	2.2		4月成本	0	41.02	41.02
3	运输费	8.7	8.1	-0.6		原材料	41.02	2.2	43.22
4	工人工资	6.2	7.3	1.1		运输费	42.62	0.6	42.62
5	燃料费	2.1	2.35	0.25		工人工资	42.62	1.1	43.72
6	其他费用	1.52	2.22	0.7		燃料费	43.72	0.25	43.97
7	合计	41.02	44.67	3.65		其他费用	43.97	0.7	44.67
8						5月成本	0	44.67	
9									

图 5-77　建立作图数据源

（1）“项目”列。用于为图表提供水平轴标签，第一行和最后一行分别为上一期成本名称与本期成本名称。

（2）“成本”列。用于生成图表的主体，第一行和最后一行为上一期成本值与本期成本值，中间值为源数据“成本差异”的绝对值。

（3）“累计”列。用于生成连接横线，首行为上一期成本值，第二行的公式为“=I2+D2”，然后向下填充。

（4）“占位辅助”列。用于生成图表的主体，是为了让成本值悬浮显示而起辅助作用的。第一行和最后一行输入 0 值，第二行公式为“=IF(D2>0,I3-D2,I3)”，然后向下填充。

❷ 使用 F1:H8 单元格区域内的数据建立柱形图，如图 5-78 所示。

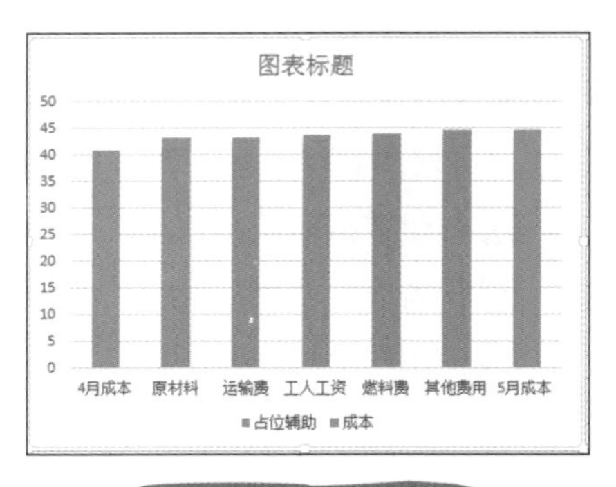

图 5-78　建立初始图表

❸ 在垂直轴上双击，打开“设置坐标轴格式”窗格，单击“坐标轴选项”标签，在“边界”栏下将最小值设置为“35”，将最大值设置为“45”，如图 5-79 所示。

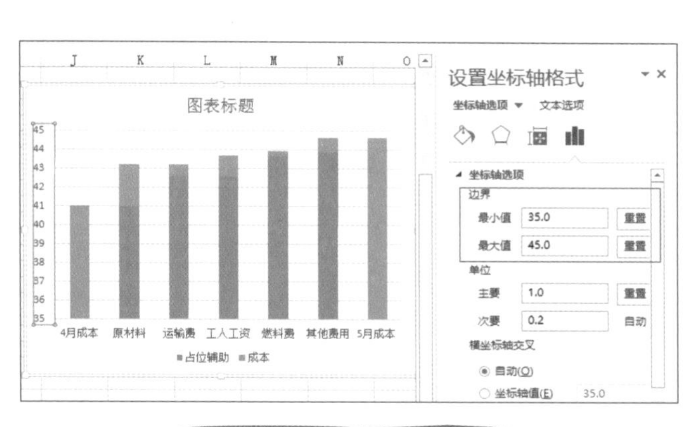

图 5-79 设置最大值与最小值

❹ 隐藏用于占位的系列，将“累计”数据添加到图表中，如图 5-80 所示。

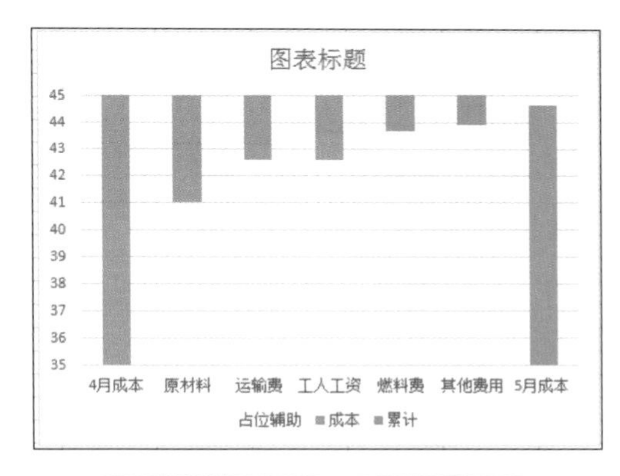

图 5-80 复制“累计”数据到图表中

❺ 然后将“累计”数据系列的图表类型更改为折线图，如图 5-81 所示。（注意这一系列也要沿主坐标轴绘制）

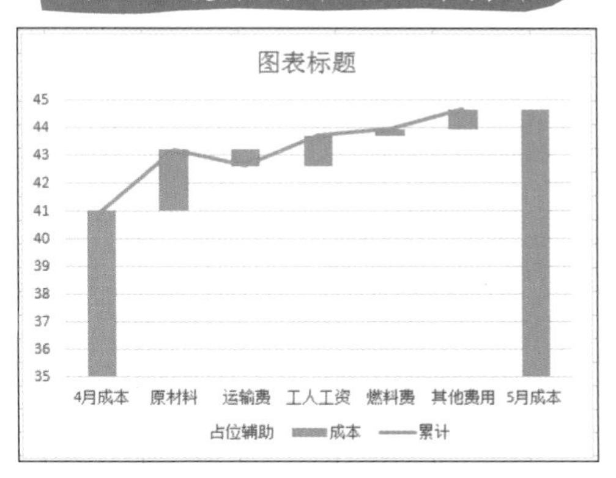

图 5-81 更改“累计”数据图表类型

6 为折线图添加误差线，选中“正偏差”“无线端”单选按钮，并将“误差量”设置为“0”，如图 5-82 所示。

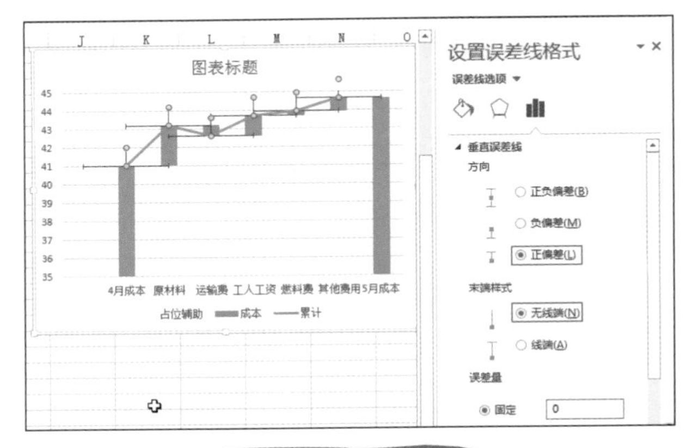

图 5-82　添加误差线

7 由于默认水平误差线向两连伸展，本例中只需要向右伸展，因此选中“正偏差”“无线端”单选按钮，并将“误差量”设置为“1.0”即可，如图 5-83 所示。

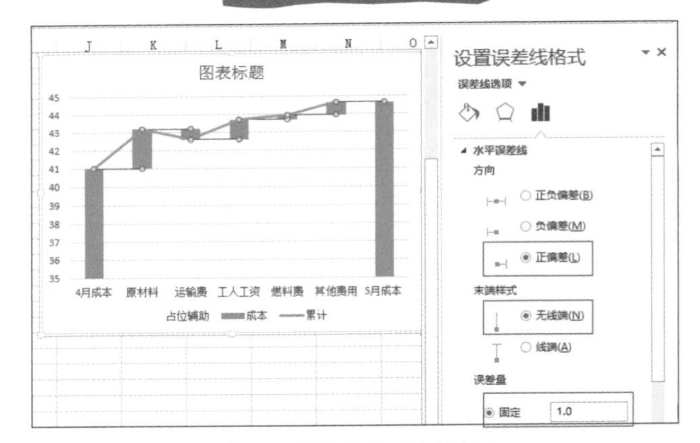

图 5-83　误差线属性设置

8 完成设置后的效果如图 5-84 所示。

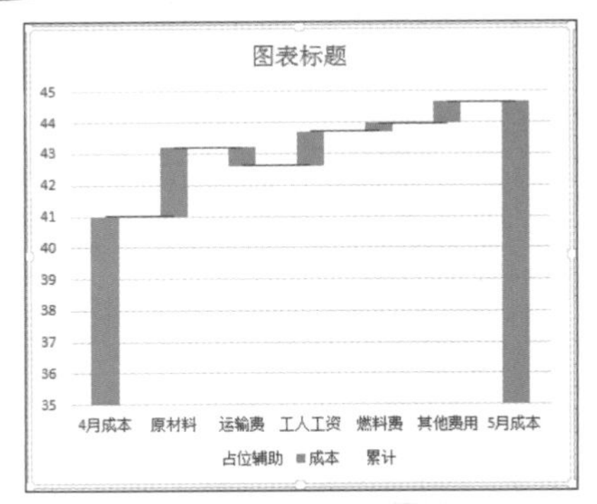

图 5-84　设置后的效果

9 准备好上箭头与下箭头图片，为增长的数据点填充上箭头图片，为减少的数据点填充下箭头图片。

条形图细分注释饼图

本例中介绍的图表实际可以理解为一个复合饼图（见图 5-85），只是复合饼图的第二绘图区是纵向的，而此处是采用条形图的方法让第二绘图区横向显示。

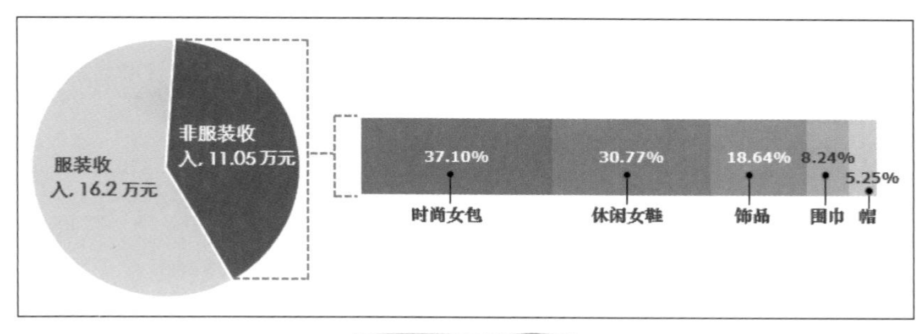

图 5-85 图表效果

建立此图表时需要注意以下三个要点：

- 重设第一扇区的起始角度；
- 用图表辅助添加数据标签；
- 多对象的组合。

1 使用如图 5-86 所示的数据源建立饼图，并添加数据标签。

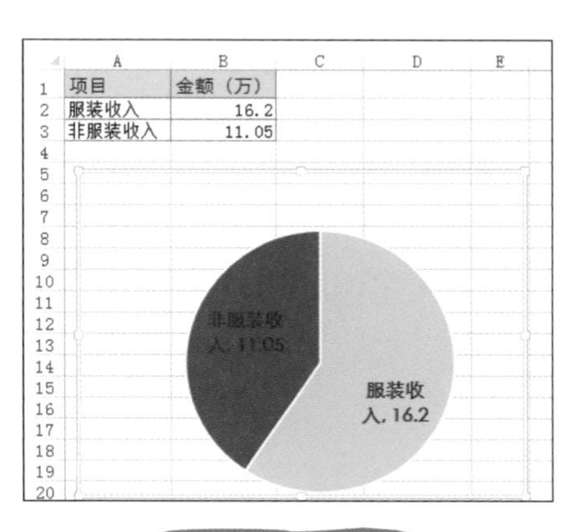

图 5-86 建立图表

❷ 重新设置第一扇区起始角度为 150°（见图 5-87），然后将图表区的填充颜色设置为“无填充颜色”，修改后的效果如图 5-88 所示。

图 5-87 设置起始角度

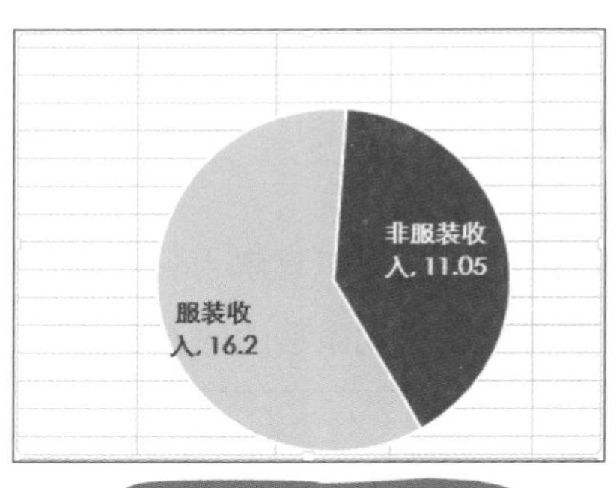

图 5-88 修改后的图表

❸ 对“非服装收入”进行细分并计算出百分比值，再以百分比数据建立条形图，如图 5-89 所示。

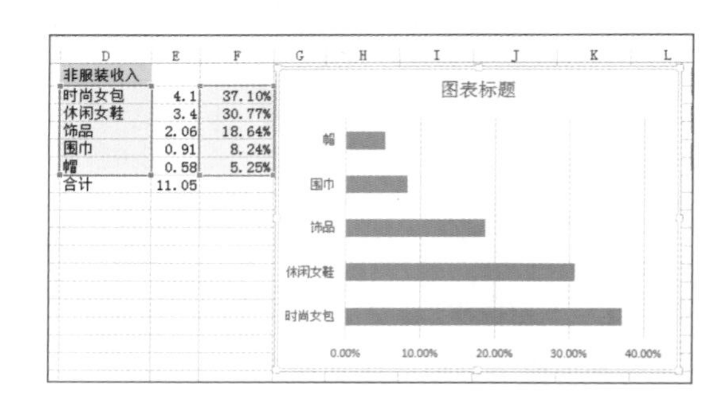

图 5-89 建立条形图

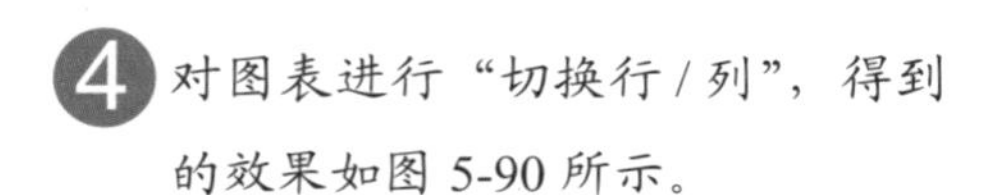

❹ 对图表进行“切换行 / 列”，得到的效果如图 5-90 所示。

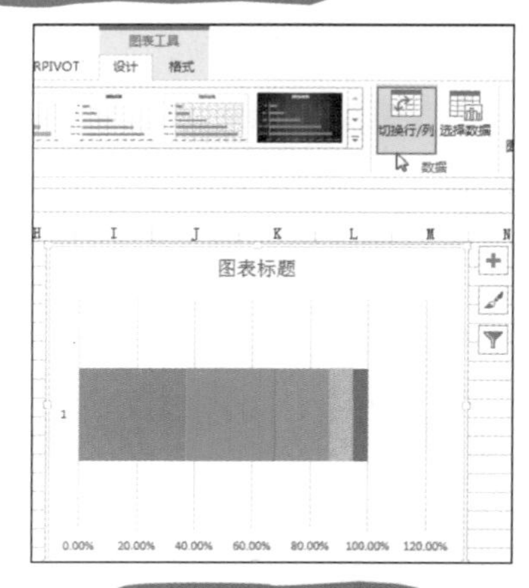

图 5-90 切换行 / 列

5 将图表简化并设置图表区为“无填充颜色”，再添加数据标签，如图 5-91 所示。

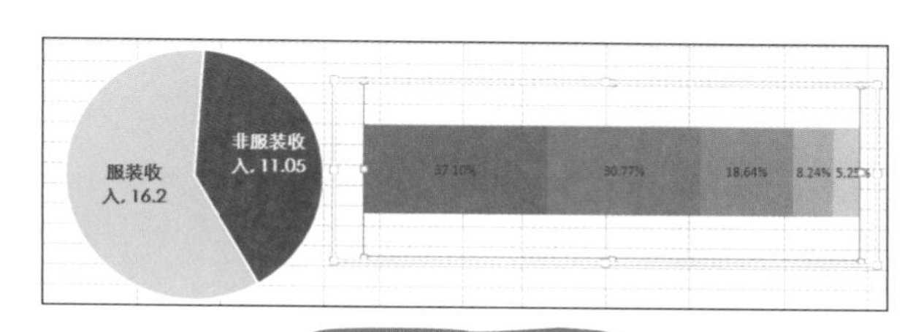

图 5-91 修改条形图

6 复制条形图，添加“系列名称”数据标签，然后只保留数据标签，并把各个系列都设置为“无填充颜色”“无轮廓”以实现隐藏，如图 5-92 所示。

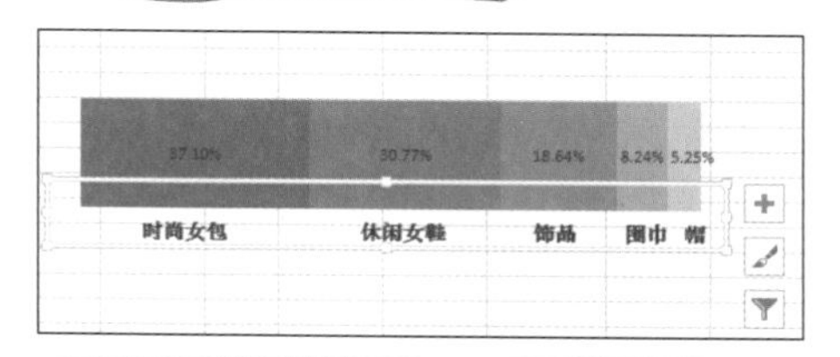

图 5-92 复制条形图表并只保留数据标签

完成上述操作后，图表已经基本完成。接着可以在图表中添加指引线条等形状。添加完成后，由于整体图表包含多个对象，因此可以利用组合的方式组合成一个对象，从而方便整体移动和使用。

1 在“开始”选项卡的“编辑”选项组中单击“查找和选择”按钮，在弹出的快捷菜单中选择“选择对象”命令，然后左击进行框选即可一次性选中对象，如图 5-93 所示。

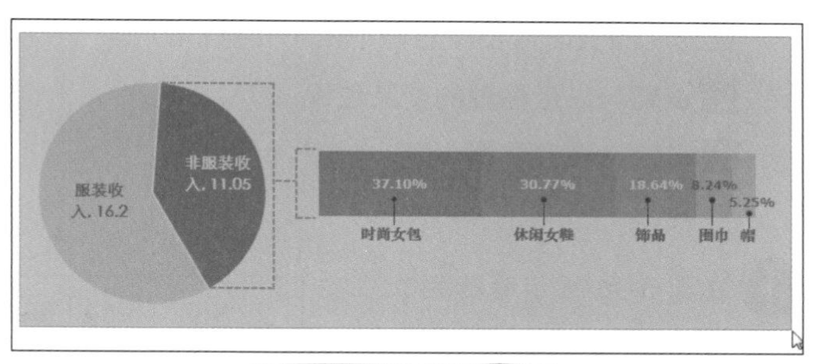

图 5-93 全选所有对象

2 选中后右击，在弹出的快捷菜单栏中选择“组合”→“组合”命令（见图 5-94）即可。

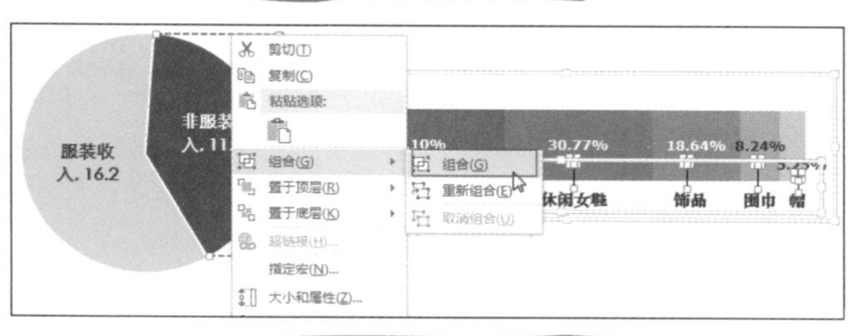

图 5-94 选择“组合”命令

5.4 相关关系与分布的可视化

产品调查的四象限图

四象限图是曲型的散点图，它一般用于市场调查结果的分析中。例如，对产品的美誉度与知名度的分析，四象限图中能清晰的将四个象限定义为高知名度高美誉度、高知名度低美誉度、低知名度高美誉度、低知名度低美誉度。如图 5-95 所示的图表，位于哪个框中，结果一目了解。

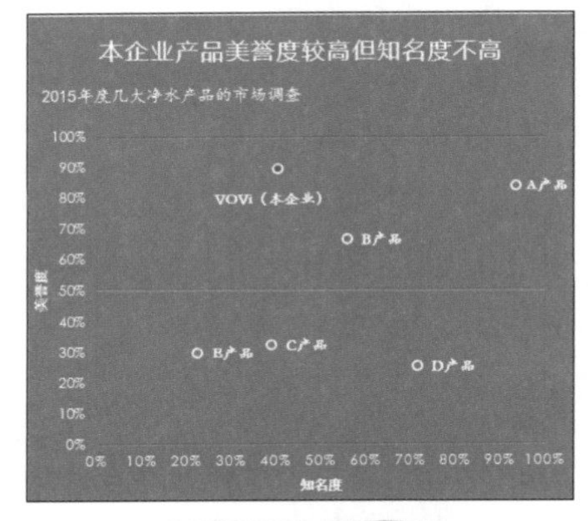

图 5-95　图表效果

建立此图表时需要注意以下两个要点：

- 设置与纵坐标轴的交叉位置；
- 自定义设置数据标签。

1 在图 5-96 所示的数据表中选择数据源建立散点图，注意不要选择行标签与列标题。

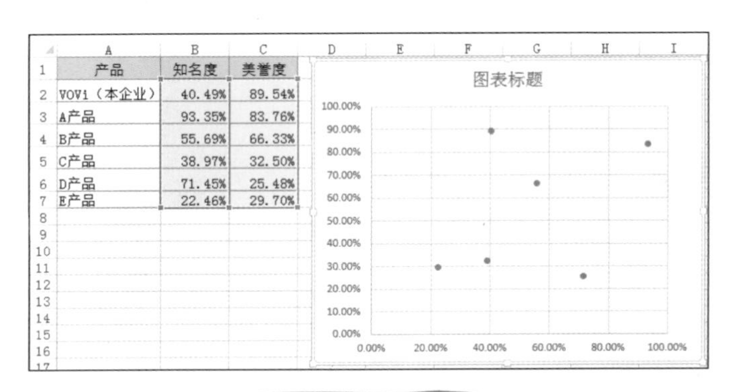

	A	B	C
1	产品	知名度	美誉度
2	VOVi（本企业）	40.49%	89.54%
3	A产品	93.35%	83.76%
4	B产品	55.69%	66.33%
5	C产品	38.97%	32.50%
6	D产品	71.45%	25.48%
7	E产品	22.46%	29.70%

图 5-96　建立图表

❷ 在水平轴上双击，打开“设置坐标轴格式”窗格，将“纵坐标轴交叉”栏下的“坐标轴值”设置为“0.5”，如图 5-97 所示；将“标签”栏下的“标签位置”设置为“低”，如图 5-98 所示；将“数字”栏下的“小数位数”设置为“0”，如图 5-99 所示。

图 5-97　设置纵坐标轴交叉位置值

图 5-98　设置坐标轴标签位置

图 5-99　设置小数位数

❸ 按照相同的方法设置垂直轴的格式，效果如图 5-100 所示。

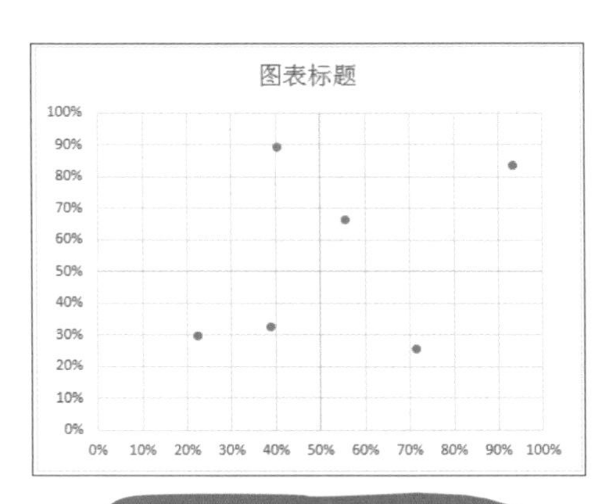

图 5-100　设置后的效果

4 添加数据标签时，要在“数据标签”选项中取消所有勾选，再选中“单元格中的值”复选框，然后设置单元格的引用区域为源数据表中的A列的产品名称，如图5-101所示。

图 5-101　选中“单元格中的值”复选框

5 设置后添加的数据标签如图5-102所示。

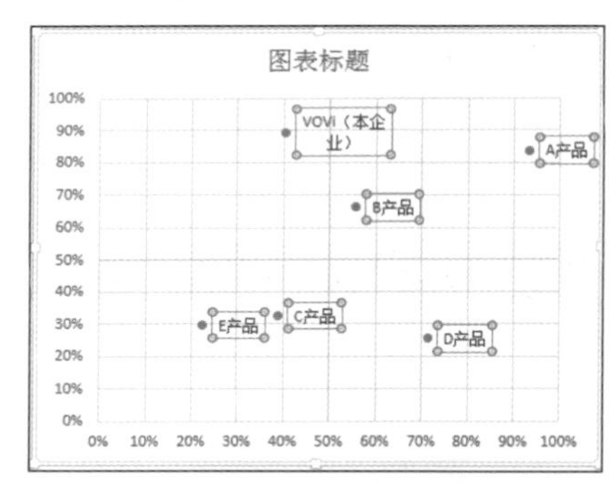

图 5-102　添加了数据标签的图表

呈现产品价格分布图

本例中的图表呈现的效果类似于滑球图的效果，通过散点的分布情况来直观得到一些信息。如图5-103所示的图表，通过散点分布的松紧度，可以了解到产品的定价是否合理。

建立此图表时需要注意以下三个要点：

- 对建立的原始图表切换行列；
- 更改部分系列的图表类型；
- 设置散点图的最小值，从而与柱表图重叠。

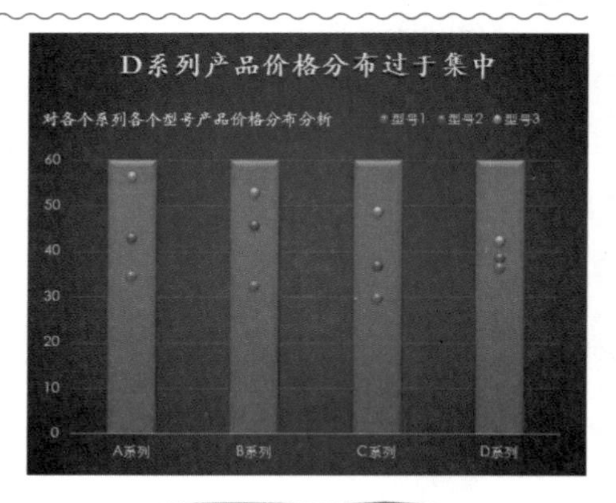

图 5-103　图表效果

1 在图 5-104 所示的数据表中选择数据源建立柱形图。（“辅助”列的数据取值应该为超过数据表中的所有数据的值，如本例最大值位置为“56.2”，“辅助”列取值为“60”即可）

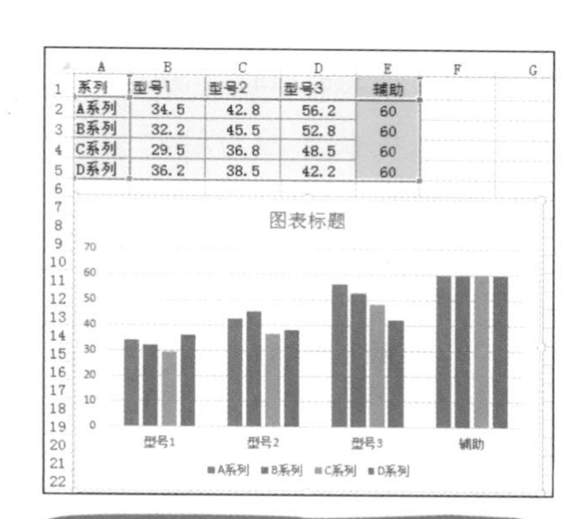

系列	型号1	型号2	型号3	辅助
A系列	34.5	42.8	56.2	60
B系列	32.2	45.5	52.8	60
C系列	29.5	36.8	48.5	60
D系列	36.2	38.5	42.2	60

图 5-104 建立辅助数据并建立图表

2 默认的图表将行作为系列，需要通过“切换行/列”转换将列作为系列，转换后的效果如图 5-105 所示。

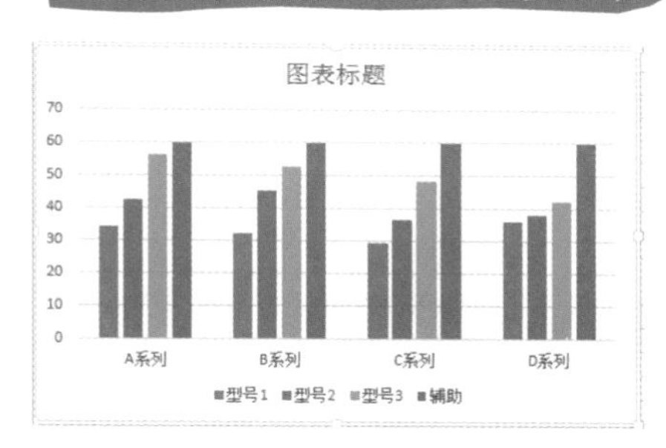

图 5-105 切换行/列

3 将除了“辅助”之外的系列更改为散点图，如图 5-106 所示。更改后的效果如图 5-107 所示。

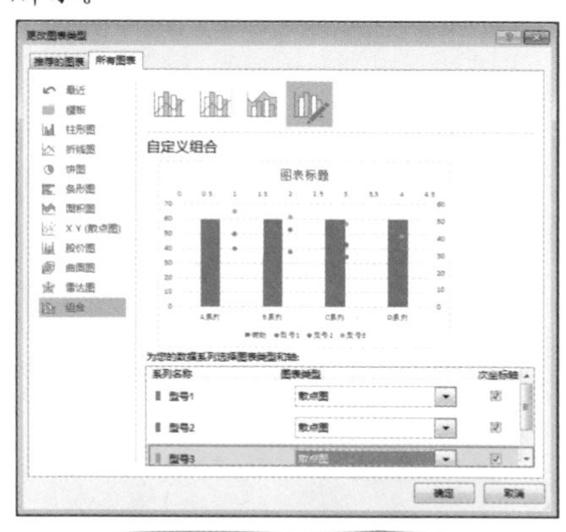

图 5-106 更改图表类型

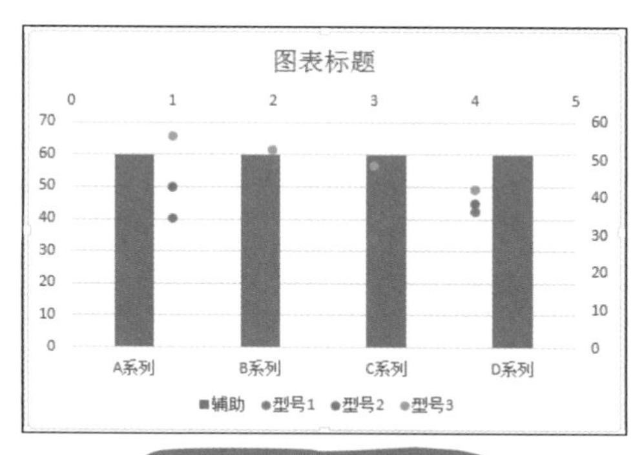

图 5-107 更改后的效果

4 将垂直轴的最大值设置为“60”；将次要水平轴的最小值设置为“0.5”（见图 5-108），这样可以将散点图与柱状重叠。修改后的效果如图 5-109 所示。

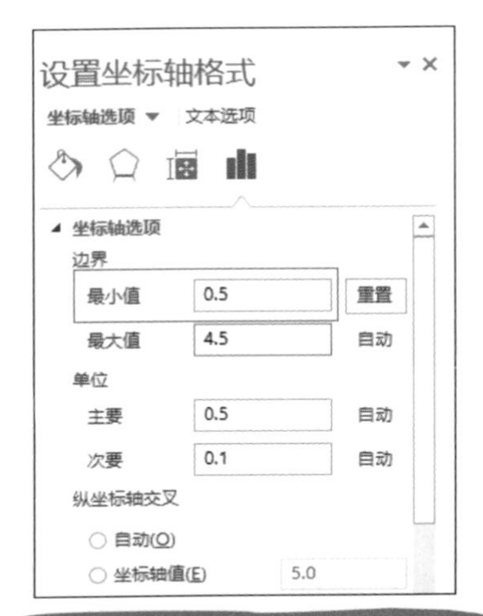

图 5-108　更改次要水平轴的最小值

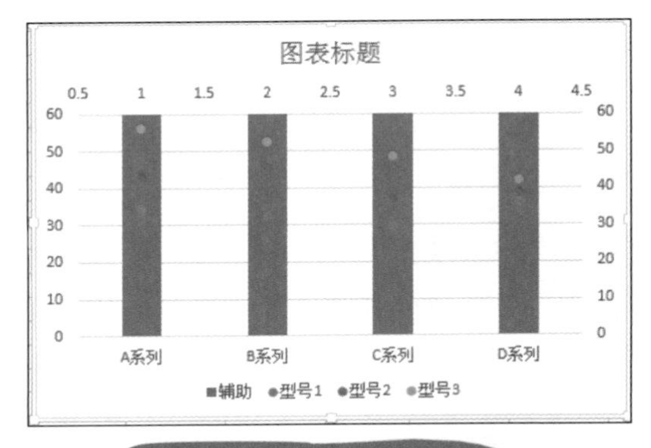

图 5-109　散点与柱状重叠

第6章

提升课二

——动态图表制作

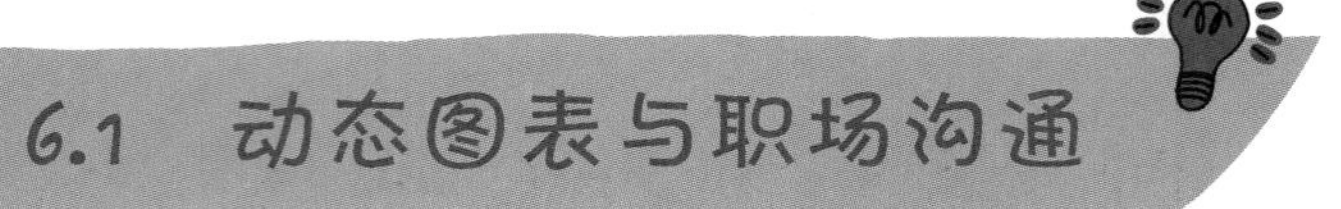

6.1 动态图表与职场沟通

动态图表又称交互式图表，简单来说，就是为图表添加筛选控件，筛选不同内容时图表就能对应不同的数据，从而显示出不同的内容。

初识 Excel 动态图表

动态图表的制作关键在于有效控制数据源的变化。比如，在一张表格里，有 1 ~ 12 月的所有数据，做一个从 1 ~ 12 月的筛选框，当选择 1 月时，图表就只会显示 1 月的数据，当选择 2 月时，同一图表内就会自动显示 2 月的数据。如何控制这个数据源的变化呢？通过几个查找引用函数再配合窗体控件来实现。控件能更好地控制图表内的显示数据，函数则根据控件的返回值计算图表数据。

一般情况下，制作 Excel 动态图表需要掌握以下四个要点。

（1）查找与引用函数的应用，也就是掌握 OFFSET、CHOOSE 、MATCH、INDEX 等函数的应用，其目的是查找与对应因控件链接某一单元格内值变化的数据区域。

（2）名称定义与管理，是针对多种不同复杂的图表切换，最简单的做法就是定义各个图表所在的区域为不同的名称，并利用函数，图片链接和控件即可进行选择。

（3）制作选择器，选择器是动态图表的主要组件。一般使用窗体控件，如列表框、组合框等。添加控件后，为控件指定数据源区和链接单元格即可。

（4）图表的选择和制作，知道如何选择最合适的图表表达数据，并能简单地对图表进行优化即可。

动态图表的沟通价值

商业杂志中的图表都是静态的，现在的在线杂志、网页中也提供动态图表。一般 Excel 的动态图表会出现在 Dashboard 的报告中，而 Dashboard 报告就是一种一页式可互动的数据可视化报告，这是一种信息精简与直观有力报告的代名词。此外，Excel 动态图表还可以用于同类图表中同类数据但却不同类别查看的情况，好处是不会显得冗长并有利于合并对比。

6.2 动态图表方法论

创建动态图表最常用的有两种方法，一是辅助系列法，二是动态名称法。这两种方法都需要使用函数来定义图表的数据源，再根据辅助数字的调节从而得到动态的数据源。

辅助系列法

辅助系列法是指将图表的数据源重新建立到空白区域上，当然这个图表数据需要从源数据表中利用公式得到返回值。实现的效果是，当使用者选择了不同的选项，这个作图辅助数据也会随之变化，图表也随之发生改变，这就实现了动态的效果。

前面提到过，在实现数据的引用需要使用到 INDEX、MATCH、OFFSET、CHOOSE 等查找函数，下面通过举例来具体说明设置过程。

图 6-1 所示的表格中，1 ~ 10 行的数据为源数据，12 ~ 15 行的数据为手工输入的辅助数据。

P21 | fx

	A	B	C	D	E	F	G	H	I	J	K	L	M	N
1		分部名称	1月	"2	"3	"4	"5	"6	"7	"8	"9	"10	"11	"12
2		1分部	155.00	204.15	158.95	154.25	127.50	225.40	209.55	212.10	117.95	141.65	144.00	90.00
3		2分部	160	152.6	174.9	160.6	164.1	163.08	155.12	156.56	159.5	171.32	155.60	86.50
4		3分部	85.90	71.85	61.65	90.22	63.10	60.28	79.17	82.46	90.25	61.87	67.00	89.00
5		4分部	78.00	68.75	83.55	74.05	76.30	75.64	70.31	71.38	73.35	81.21	23.68	25.50
6		5分部	120.00	128.95	97.15	98.05	98.30	99.24	99.31	98.98	98.95	99.01	111.65	113.40
7		6分部	100.00	168.45	262.25	247.15	251.90	250.52	239.93	241.74	245.65	261.43	143.63	158.80
8		7分部	35	30.3	55.6	46.7	39.7	37.96	24.74	26.92	31.8	51.54	68.00	45.10
9		8分部	11.57	25	45.1	17.8	12.5	11.5	11.8	14.5	13.8	12.8	28.9	12.40
10		合计	745.47	850.05	939.15	888.82	833.40	923.62	889.93	904.64	831.25	880.83	742.46	620.70
11														
12	辅助数据	1												
13														
14	作图数据	分部名称	1月	"2	"3	"4	"5	"6	"7	"8	"9	"10	"11	"12
15														
16														
17														

图 6-1 建立辅助数据

选中 B15 单元格，在公式编辑栏中输入公式“=INDEX(B2:B10,$B$12)”，然后将 B15 单元格的公式向右填充到 N15 单元格，如图 6-2 所示。

B15 | fx | =INDEX(B2:B10,$B$12)

	A	B	C	D	E	F	G	H	I	J	K	L	M	N
1		分部名称	1月	"2	"3	"4	"5	"6	"7	"8	"9	"10	"11	"12
2		1分部	155.00	204.15	158.95	154.25	127.50	225.40	209.55	212.10	117.95	141.65	144.00	90.00
3		2分部	160	152.6	174.9	160.6	164.1	163.08	155.12	156.56	159.5	171.32	155.60	86.50
4		3分部	85.90	71.85	61.65	90.22	63.10	60.28	79.17	82.46	90.25	61.87	67.00	89.00
5		4分部	78.00	68.75	83.55	74.05	76.30	75.64	70.31	71.38	73.35	81.21	23.68	25.50
6		5分部	120.00	128.95	97.15	98.05	98.30	99.24	99.31	98.98	98.95	99.01	111.65	113.40
7		6分部	100.00	168.45	262.25	247.15	251.90	250.52	239.93	241.74	245.65	261.43	143.63	158.80
8		7分部	35	30.3	55.6	46.7	39.7	37.96	24.74	26.92	31.8	51.54	68.00	45.10
9		8分部	11.57	25	45.1	17.8	12.5	11.5	11.8	14.5	13.8	12.8	28.9	12.40
10		合计	745.47	850.05	939.15	888.82	833.40	923.62	889.93	904.64	831.25	880.83	742.46	620.70
11														
12	辅助数据	1												
13														
14	作图数据	分部名称	1月	"2	"3	"4	"5	"6	"7	"8	"9	"10	"11	"12
15		1分部	155	204.15	158.95	154.25	127.5	225.4	209.55	212.1	117.95	141.65	144	90
16														

图 6-2 利用公式得到返回值

选中 C15 单元格，可以看到公式变为“=INDEX(C2:C10,$B$12)”，如图 6-3 所示。表示从 C2:C10 单元格区域中去返回值，对比 B15 单元格的公式，可以看到 B15 单元格的值指定从 B2:B10 单元格区域中返回，其他单元格的返回值依次类推。

C15 | fx | =INDEX(C2:C10,$B$12)

	A	B	C	D	E	F	G
1		分部名称	1月	"2	"3	"4	"5
2		1分部	155.00	204.15	158.95	154.25	127.50
3		2分部	160	152.6	174.9	160.6	164.1
4		3分部	85.90	71.85	61.65	90.22	63.10
5		4分部	78.00	68.75	83.55	74.05	76.30
6		5分部	120.00	128.95	97.15	98.05	98.30
7		6分部	100.00	168.45	262.25	247.15	251.90
8		7分部	35	30.3	55.6	46.7	39.7
9		8分部	11.57	25	45.1	17.8	12.5
10		合计	745.47	850.05	939.15	888.82	833.40
11							
12	辅助数据	1					
13							
14	作图数据	分部名称	1月	"2	"3	"4	"5
15		1分部	155	204.15	158.95	154.25	127.5

图 6-3 C15 单元格公式

小贴士

INDEX 函数表示从指定的单元格区域中返回指定位置上的值，因此公式“=INDEX(C2:C10,$B$12)”表示从 C2:C10 单元格区域中返回第一行上的值，当 B12 单元格的值变化时，返回的值也随之变化。

上面公式也可以使用 OFFSET 函数实现，OFFSET 函数以指定的引用为参照系，通过给定偏移量得到新的引用。返回的引用可以为一个单元格或单元格区域，并可以指定返回的行数或列数。这个函数共有 5 个参数，前 3 个参数是必须的，后两个参数可以省略，如果同时省略 4、5 个参数，返回为单个值，否则返回的是一个数组。如果 B15 单元格使用 OFFSET 函数来设置公式，那么公式应该为“=OFFSET(B1,$B$12,)”，表示取值为 B1 单元格向下偏移 1 行处的值。同样向右复制公式，然后当 B12 单元格的值变化时，所有公式返回值会随之变化。

然后，使用 B14:N15 单元格区域的数据建立图表，如图 6-4 所示。

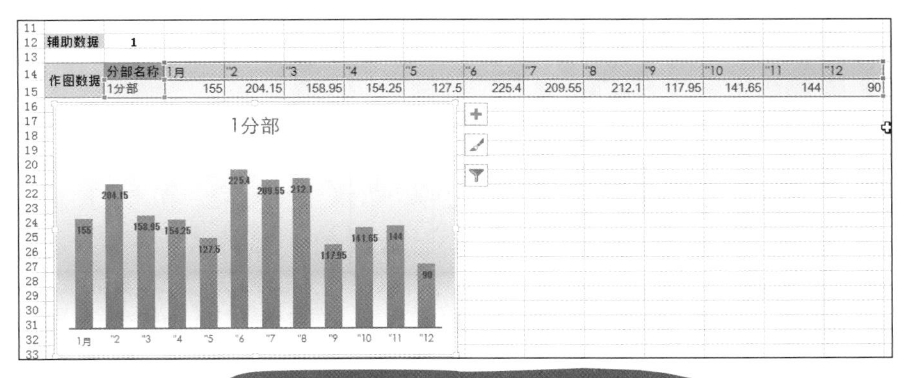

图 6-4 使用公式返回的数据建立图表

我们可以看到图表返回那个部分的数据受 B12 单元格值的控制，如果将 B12 单元格的值更改为“2”，那么返回“2 分部”的数据，如图 6-5 所示。其他依次类推。

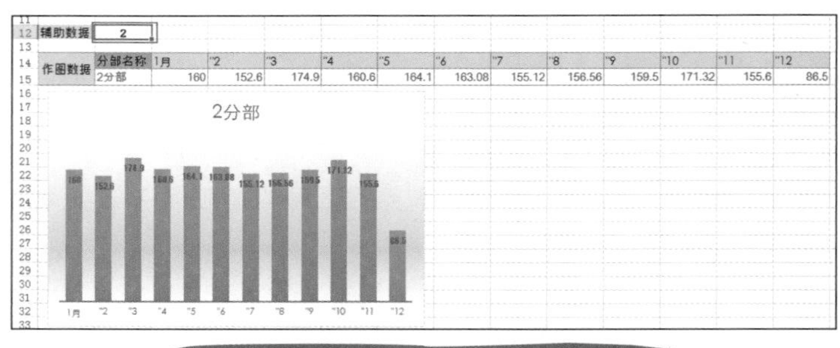

	A	B	C	D	E	F	G	H	I	J	K	L	M
12	辅助数据	2											
14	作图数据	分部名称	1月	"2	"3	"4	"5	"6	"7	"8	"9	"10	"11	"12
15		2分部	160	152.6	174.9	160.6	164.1	163.08	155.12	156.56	159.5	171.32	155.6	86.5

图 6-5 更改辅助数据得到新的作图数据

为了更改控制图表的显示，可以在图表中添加选择器。选择器可以使用窗体控件来制作。如图 6-6 所示，我们在图表中绘制了一个“列表框”控件。当然控件并不是添加到那里就能实现链接了，当然需要对控件的属性进行设置，在控件上右击，在弹出的快捷菜单中选择“设置控件格式”命令，弹出“设置控件格式”对话框，设置数据区域为分部名称所在的单元格区域，设置链接单元格为 B12 单元格（见图 6-7）即可。

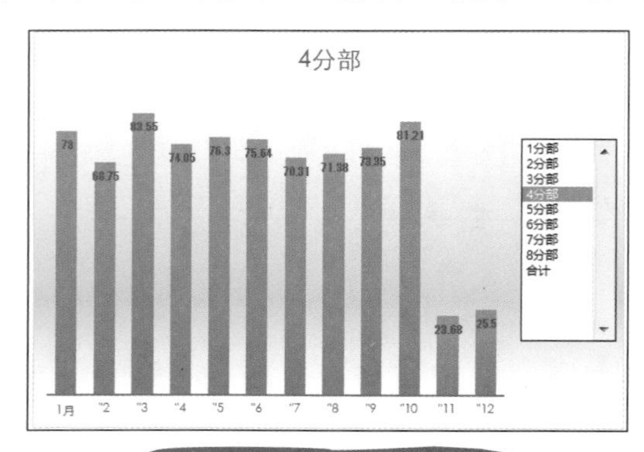

图 6-6 使用控件控制图表

图 6-7 设置控件的属性

动态名称法

动态名称法是指将图表的数据系列定义为名称，然后使用定义的名称来建立图表。这个名称需要使用公式来定义，并且公式中包含可控制的变量，通过这个变量的变化来控制图表数据源的变化，这样才能构建动态数据源。定义名称一般使用 OFFSET 函数来

实现。

首先定义两个静态的名称，这两个静态名称在后面建立动态名称时需要使用到。选中 B1 单元格，在名称框中输入“分部”，如图 6-8 所示；选中 C1:N1 单元格区域，在名称框中输入“月份”，如图 6-9 所示。

分部 | fx 分部名称

	A	B	C	D	E
1		分部名称	1月	"2	"3
2		1分部	155.00	204.15	158.95
3		2分部	160	152.6	174.9
4		3分部	85.90	71.85	61.65
5		4分部	78.00	68.75	83.55
6		5分部	120.00	128.95	97.15

图 6-8 定义名称 1

月份 | fx 1月

	A	B	C	D	E	F	G	H	I	J	K	L	M	N	O
1		分部名称	1月	"2	"3	"4	"5	"6	"7	"8	"9	"10	"11	"12	
2		1分部	155.00	204.15	158.95	154.25	127.50	225.40	209.55	212.10	117.95	141.65	144.00	90.00	
3		2分部	160	152.6	174.9	160.6	164.1	163.08	155.12	156.56	159.5	171.32	155.60	86.50	
4		3分部	85.90	71.85	61.65	90.22	63.10	60.28	79.17	82.46	90.25	61.87	67.00	89.00	
5		4分部	78.00	68.75	83.55	74.05	76.30	75.64	70.31	71.38	73.35	81.21	23.68	25.50	

图 6-9 定义名称 2

新建名称为“系列名称”，引用位置为“=OFFSET(分部 ,Sheet1!$B$12,0)”，如图 6-10 所示。新建名称为“系列值”，引用位置为“=OFFSET(月份 ,Sheet1!$B$12,0)”，如图 6-11 所示。

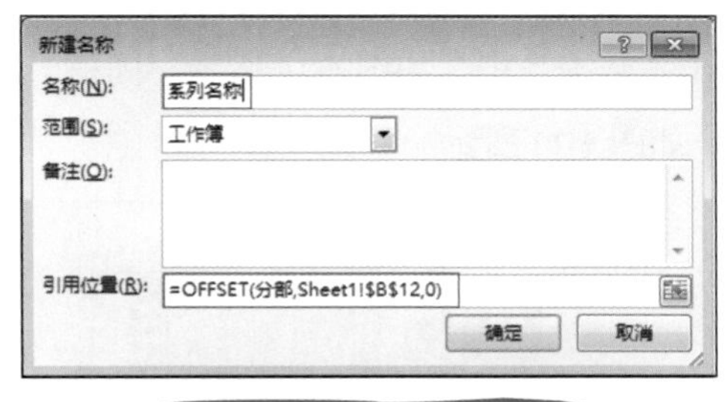

图 6-10 用公式定义名称 1

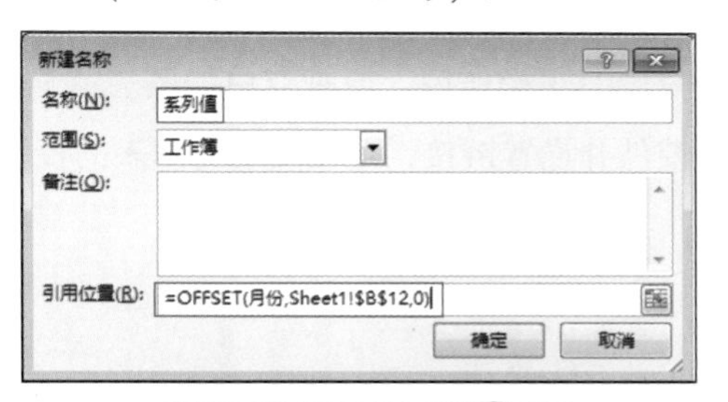

图 6-11 用公式定义名称 2

接着先创建空白图表，在图表上右击，在弹出的快捷菜单中选择“选择数据”命令（见图 6-12），弹出“选择数据源”对话框，如图 6-13 所示。

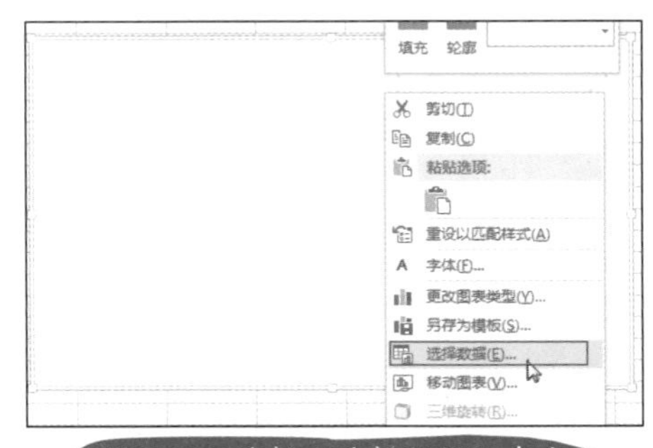

图 6-12 选择“选择数据”命令

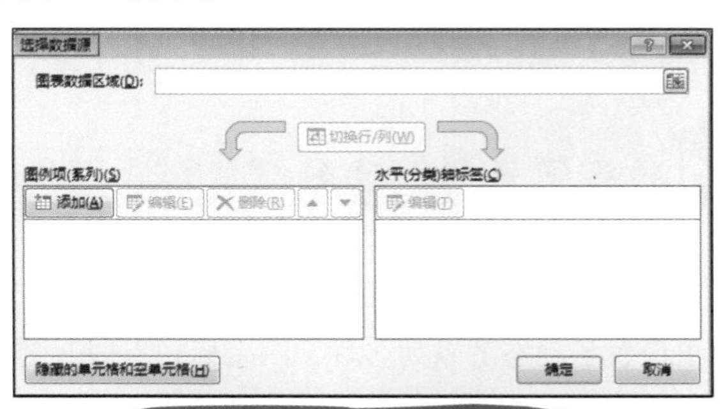

图 6-13 “选择数据源”对话框

单击“添加”按钮，设置系列名称为前面定义的“系列名称”，设置系列名称为前面定义的“系列值”，如图 6-14 所示。然后返回“选择数据源”对话框，在“水平轴标签”栏中单击“编辑”按钮，设置水平轴标签为数据源区域中的 C1:N1 单元格区域，如图 6-15 所示。

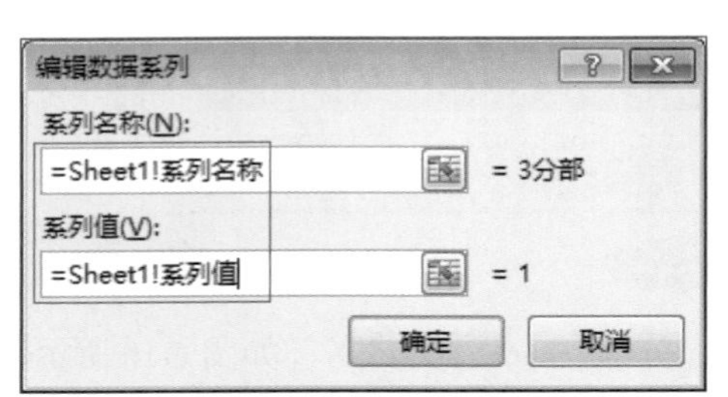

图 6-14　添加系列

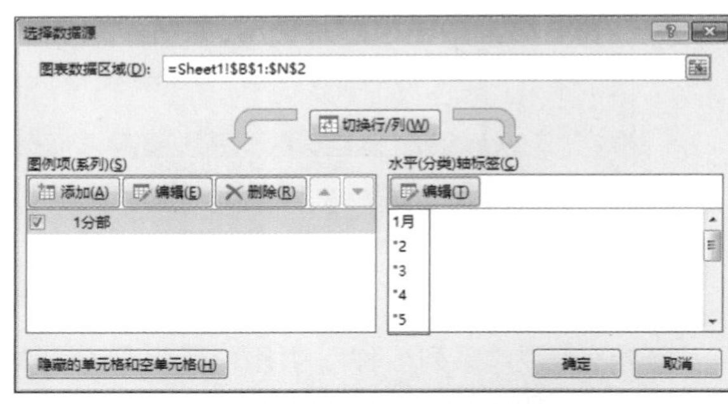

图 6-15　设置水平轴标签

完成上述操作后，原来空白的图表就显示出了数据系列，如图 6-16 所示。同样，通过添加控件并设置链接，可以实现对图表的控制，如图 6-17 所示。

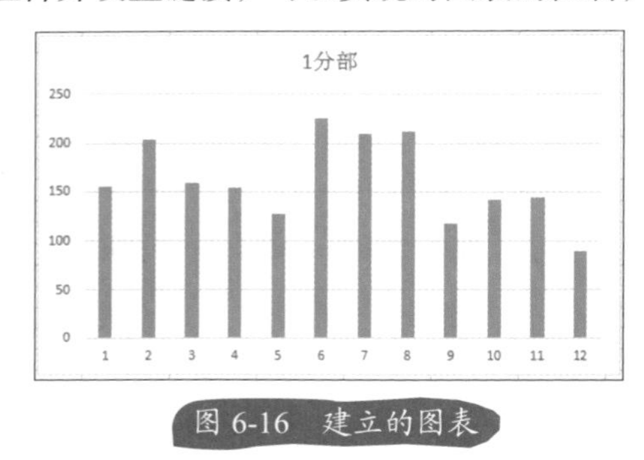

图 6-16　建立的图表

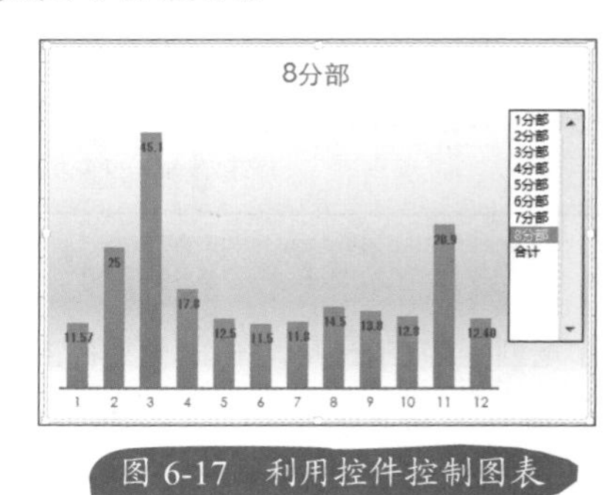

图 6-17　利用控件控制图表

动态图表标题的处理

动态图表应该具有自动化的标题，能随着图表的显示内容自动更新。在单系列图表中，如果设置了动态的系列名称，图表标题一般会随着系列名称自动显示。如果绘制多系列图表，图表的标题往往不会自动显示，这时可以手动添加图表标题选项，然后将其链接到某个单元格。

实现链接的方法是，先选择一个空白单元格，它的返回值利用公式得到，这个公式需要引用设定的能控制图表数据的单元格，然后再将图表标题链接到这个单元格即可。

如图 6-18 所示的单元格，图表的动态效果是随意控制查看几日数据。先选中 D4 单元格，在公式编辑栏中输入公式“="2015 年 5 月 "&D3&" 日—"&E3&" 日销售额查询 "”，如图 6-19 所示。

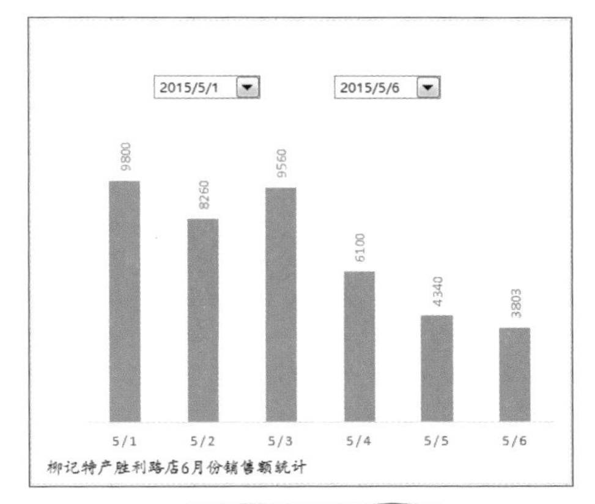

图 6-18 动态图表

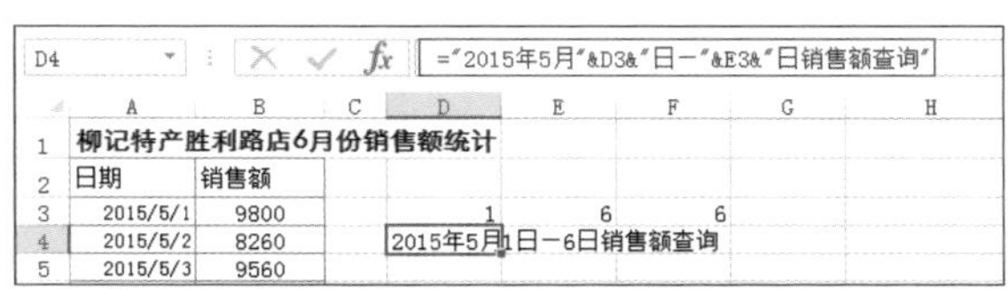

图 6-19 返回动态标题

为图表插入标题框，选中标题框，在公式编辑栏中输入公式“=Sheet2!$D$4”，如图 6-20 所示。按回车键即可返回标题，如图 6-21 所示。当图表更改查询日期时，可以看到标题也随之改变，以达到动态标题的效果，如图 6-22 所示。

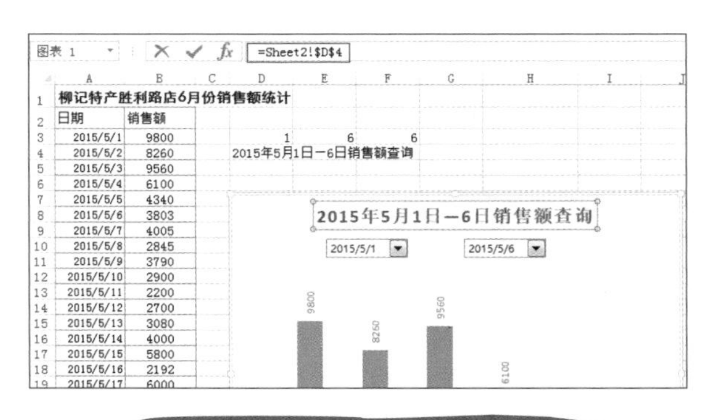

图 6-20 设置标题与 D4 单元格链接

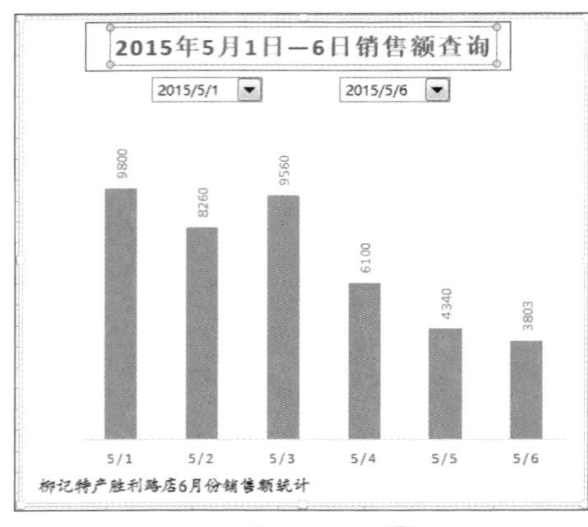

图 6-21　返回标题

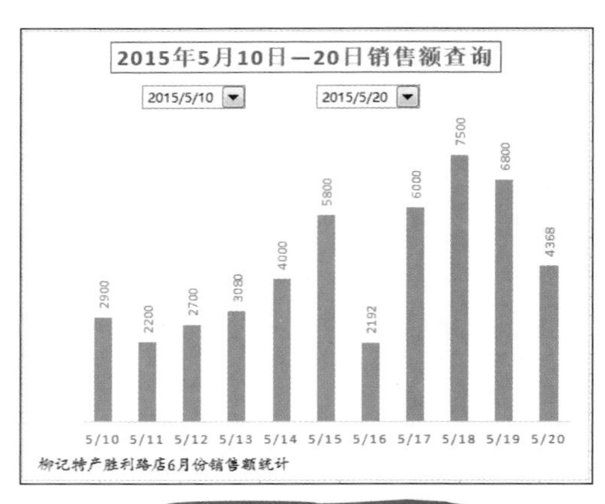

图 6-22　标题自动更新

6.3　动态图表范例

掌握了上面建立动态图表的方法后，如果想得心应手地设定公式，还需要多思考、多操作。下面通过几个实例来巩固设置动态图表中公式的知识。

自选时段销售数据动态查询

当前表格中按日期统计了全月的销售额数据，要想实现的动态效果是，利用图表任意查询指定时段的销售额，从而进行比较。建立此图表时需要分三个主要步骤来实现。

第一步：制作控件，指定起始日期和结束日期。

第二步：创建用于建立图表的名称，用名称表示日期和对应的销售额。

第三步：创建图表。

1. 制作控件

❶ 先在 D3、E3 单元格中输入辅助数据，它们控制显示开始日期与结束日期，这两个单元格在后面建立名称时需要引用。然后选中 F3 单元格，在公式编辑栏中输入公式

“=$E$3-$D$3+1”，该公式用于计算开始日期与结束日期之间的天数，如图 6-23 所示。

2 选择“组合框”控件（见图 6-24），然后在空白位置上绘制控件。

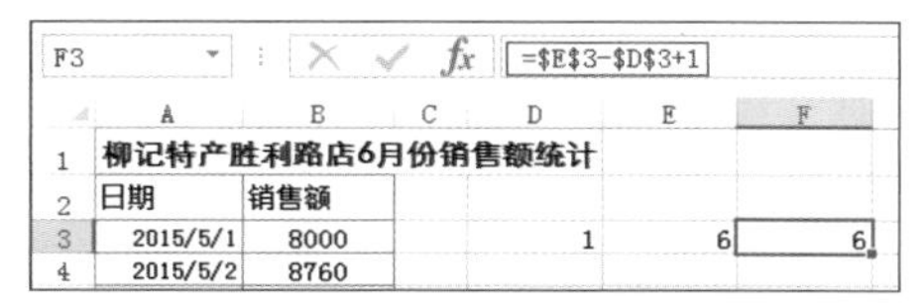

图 6-23 建立辅助数据

图 6-24 添加控件

3 在控件上右击，在弹出的快捷菜单中选择“设置控件格式”命令（见图 6-25），弹出“设置控件格式”对话框，设置数据区域为源数据表中显示日期的单元格区域，设置链接单元格为 D3 单元格，如图 6-26 所示。

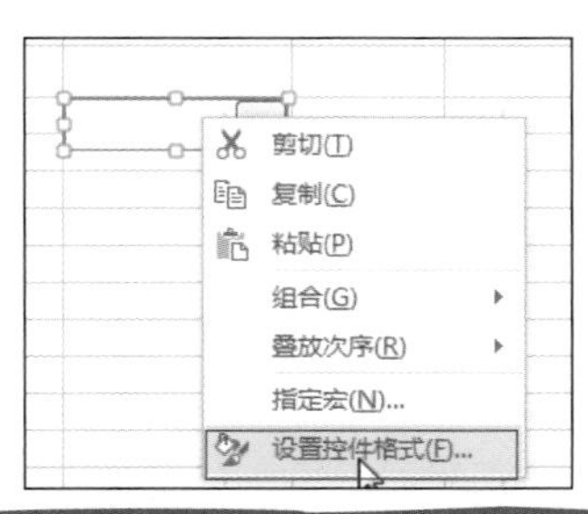

图 6-25 单击“设置控件格式”命令

图 6-26 设置控件格式属性 1

4 按照相同的方法再添加一个控件，设置控件格式时只要将链接单元格改为 E3 单元格即可，如图 6-27 所示。

图 6-27 设置控件格式属性 2

5 添加控件后，可以利用控件来控制起始日期与结束日期，如图 6-28 所示。

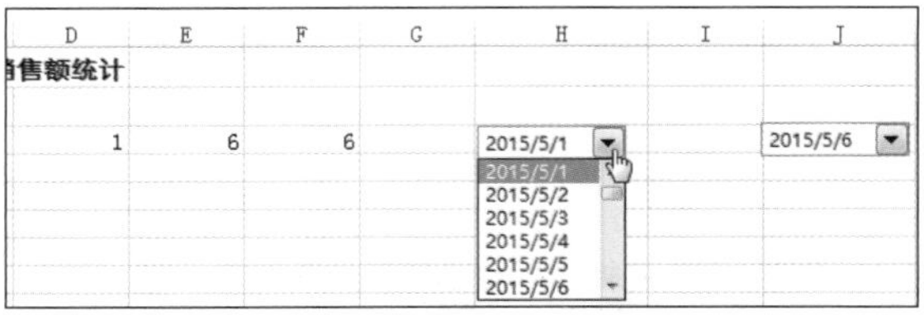

图 6-28 利用控件来控制起始日期与结束日期

2. 创建用于建立图表的名称

1 新建名称为“动态日期”，引用位置为“=OFFSET(Sheet1!$A$2,Sheet1!$D$3,0,Sheet1!$F$3，1)”，如图 6-29 所示。

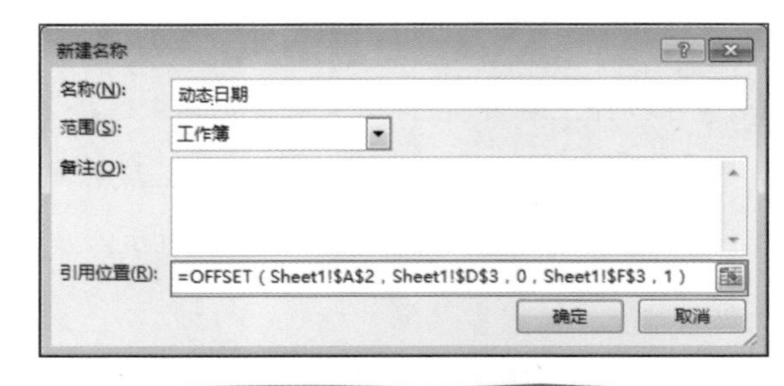

图 6-29 利用公式建立名称 1

2 新建名称为“动态数据”，引用位置为“=OFFSET(Sheet1!$B$2,Sheet1!$D$3,0,Sheet1!$F$3，1)”，如图 6-30 所示。

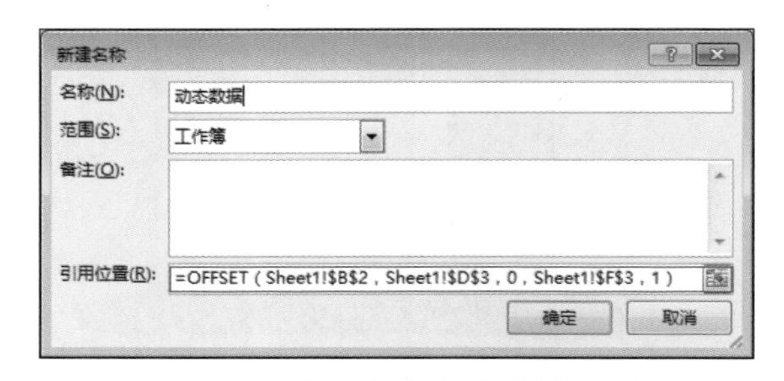

图 6-30 利用公式建立名称 2

小贴士

公式“=OFFSET（Sheet1!$A$2，Sheet1!$D$3，0，Sheet1!$F$3，1）”表示以 A2 单元格作为参照，向下偏移量由 D3 单元格的值指定，返回的一列数组的行数由 F3 单元格的值指定。公式“=OFFSET（Sheet1!$B$2，Sheet1!$D$3，0，Sheet1!$F$3，1）”表示以 B2 单元格作为参照，向下偏移量由 D3 单元格的值指定，返回的一列数组的行数由 F3 单元格的值指定。也就是说，利用动态名称法将“日期”列和“销售额”列的数据都建立为动态名称。后面建立图表时再引用这两项名称。

3. 创建图表

❶ 先创建空白图表，在图表上右击，在弹出的快捷菜单中选择“选择数据”命令，弹出“选择数据源”对话框，如图 6-31 所示。

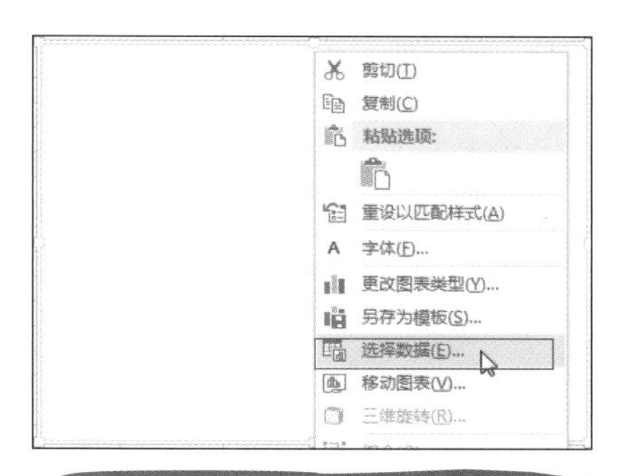

图 6-31 选择“选择数据”命令

❷ 在“图列项”栏中单击“添加”按钮，弹出“编辑数据系列”对话框，设置系列值为之前定义的名称“动态数据”，如图 6-32 所示。

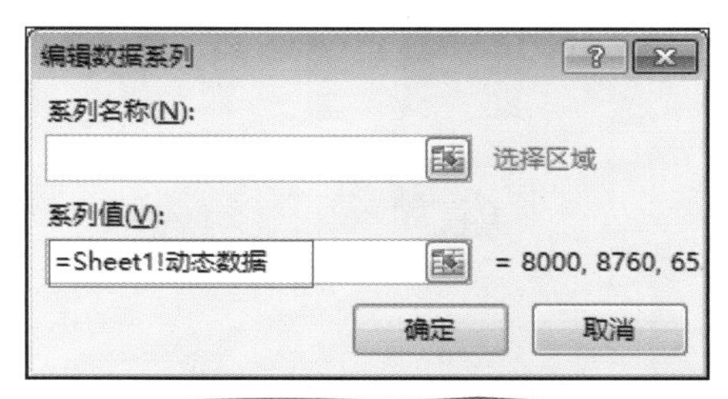

图 6-32 添加数据系列

❸ 接着返回“选择数据源”对话框，在“水平轴标签”栏中单击“编辑”按钮，设置轴标签为之前定义的名称“动态日期”，如图 6-33 所示。定义后返回“选择数据源”对话框，如图 6-34 所示。

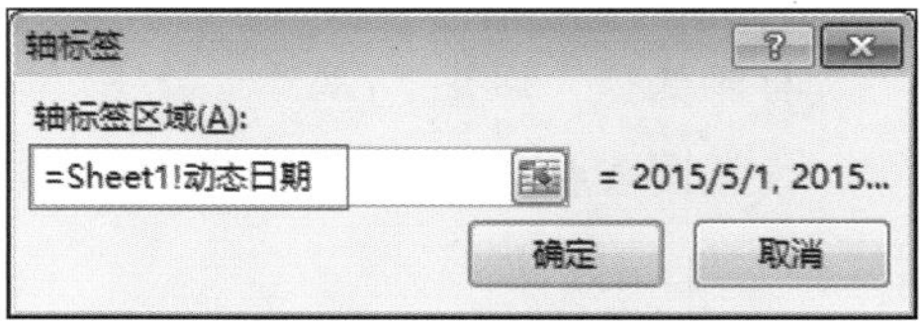

轴标签
轴标签区域(A):
=Sheet1!动态日期
= 2015/5/1, 2015...
确定
取消

图 6-33 设置轴标签

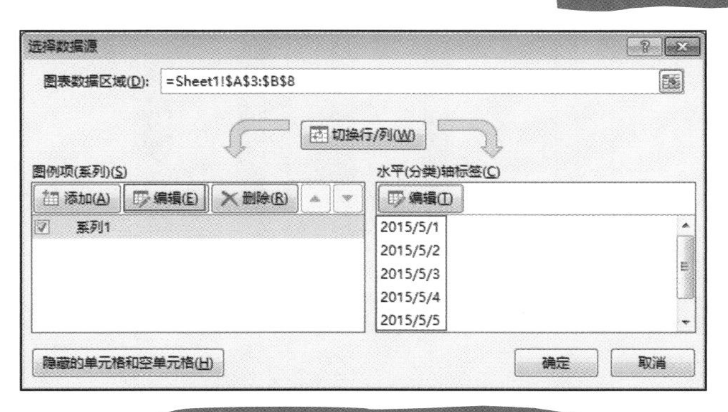

图 6-34 “选择数据源”对话框

4 单击“确定”按钮，可以看到空白的图表上显示出了数据，如图 6-35 所示。图表中显示的数据可以通过控件对日期的调节随之发生改变，如图 6-36 所示。

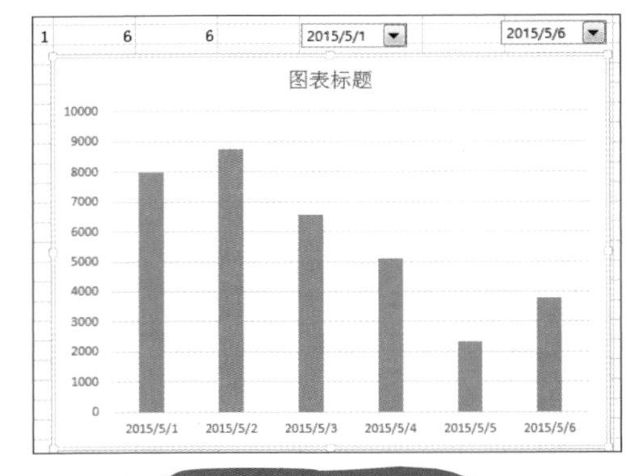

图 6-35 建立图表

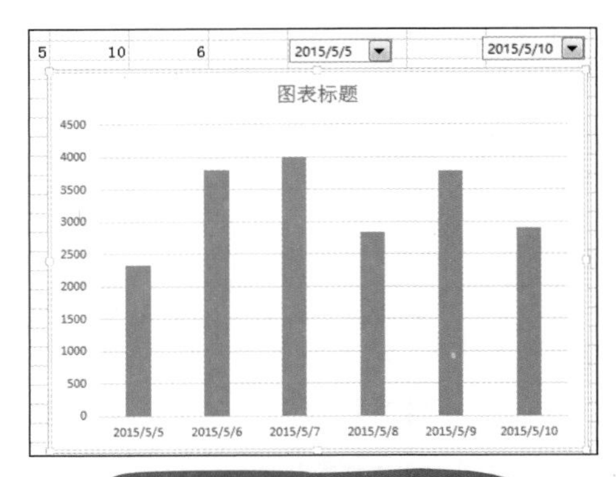

图 6-36 利用控件控制图表

5 由于当前水平轴的标签显示的是与数据源完全一致的日期，这种日期格式显示到图表中显得不够简洁，因此可以双击水平轴标签，打开“设置数据标签格式”窗格，在“坐标轴选项”标签下，展开“数字”栏，重新设置日期格式为“m/d”样式，如图 6-37 所示。设置图表标签如图 6-38 所示。

图 6-37 设置日期格式

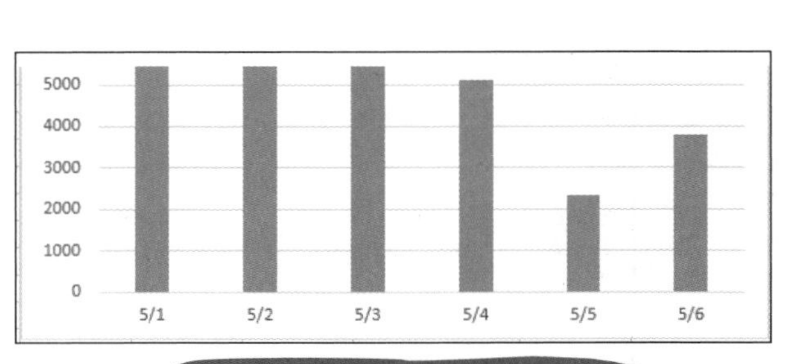

图 6-38 修改了标签的日期格式

6 将控件移到图表中，添加图表标题、资料来源等相关信息，并对图表进行美化，美化后的效果如图 6-39 所示。

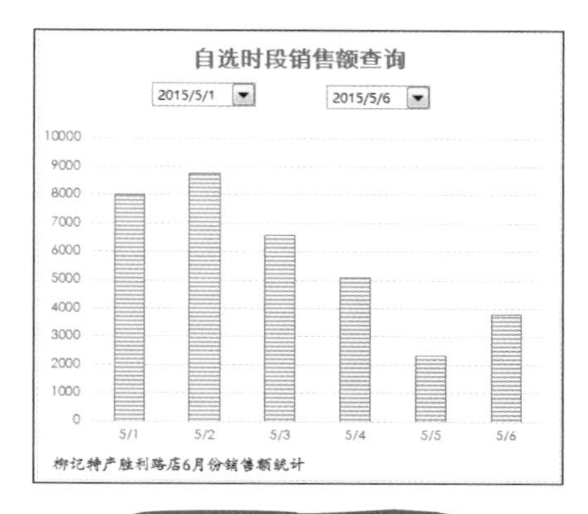

图 6-39 美化后的效果

双控件同时控制横向类别与纵向类别

本例数据中横向有多个店铺，纵向有多个商品系列，想要实现的效果是，使用控件分别控制横向的店铺与纵向的商品系列，从而实现既可以按店铺查询也可以按商品系列查询。

1. 定义名称

为了方便后面使用公式建立数据系列时对数据的引用，首先在工作表中建立图 6-40 所示的辅助序列。其中，B9 单元格的值用来控制横向的店铺名称，B10 单元格的值用来控制纵向的商品系列。

	A	B	C	D	E	F	G	H	I	J
1	商品系列	线上天猫店			线下万达店			线下百盛店		
2		1月	2月	3月	1月	2月	3月	1月	2月	3月
3	水嫩精纯系列	18000	19340	13790	8312	8808	10650	13080	6000	8000
4	红石榴系列	18760	22803	12900	7000	7384	7280	8000	6800	14700
5	柔润倍现系列	16560	19005	8200	7700	11200	9800	9800	9368	6000
6	幻时系列	95100	8845	82700	9000	6430	7368	7192	7312	5808
7										
8	辅助									
9	线上天猫店	1								
10	线下万达店	1								
11	线下百盛店									

图 6-40 建立辅助数据

1 由于最终实现图表动态效果时，需要根据当前图中反映的数据显示不同的系列名称（这个系列名称也对应默认的图表名称）。例如，当前图表中显示的是“线上天猫店”数据时，系列名称应该为“线上天猫店”；当前图表显示的是“线下万达店”数据时，系列名称应该为“线下万达店”。因此首先可以将系列名称要引用的单元格的公式设置好，建立图表后再设置链接。选中 C9 单元格，在公式编辑栏中输入公式“=OFFSET(A1,,B9*3-2,,)”，按回车键，即可根据 B10 单元格值的不同显示出系列名称，如图 6-41 所示。例如，将 B9 单元格的值更改为“2”，就能显示出下一店铺的名称，如图 6-42 所示。

C9 =OFFSET(A1,,B9*3-2,,)

	A	B	C	D	E	F	G
1	商品系列	线上天猫店			线下万达店		
2		1月	2月	3月	1月	2月	3月
3	水嫩精纯系列	18000	19340	13790	8312	8808	10650
4	红石榴系列	18760	22803	12900	7000	7384	7280
5	柔润倍现系列	16560	19005	8200	7700	11200	9800
6	幻时系列	95100	8845	82700	9000	6430	7368
7							
8	辅助						
9	线上天猫店	1	线上天猫店				
10	线下万达店	1					
11	线下百盛店						

图 6-41 利用公式返回值

	A	B	C	D
1	商品系列	线上天猫店		
2		1月	2月	3月
3	水嫩精纯系列	18000	19340	13790
4	红石榴系列	18760	22803	12900
5	柔润倍现系列	16560	19005	8200
6	幻时系列	95100	8845	82700
7				
8	辅助			
9	线上天猫店	2	线下万达店	
10	线下万达店	1		
11	线下百盛店			

图 6-42 辅助数据控制值

2 按照相同的方法定义两个名称，名称“X”，引用位置为“=OFFSET(Sheet1!$A$2,0,MATCH(INDEX(Sheet1!$A$9:$A$11,Sheet1!$B$9),Sheet1!$1:$1,0)-1,1,3) ”；名称“Y”，引用位置为“=OFFSET(下拉菜单式 .xlsx!X,Sheet1!$B$10,0)”。

（1）以 A3 单元格作为参照，向下偏移 0 行，向右偏移 MATCH(INDEX(Sheet1!$A$9:$A$11,Sheet1!$B$9),Sheet1!$1:$1,0)-1 列，然后再向下偏移一行，向右偏移

3 列。即取值为从 MATCH(INDEX(Sheet1!$A$9:$A$11,Sheet1!$B$9),Sheet1!$1:$1,0)-1 列开始，然后向右延续 3 列的值。

（2） “MATCH(INDEX(Sheet1!$A$9:$A$11,Sheet1!$B$9),Sheet1!$1:$1,0)-1”的意义是，在 A$9:$A$11 单元格区域中查找 $B$90 单元格中指定行数的值，并返回其值，然后再在 $1:$1 单元格区域中返回该值的行数，用该行数减 1 则为列偏移量。

（3） 根据 C10 单元格的不同取值，该公式的返回结果是，当 C10 值为 1 时，返回 B3:D3 单元格区域；当 C10 值为 2 时，返回 E3:G3 单元格区域；当 C10 值为 3 时，返回 H3:J3 单元格区域。

2. 创建图表

1 创建空白图表，此处图表类型为饼图，在图表上右击，在弹出的快捷菜单中选择“选择数据”选项，弹出“选择数据源”对话框，手工添加系列，设置系列名称为 C9 单元格的引用，系列值位置为前面定义的 Y 名称，如图 6-43 所示。

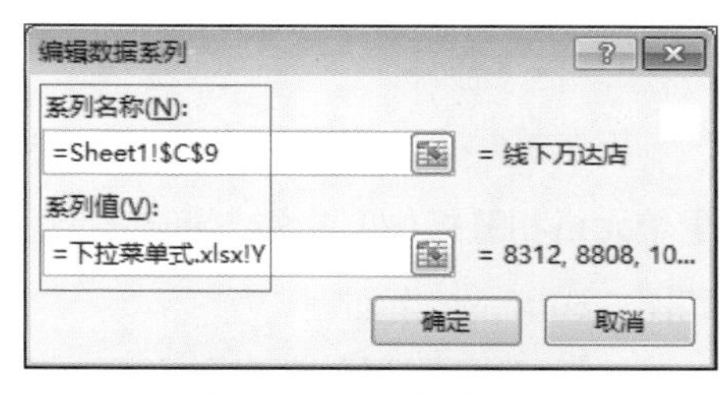

图 6-43 添加数据系列

2 接着手工添加轴标签，设置轴标签区域为前面定义的 X 名称，如图 6-44 所示。

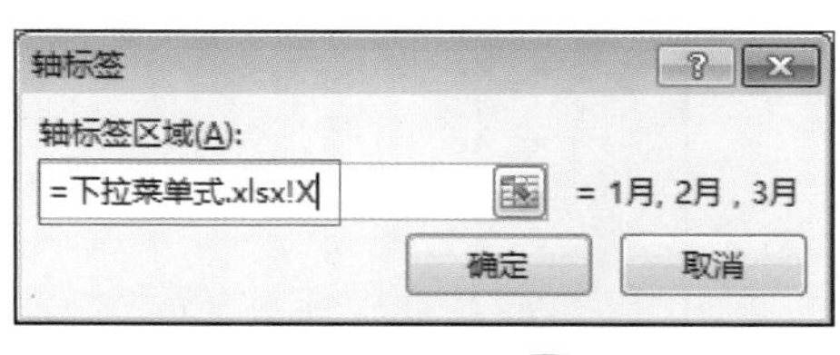

图 6-44 添加轴标签

❸ 单击“确定”按钮可以看到图表有了相应显示结果，如图 6-45 所示；通过更改 B9、B10 单元格的值可以控制图表的不同显示结果，如图 6-46 所示。

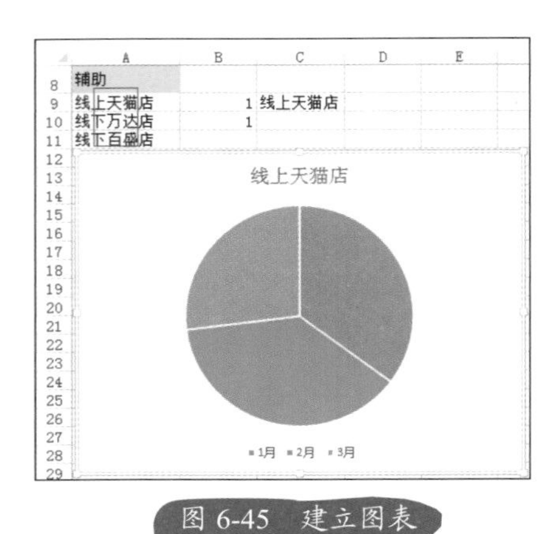

图 6-45　建立图表

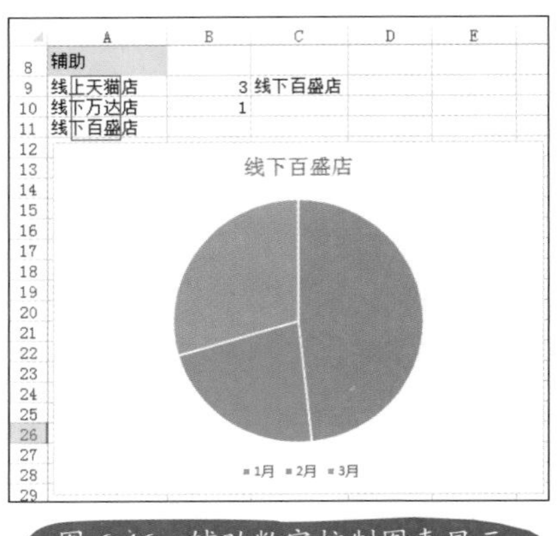

图 6-46　辅助数字控制图表显示

3. 定义控件

由于 B9、B10 单元格的值可以控制图表的不同显示结果，因此需要添加控件来与这两个单元格相链接（见图 6-47 和图 6-48），从而实现对图表的列更加直观地控制效果（见图 6-49 和图 6-50）。

图 6-47　设置控件格式 1

图 6-48　设置控件格式 2

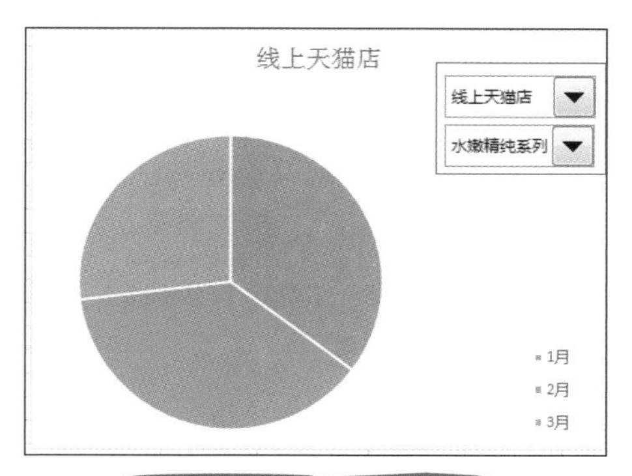

图 6-49 控件控制图表 1

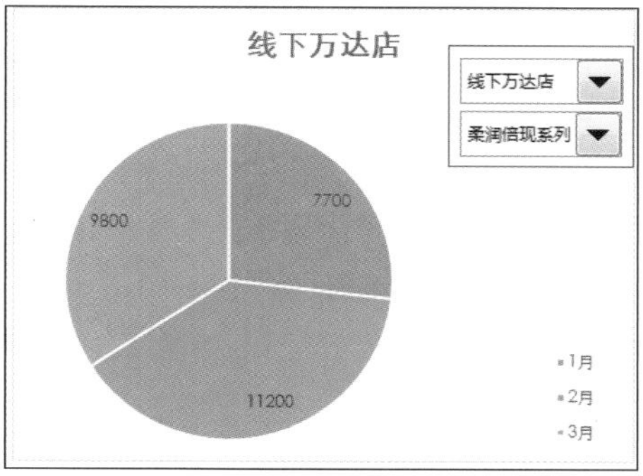

图 6-50 控件控制图表 2

当然，也可以把图表更改为条形图，效果如图 6-51 所示。

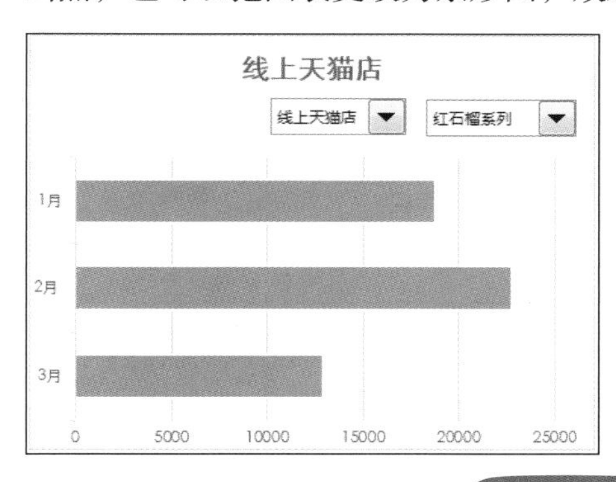

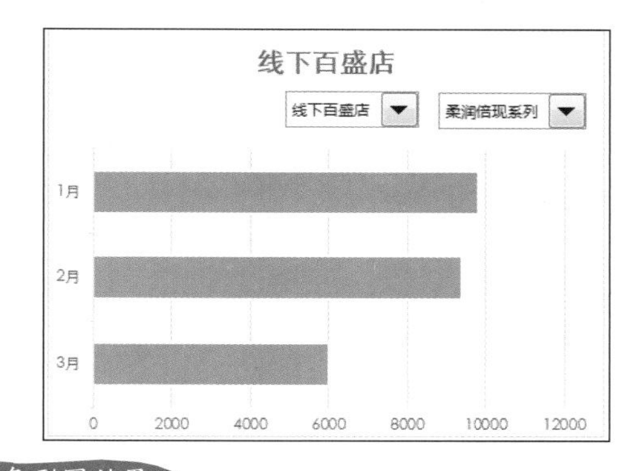

图 6-51 条形图效果

复选框控制系列的隐藏与显示

本例中想要实现的效果是利用复选框来控制产品系列的显示，即需要显示就选中复选框，想隐藏时就取消选中复选框。

1. 定义名称

首先在工作表中建立如图 6-52 所示的辅助序列。

O13

	A	B	C	D	E	F	G
1		1月	2月	3月	4月	5月	6月
2	水嫩精纯系列	28000	19340	23790	8312	8808	10650
3	红石榴系列	18760	22803	12900	17000	17384	7280
4	柔润倍现系列	16560	19005	8200	10700	11200	9800
5	幻时系列	25100	38845	22700	9000	16430	17368
6							
7	辅助数据						
8	水嫩精纯系列	红石榴系	柔润倍现	幻时系列			
9	TRUE	TRUE	TRUE	TRUE			

图 6-52 建立辅助数据

以每个系列的名称建立名称，分别如下。

（1）名称为“水嫩精纯系列”，引用位置为“=IF(Sheet1!$A$9,Sheet1!$B$2:$G$2,{#N/A})”。

（2）名称为“红石榴系列”，引用位置为“=IF(Sheet1!$B$9,Sheet1!$B$3:$G$3,{#N/A})”。

（3）名称为“柔润倍现系列”，引用位置为“=IF(Sheet1!$C$9,Sheet1!$B$4:$G$4,{#N/A})”。

（4）名称为“幻时系列”，引用位置为“=IF(Sheet1!$D$9,Sheet1!$B$5:$G$5,{#N/A})”。

2. 建立图表

接着建立空白图表，在图表上右击，在弹出的快捷菜单中选择“选择数据”选项，弹出“选择源”对话框，单击“添加”按钮，弹出“编辑数据系列”对话框，即可添加第一个系列为“水嫩精纯系列”名称，如图 6-53 所示；添加第二个系列为“红石榴系列”名称，如图 6-54 所示。

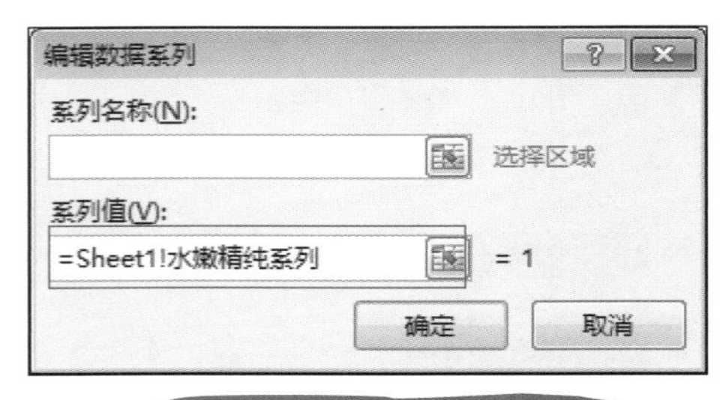

图 6-53 添加数据系列 1

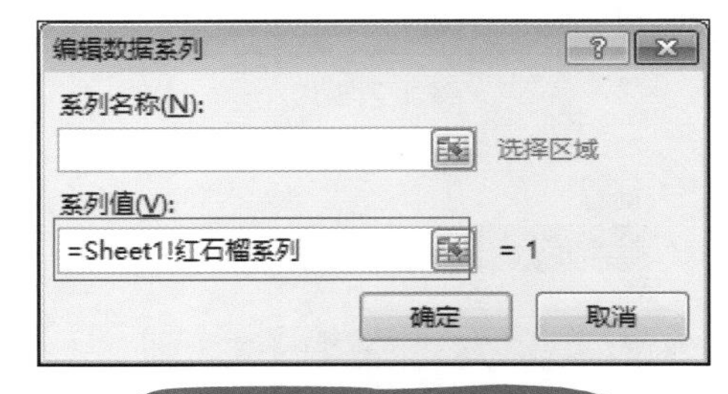

图 6-54 添加数据系列 2

按照相同的方法添加“柔润倍现系列”“幻时系列”两个系列，并设置 B1:G1 单元格区域为水平轴标签，如图 6-55 所示。接着单击“确定”按钮即可快速建立图表。

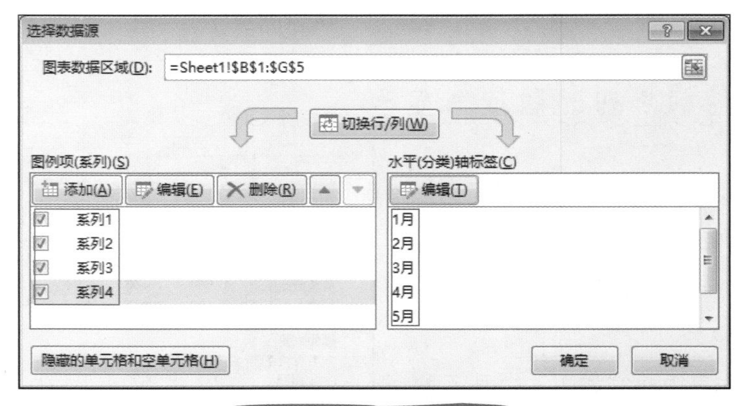

图 6-55 添加多个数据系列

3. 添加控件

在图表中添加 4 个复选框控件，并为它们分别命名，如图 6-56 所示。然后分别设置各个控件的链接，图 6-57 为“水嫩精纯系列”这个复选框控件与 A9 单元格相链接。

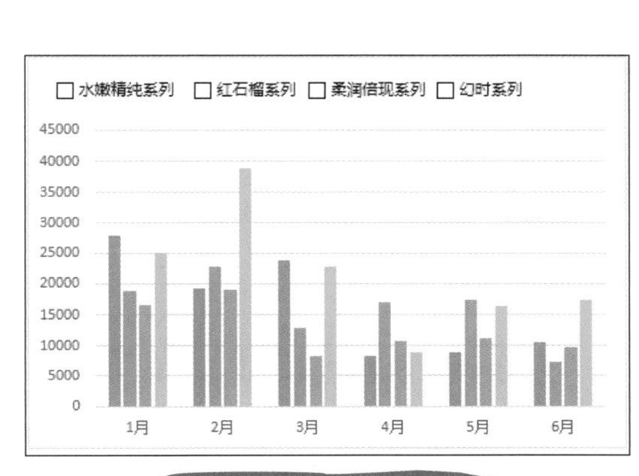

图 6-56 添加复选框控件

图 6-57 设置控件格式

按照相同的方法设置其他几个控件的链接单元格，分别为 B9、C9、D9 单元格。设置完成后，图表将按当前选择的复选框来显示，如图 6-58 和图 6-59 所示。

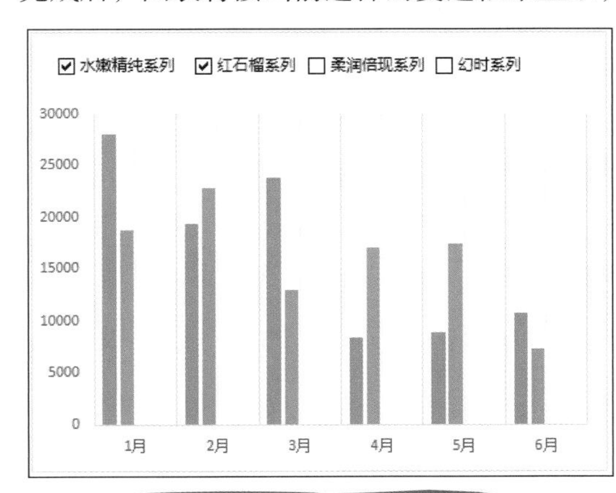

图 6-58 复选框控制图表显示 1

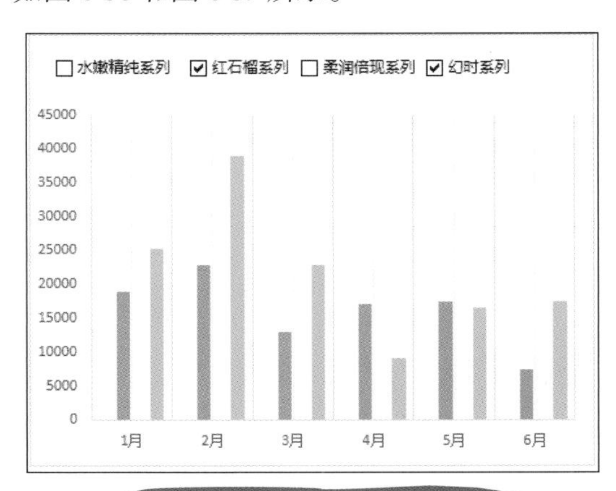

图 6-59 复选框控制图表显示 2

动态高亮显示数据点

本例想要实现的效果是通过拖动滚动条来实现按月份高亮显示，即拖动到哪个月份，哪个月份就特殊显示。

首先在工作表中建立辅助序列，选中 B6 单元格，在公式编辑栏中输入公式“=IF($B$4=COLUMN()-1,B2,NA())”，并复制公式到 M6 单元格中，如图 6-60 所示。

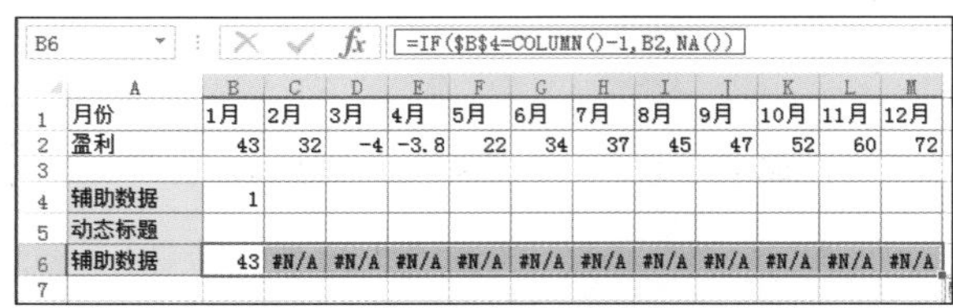

B6　=IF($B$4=COLUMN()-1,B2,NA())

	A	B	C	D	E	F	G	H	I	J	K	L	M
1	月份	1月	2月	3月	4月	5月	6月	7月	8月	9月	10月	11月	12月
2	盈利	43	32	-4	-3.8	22	34	37	45	47	52	60	72
3													
4	辅助数据	1											
5	动态标题												
6	辅助数据	43	#N/A	#N/A	#N/A	#N/A	#N/A	#N/A	#N/A	#N/A	#N/A	#N/A	#N/A
7													

图 6-60　建立辅助数据

接着选中 B5 单元格，在公式编辑栏中输入公式“=OFFSET(A1,,B4)”，如图 6- 61 所示。

B5　=OFFSET(A1,,B4)

	A	B	C	D	E	F	G	H	I
1	月份	1月	2月	3月	4月	5月	6月	7月	8月
2	盈利	43	32	-4	-3.8	22	34	37	45
3									
4	辅助数据	1							
5	动态标题	1月							
6	辅助数据	43	#N/A	#N/A	#N/A	#N/A	#N/A	#N/A	#N/A
7									

图 6-61　建立动态标题

接着选中 B1:M2 单元格区域和 B6:M6 单元格区域的数据建立图表，如图 6-62 所示。

在图表中添加滚动条控件，并设置控件的格式，如图 6-63 所示。

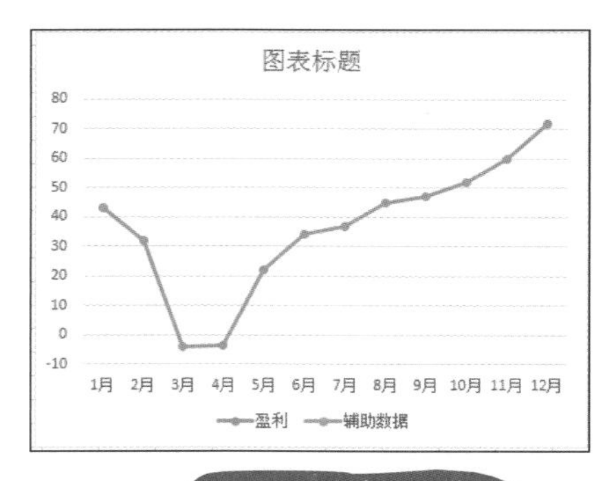

图 6-62　建立图表

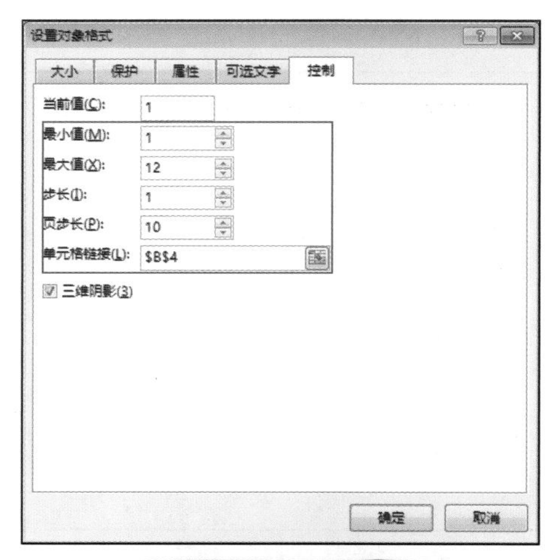

图 6-63　设置控件格式

然后添加文本框，并设置这个文本框与 B5 单元格相链接，如图 6-64 所示。

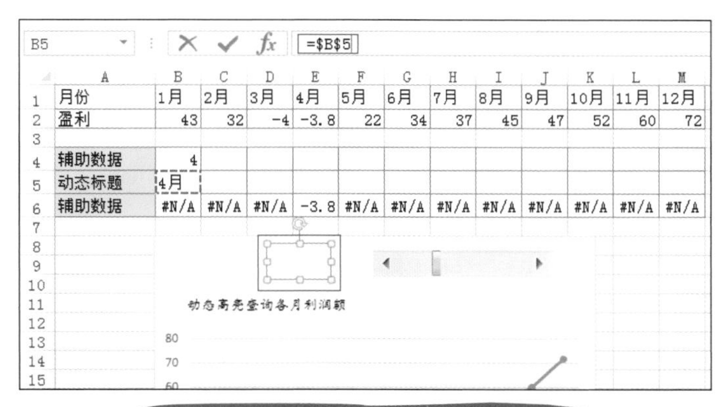

图 6-64 添加文本框并与 B5 单元格链接

对图表进行美化设置，当拖动滚动条时，可以看到图表随着拖动有不同月份的高亮显示效果，如图 6-65 和图 6-66 所示。

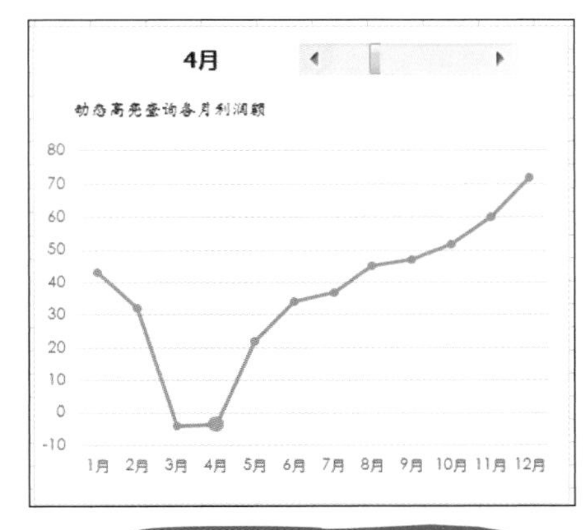

图 6-65 滚动条控制图表 1

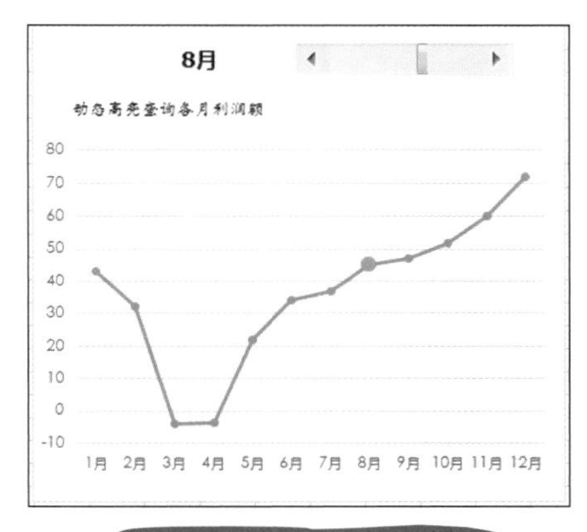

图 6-66 滚动条控制图表 2

6.4 用好程序自带的“动态图表”

因为图表源于数据，所以只要实现了对数据的变动，图表也就能随之改变。Excel 中的数据筛选功能、数据透视表功能都可以实现对数据的筛选、隐藏，如果以这样的数据创建图表，那么当实现多种条件的筛选时，也相应的实现了图表的动态效果。另外，在 Excel 2013 中，新增加了一个加载项“Power View”，它可以建立一个数据模型，利用数据模型能轻松实现数据的筛选。

Power View

Power View，类似于一个数据透视表的切片器，可以对数据进行筛选查看，用它可以制作出多功能的动态图表。Power View 可以生成表格的查看方式，也可以生成图表，图表类型包括柱形图、条形图、饼图、折线图、散点图（气泡图）以及地图。

图 6-67 显示出了一个 Power View 生成的图表显示界面。该界面主要包含以下三部分内容。

（1）最左边显示的是画布区，可以放置多个 Power View 表格或 Power View 图表。

（2）中间是筛选器，通过筛选器可以控制图表的效果结果。

（3）右边是字段列表显示区，字段前面的复选框选中或取消直接影响画布区中表格的显示与图表的显示。筛选器和字段列表显示是根据最左侧区域所选取的不同 Power View 对象而相应发生变化。

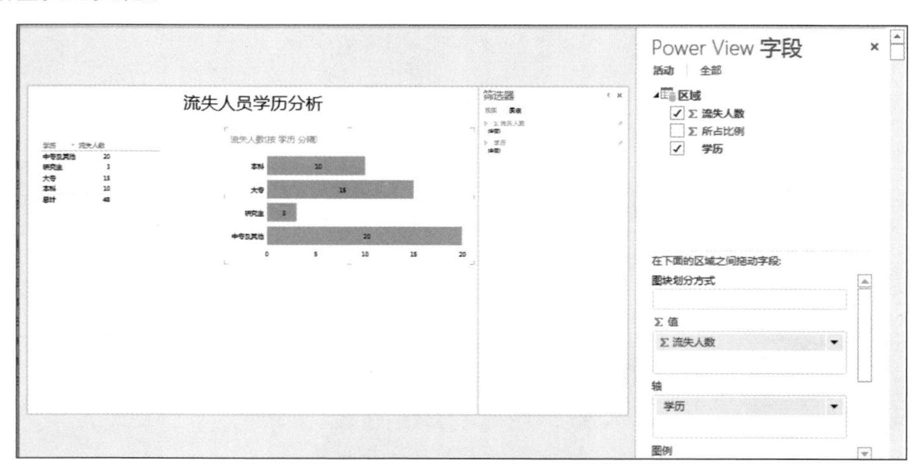

图 6-67 Power View 生成的图表显示界面

同时，也可以创建多种图表类型实现交叉分析的效果，如图 6-68 所示。

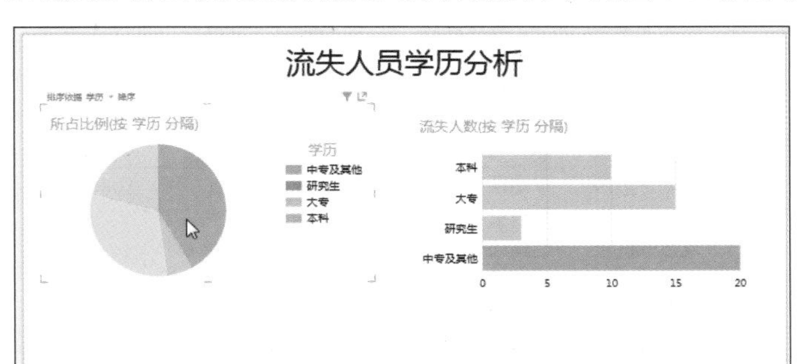

图 6-68 交叉分析

Power View 加载后，操作比较简单，只要根据数据创建分析模型，然后设置字段并按想要的分析结果实现筛选即可。加载的方法也很简单，在“插入”选项卡的“报告”选项组中单击“Power View”按钮，然后按照界面上的提示逐步操作即可。加载后即会出现“POWERPIOVT”选项卡。

用数据透视表制作数据源

数据透视表具有极强的数据分析能力，它可以利用字段拖动迅速得到多种不同的分析结果，因此在此基础上建立数据透视图，当数据透视表变动时数据图也会随之变动，从而实现动态图表的效果。

如图 6-69 所示的表格，可以使用数据透视表来进行分析，然后建立数据透视图。

首先将表格转换为一维表格样式，因为数据透视表需要根据当前数据建立相应字段，根据字段的设定再得出分析结果。转换后的效果如图 6-70 所示。

	A	B	C	D	E	F	G	H	I	J
1	商品系列	线上天猫店			线下万达店			线下百盛店		
2		1月	2月	3月	1月	2月	3月	1月	2月	3月
3	水嫩精纯系列	18000	19340	13790	8312	8808	10650	13080	6000	8000
4	红石榴系列	18760	22803	12900	7000	7384	7280	8000	6800	14700
5	柔润倍现系列	16560	19005	8200	7700	11200	9800	9800	9368	6000
6	幻时系列	95100	8845	82700	9000	6430	7368	7192	7312	5808

图 6-69 数据表

	A	B	C	D	E
1	店铺	商品系列	1月	2月	3月
2	线上天猫店	水嫩精纯系列	18000	19340	13790
3	线上天猫店	红石榴系列	18760	22803	12900
4	线上天猫店	柔润倍现系列	16560	19005	8200
5	线上天猫店	幻时系列	95100	8845	82700
6	线下万达店	水嫩精纯系列	8312	8808	10650
7	线下万达店	红石榴系列	7000	7384	7280
8	线下万达店	柔润倍现系列	7700	11200	9800
9	线下万达店	幻时系列	9000	6430	7368
10	线下百盛店	水嫩精纯系列	13080	6000	8000
11	线下百盛店	红石榴系列	8000	6800	14700
12	线下百盛店	柔润倍现系列	9800	9368	6000
13	线下百盛店	幻时系列	7192	7312	5808

图 6-70 转换为一维表样式

创建数据透视表后，添加字段得出分析结果，如图 6-71 所示；以当前的分析结果创建数据透视图，如图 6-72 所示。

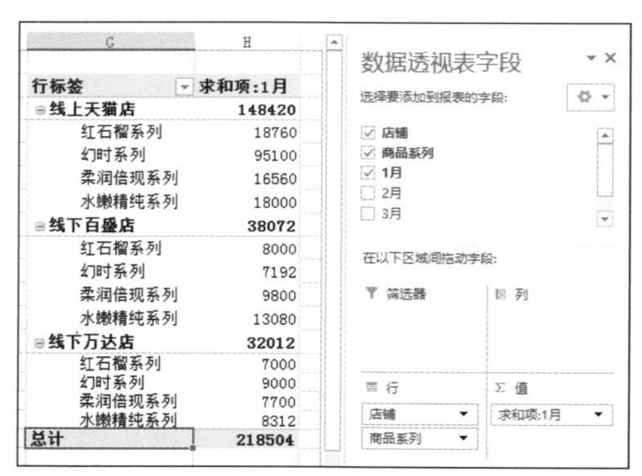

行标签	求和项:1月
线上天猫店	148420
红石榴系列	18760
幻时系列	95100
柔润倍现系列	16560
水嫩精纯系列	18000
线下百盛店	38072
红石榴系列	8000
幻时系列	7192
柔润倍现系列	9800
水嫩精纯系列	13080
线下万达店	32012
红石榴系列	7000
幻时系列	9000
柔润倍现系列	7700
水嫩精纯系列	8312
总计	218504

图 6-71 建立数据透视表

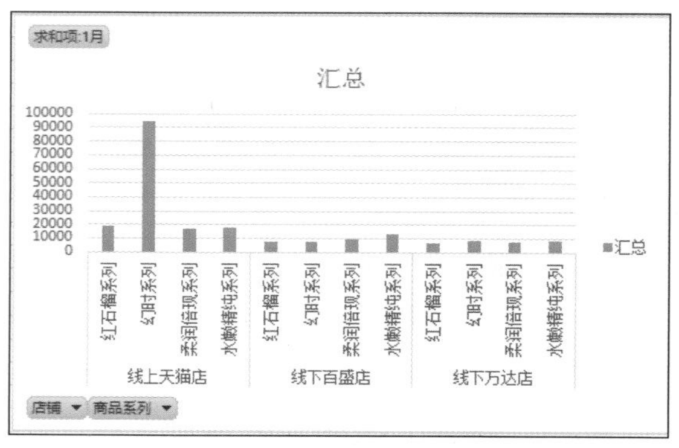

图 6-72 建立数据透视图

此时，我们可以看到数据透视图中“店铺”与“商品系列”两个按钮，通过这两个按钮可以实现对数据的筛选。例如，通过“店铺”筛选按钮选择想查看的店铺名称（见图 6-73），单击“确定”按钮即可查看指定店铺的统计图表，如图 6-74 所示。

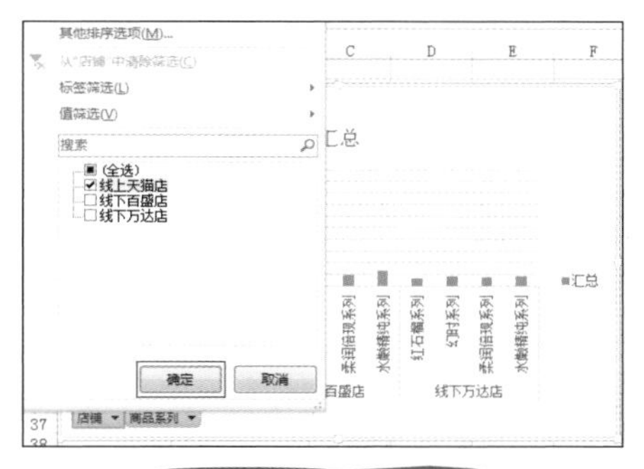

图 6-73 在图表中筛选

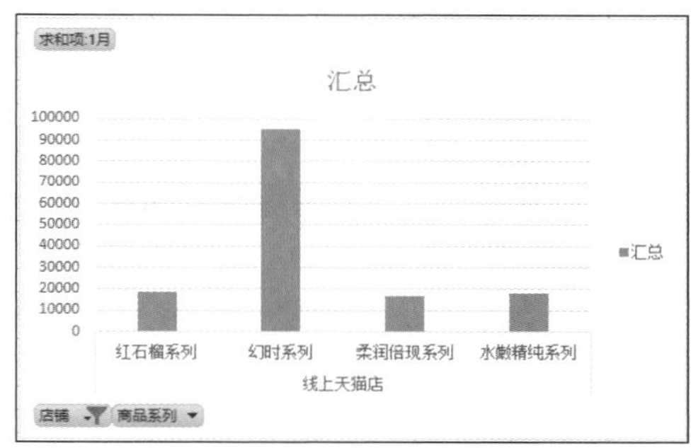

图 6-74 图表筛选结果

通过“商品系列”筛选按钮选择想要查看的商品系列（见图 6-75），单击“确定”按钮即可查看指定商品系列的统计图表，如图 6-76 所示。

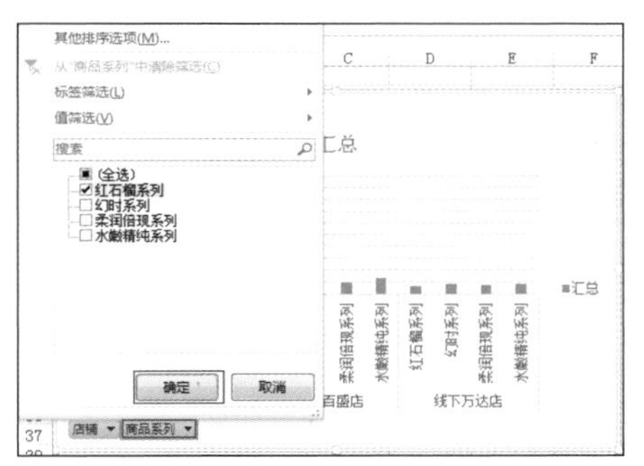

图 6-75 在图表中筛选

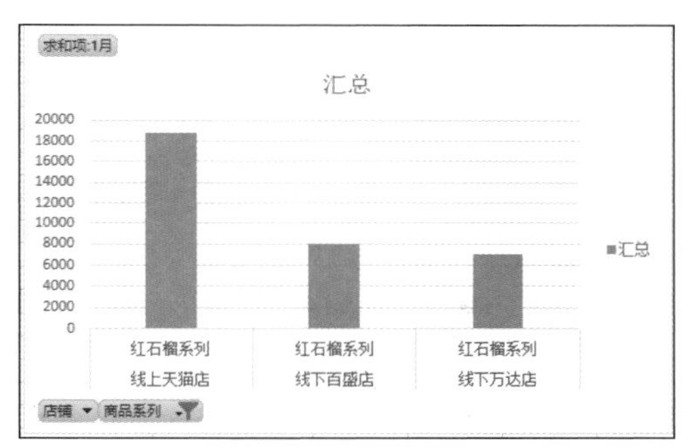

图 6-76 图表筛选结果

在对图表中的数据进行筛选时，实际上数据透视表也是随之变化的。如果想得到其他的分析目的的图表，可以重新设置数据透视表的字段，图表即可得到相应的显示效果。

另外，利用数据的筛选功能也可以实现动态图表的效果。首先使用所有数据建立图表，如图 6-77 所示。

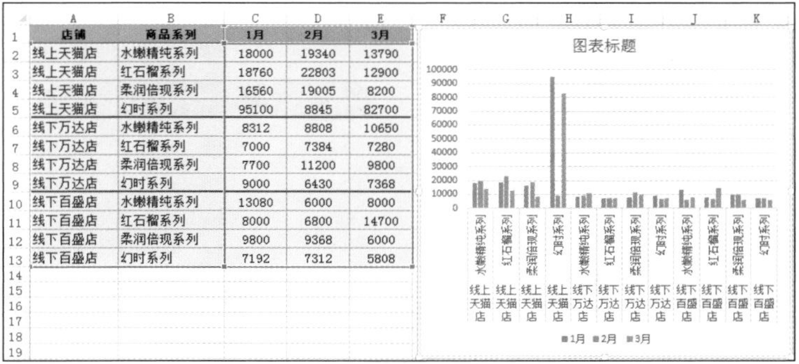

店铺	商品系列	1月	2月	3月
线上天猫店	水嫩精纯系列	18000	19340	13790
线上天猫店	红石榴系列	18760	22803	12900
线上天猫店	柔润倍现系列	16560	19005	8200
线上天猫店	幻时系列	95100	8845	82700
线下万达店	水嫩精纯系列	8312	8808	10650
线下万达店	红石榴系列	7000	7384	7280
线下万达店	柔润倍现系列	7700	11200	9800
线下万达店	幻时系列	9000	6430	7368
线下百盛店	水嫩精纯系列	13080	6000	8000
线下百盛店	红石榴系列	8000	6800	14700
线下百盛店	柔润倍现系列	9800	9368	6000
线下百盛店	幻时系列	7192	7312	5808

图 6-77 建立数据透视图

为数据添加自动筛选，对字段实现筛选，如图 6-78 所示。数据筛选的同时图表也发生了相应的变化，如图 6-79 所示。

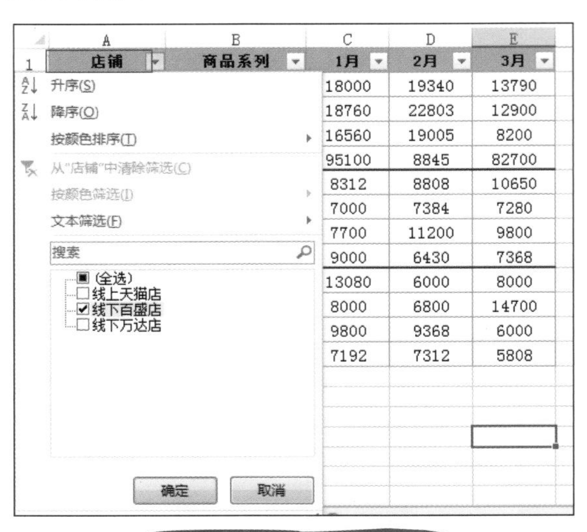

1月	2月	3月
18000	19340	13790
18760	22803	12900
16560	19005	8200
95100	8845	82700
8312	8808	10650
7000	7384	7280
7700	11200	9800
9000	6430	7368
13080	6000	8000
8000	6800	14700
9800	9368	6000
7192	7312	5808

图 6-78　对列标识进行筛选

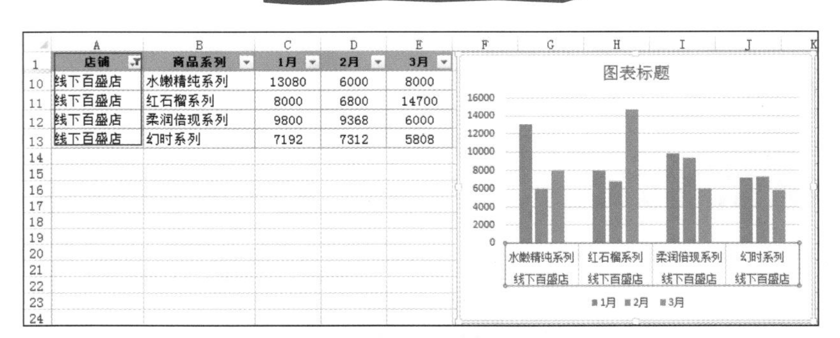

店铺	商品系列	1月	2月	3月
线下百盛店	水嫩精纯系列	13080	6000	8000
线下百盛店	红石榴系列	8000	6800	14700
线下百盛店	柔润倍现系列	9800	9368	6000
线下百盛店	幻时系列	7192	7312	5808

图 6-79　筛选后的图表

第7章

分享课

——图表输出及共享

7.1 打印图表

创建好的图表一般会用于商务报告，有时也需要直接打印出来供大家查看或审核。在打印图表时我们需要注意如下几点。

只打印图表

图表一般存在于数据表中，如果不想连同数据表一起打印，那么需要按如下方法操作。

1 选中要打印的图表（这是重点），如图 7-1 所示。

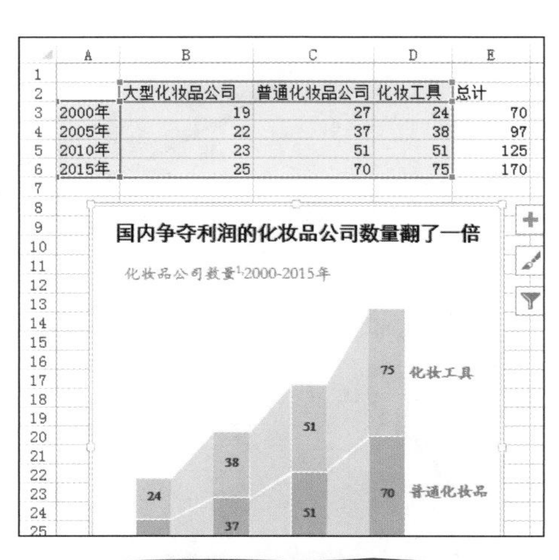

	大型化妆品公司	普通化妆品公司	化妆工具	总计
2000年	19	27	24	70
2005年	22	37	38	97
2010年	23	51	51	125
2015年	25	70	75	170

图 7-1 选中要打印的图表

❷ 选择“文件”→“打印”命令，在右侧打印预览窗口中可以看到图表覆盖整页，显示效果很好，如图 7-2 所示。

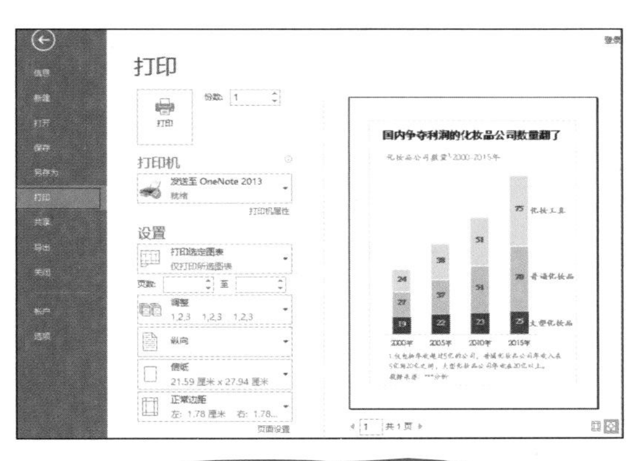

图 7-2 打印预览效果

如果直接执行打印，那么图表就会作为数据表的一部分被打印出来（见图 7-3），除非手工放大图表面积，否则打印出来效果不佳。

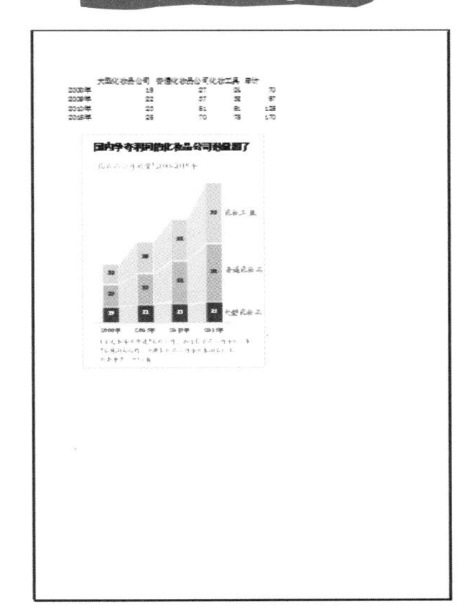

图 7-3 打印内容在左上角

横向打印图表

如果只打印单张图表，一般采用纵向方式打印即可。当然，有些图表布局是横向的，此时采用横向打印效果会更好，图 7-4 为图表横向打印的预览效果。设置横向页面的方法很简单，只要切换到“页面布局”选项卡，在“页面设置”选项组中单击“纸张方向”按钮，在弹出的快捷菜单中选择“横向”命令（见图 7-5）即可。

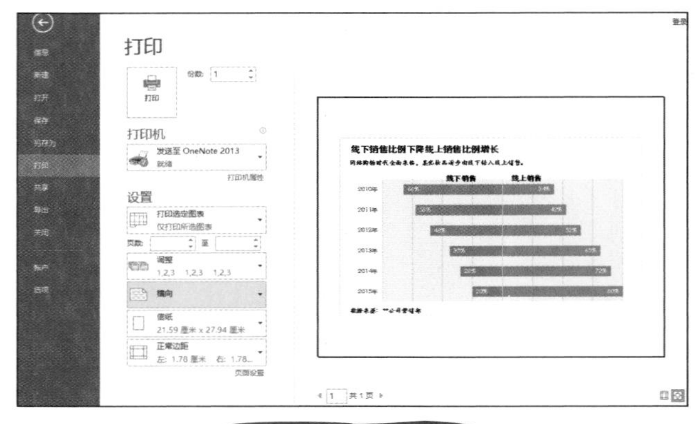

图 7-4 横向打印预览

图 7-5 设置纸张方向

另外，在特殊情况下，必须采用横向打印的方式，图 7-6 所示为纵向打印方式，只能打印出两张图表；当前页面中有三张图表，若改为横向打印方式则可以一次性打印出三张图表，如图 7-7 所示。

图 7-6 纵向打印

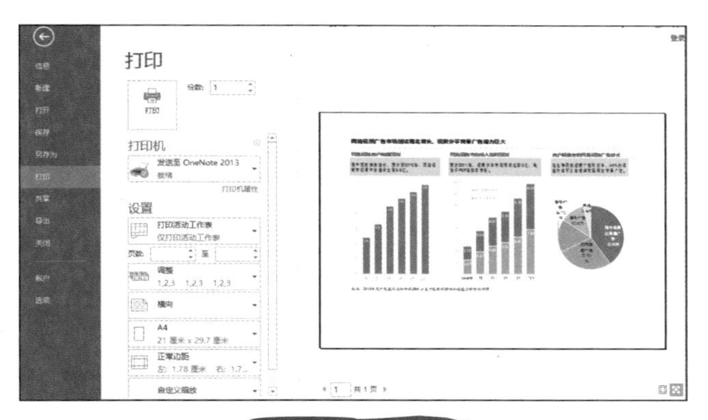

图 7-7 横向打印

小贴士

对于组图打印，如果只选中单个图表，那么只能打印选中的图表。因此其打印方式是把工作表中需要打印的区域（包括图表所在区域）一次性选中，建立一个打印区域，然后执行打印。

环保的黑白打印

如果当前图表打印出来是为了审核或作为资料使用，那么可以采用黑白打印方式。

1. 选中图表，切换到“页面布局”选项卡，单击“页面设置”选项组中右下角的按钮，弹出“页面设置”对话框，单击“图表”标签，选中“按黑白方式”复选框，如图 7-8 所示。

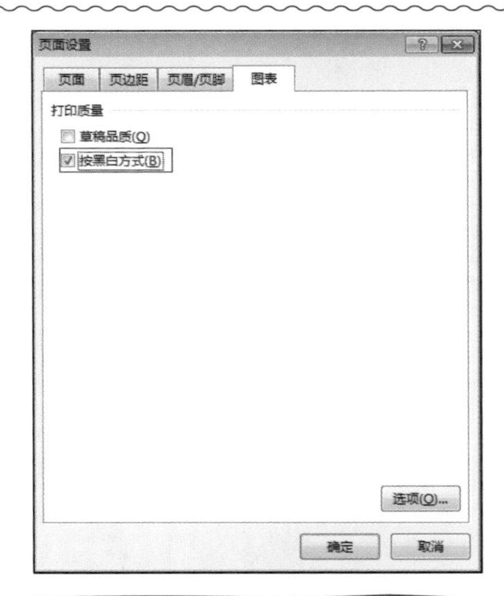

图 7-8 选中“按黑白方式”复选框

❷ 单击“确定”按钮完成设置，当对此图表执行打印操作时，会以黑白方式显示，如图 7-9 所示。

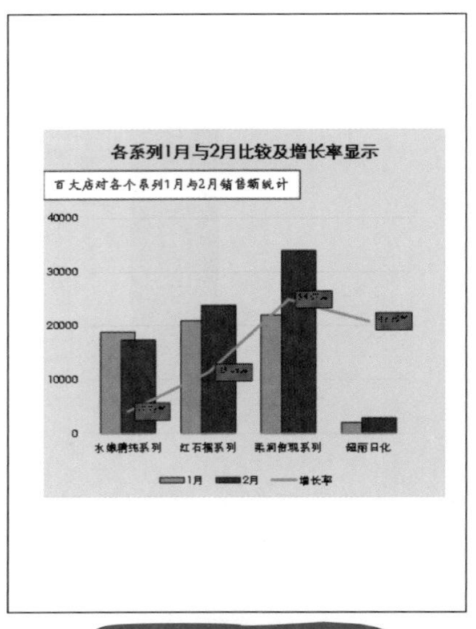

图 7-9 黑白打印预览

7.2 图表的输出

图表创建完毕后，除了打印，还能以图片的形式输出。将图表输出为图片，使用起来非常方便。另外，创建完善的图表还可以存为模板，以达到共享的目的。

存为模板尽情分享

图表的模板就是让一个新建的图表摆脱默认框架，一创建就具备模板的样式。如果建立了一个比较常用的图表类型，可以将它保存为模板，以后再创建类似图表时，就可以直接套用。

❶ 选中已创建完成想保存为模板的图表并右击，在弹出的快捷菜单中选择“另存为模板”命令（见图 7-10），弹出“保存图表模板”对话框。

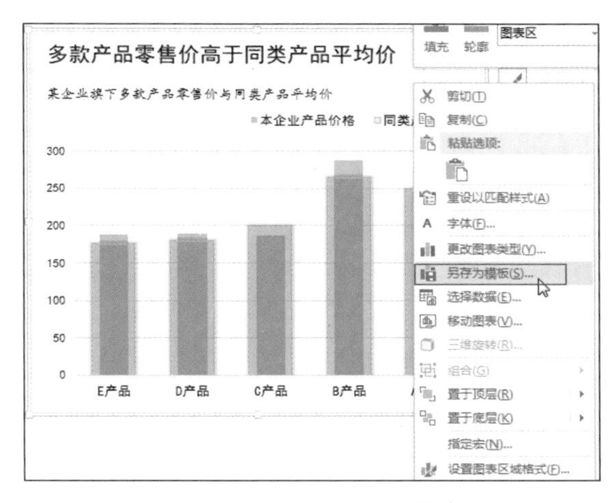

图 7-10 选择“另存为模板”命令

❷ 可以设置模板的保存名称，注意不要更改模板的保存位置，如图 7-11 所示。

❸ 单击“保存”按钮即可保存成功。

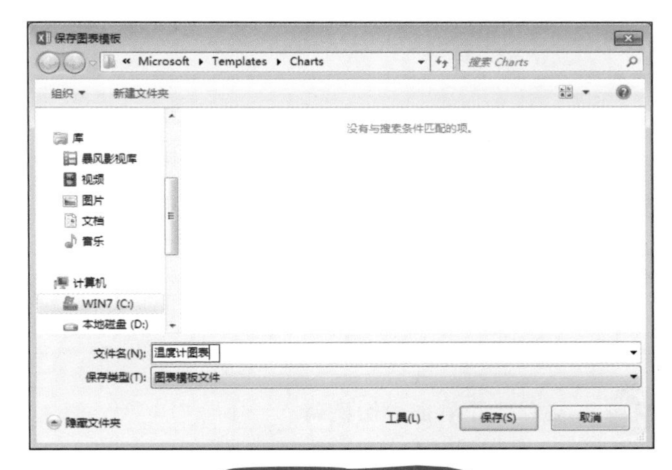

图 7-11 设置模板名称

保存好模板后，关键是如何使用这个模板。使用方法很简单，选中数据源后，在“插入图表”对话框中单击“所有图表”标签，再单击左侧的“模板”标签，右侧会显示出已保存的模板，如图 7-12 所示。

选中模板后，单击“确定”按钮即以此模板创建新图表，如图 7-13 所示。

插入图表
推荐的图表
所有图表
我的模板
管理模板(M)...
确定
取消

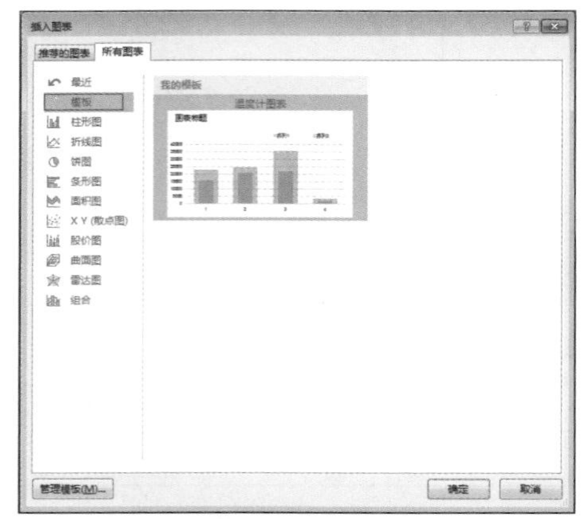

图 7-12　已保存的模板

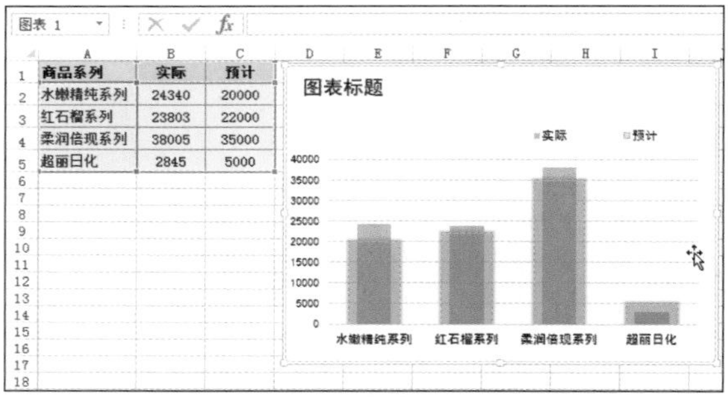

商品系列
实际
预计
水嫩精纯系列
24340
20000
红石榴系列
23803
22000
柔润倍现系列
38005
35000
超丽日化
2845
5000
图表标题
实际
预计

图 7-13　按自定义模板创建图表

输出图片更好用

图表创建完成后，可以将图表转换为图片并提取出来。提取后的图片可以存到计算机中，当需要使用时，像普通图片一样插入使用即可。

1. 选中图表，按“Ctrl+C”组合键进行复制。

2. 在空白位置单击，切换到“开始”选项卡，单击“剪贴板”选项组中的“粘贴”按钮，然后再单击“图片”按钮（见图 7-14），即可将图表粘贴为图片形式，如图 7-15 所示。

文件
开始
插入
页面布局
公式
剪切
复制
格式刷
粘贴
宋体
11
字体
粘贴选项:
图片 (U)

图 7-14　单击“图片”按钮

国内争夺利润的化妆品公司数量翻了一倍
化妆工具
普通化妆品
大型化妆品
2000年
2005年
2010年
2015年

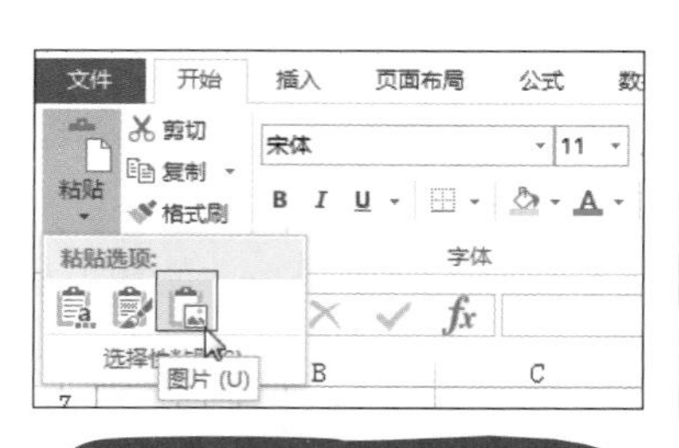

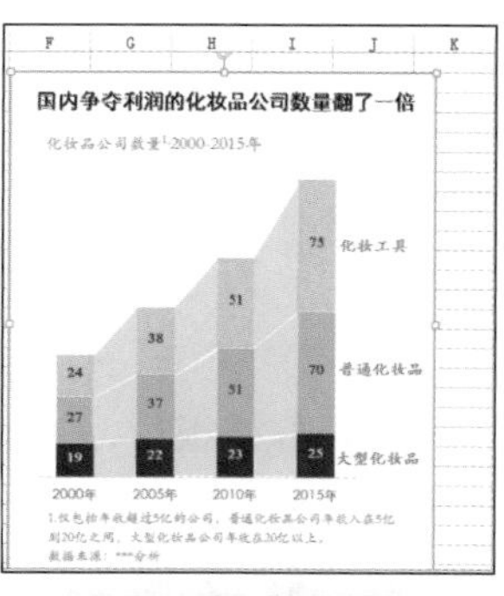

图 7-15　转换为图片

3 选中转换后得到的图片，按“Ctrl+C”组合键进行复制，然后将其粘贴到截图软件中，或粘贴到“画图”软件中（见图 7-16），然后保存即可。

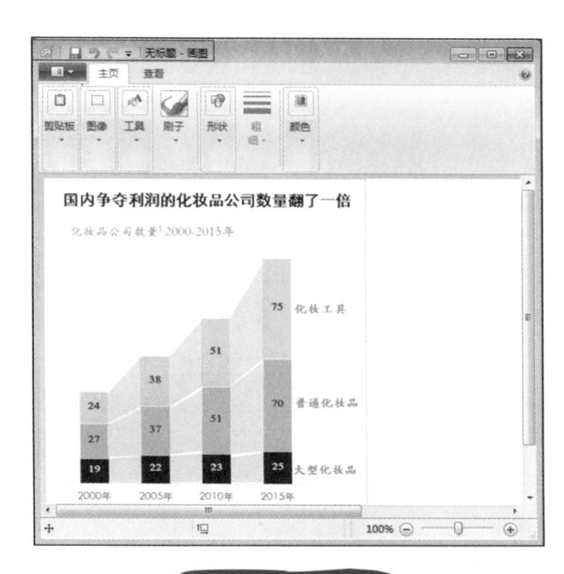

图 7-16 提取图片

小贴士

如果图表中除了默认的元素外，还添加了其他一些图形图片来进行修饰，要想将它们作为图表的元素全部转换为图片，那么在转换为图片前需要将各个元素与图表区同时选中，即右击并在弹出的快捷菜单中选择“组合”→“组合”命令，将它们组合为一个整体。

组图转换为图片

如果是组图，或是借助单元格（如利用单元格输入图表标题、设置图表背景等）实现的图表效果，要想将图表转换为图片，那么可以将包含图表在内的一片单元格区域选中，然后按“Ctrl+C”组合键进行复制，然后粘贴为图片，再按上述方法保存图片即可。图 7-17 为将单元格区域连同图表一并保存为图片后的效果。

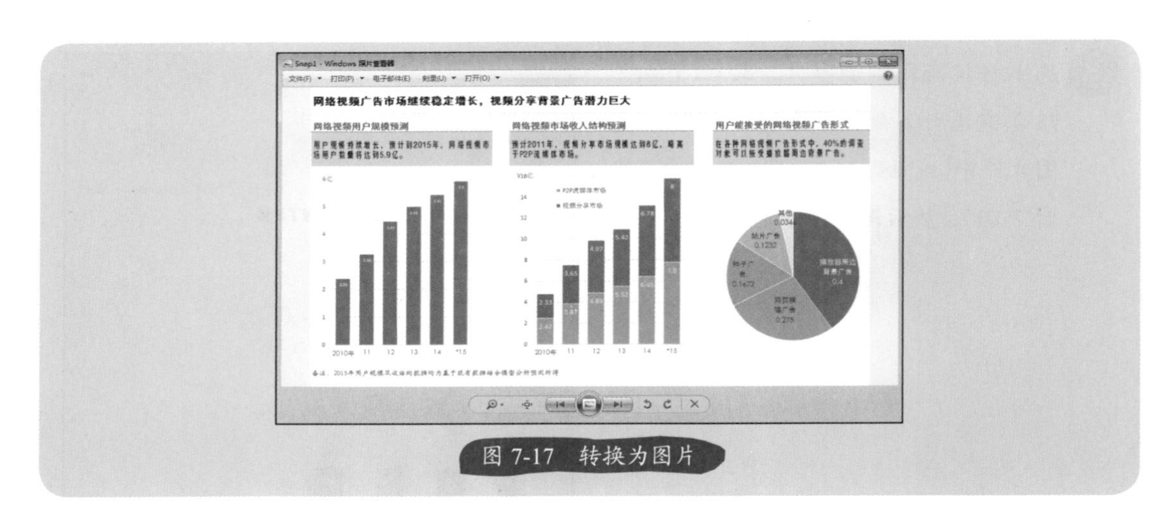
图 7-17　转换为图片

批量输出图片

如果当前工作簿中有多张图表需要输出图片，可按以下方法操作。

1 选择“文件”→“另存为”命令，弹出“另存为”对话框。

2 设置好保存位置，并选择保存类型为“网页”，如图 7-18 所示。

图 7-18　保存类型为“网页”

③ 单击“保存”按钮即可完成保存。进入到保存位置下，可以看到有一个与工作簿名称对应的文件夹，打开文件夹可以看到当前工作簿中的所有图表都被提取为了图片，如图 7-19 所示。

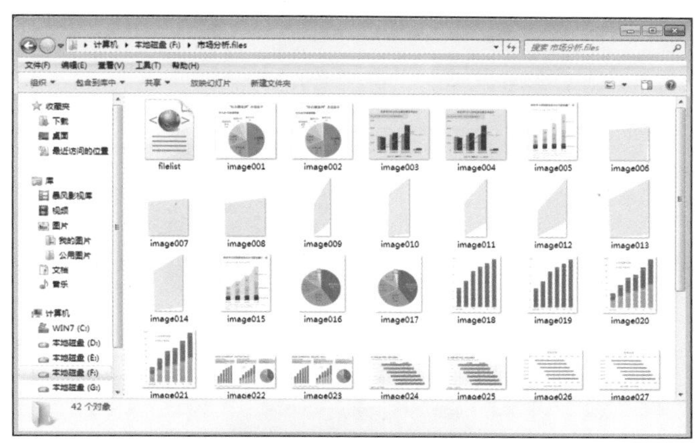

图 7-19 批量转换为图片

7.3 Office 兄弟联手

撰写报告时，可以搭配使用 Excel、Word、PowerPoint，让它们发挥各自的特点，Excel 专注于数据的计算与分析，Word 和 PowerPoint 常作为报告的最终载体。因此合理使用这三款软件，在工作中会取得事半功倍的效果。

Excel 图表增强 Word 文本数据说服力

Word 和 Excel 是日常工作中经常使用的软件，用户在使用 Word 撰写报告的过程中，为了提高报告的可信度与专业性，很多时候需要使用图表，一方面能增强数据的说服力，另一方面能丰富版面效果。Excel 也是图表处理高手，经常将建立好的 Excel 图表用于 Word 文本分析报告中，具体操作方法如下。

1 在 Excel 工作表中选中图表，按“Ctrl+C”组合键进行复制，如图 7-20 所示。

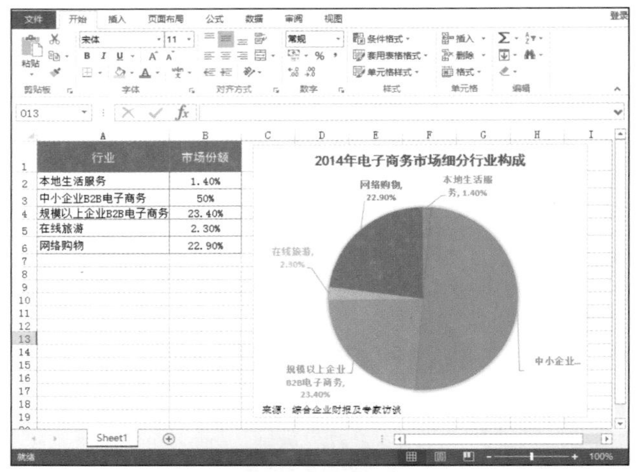

图 7-20　复制图表

2 在弹出的快捷菜单中选择 Word 文档，切换到“开始”选项卡，单击“剪贴板”选项组中的“粘贴”按钮，再单击“保留源格式和链接数据”按钮（见图 7-21），即可将图表粘贴到 Word 文档中。

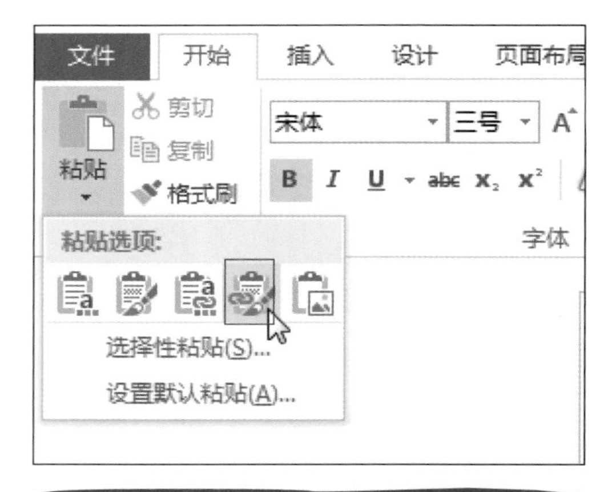

图 7-21　单击“保留源格式和链接数据”按钮

小贴士

在“粘贴”按钮的下拉列表中，有“使用目标主题和嵌入工作簿”“保留源格式和嵌入工作簿”“使用目标主题和链接数据”“保留源格式和链接数据”和“图片”5 个选项，前 4 项都可以在 Word 中编辑图表，如果选择“图片”选项则不能编辑，只是将图表以图片对象的形式插入。

❸ 选中图表，即会出现“图表工具”选项卡，在“设计”和“格式”子选项卡中（选项卡内的功能选项与 Excel 中的大致相同），可以对图表进行相应的操作，如图 7-22 所示。

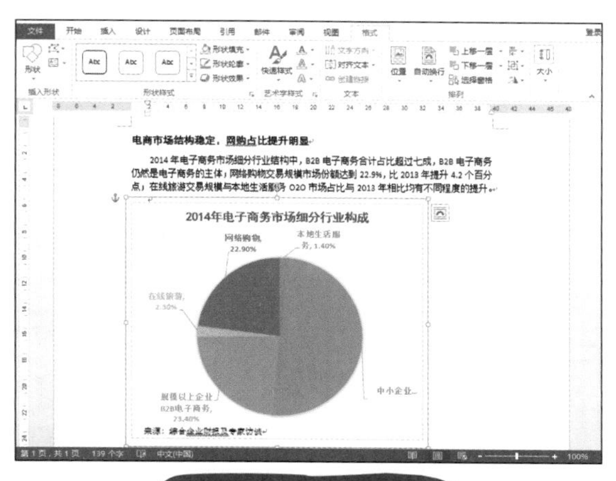

图 7-22 粘贴后的效果

Excel 图表增强幻灯片说服力

同样，PPT 分析报告中也常使用到图表。当然 PPT 软件本身具有建立图表的能力，但是如果 Excel 中已经创建了图表，那么复制过来使用更加方便，具体操作方法如下。

❶ 在 Excel 工作表中选中建立完成后的图表，按“Ctrl+C”组合键进行复制，如图 7-23 所示。

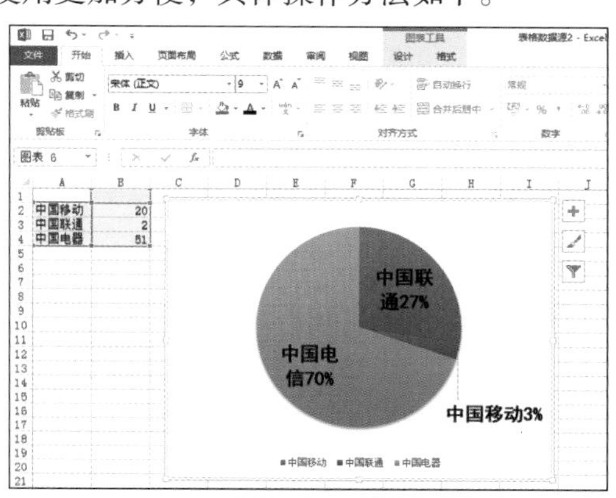

图 7-23 复制图表

❷ 打开 PowerPoint 演示文稿，将光标定位在目标位置上，按“Ctrl+V”组合键进行粘贴，得到如图 7-24 所示的图表。

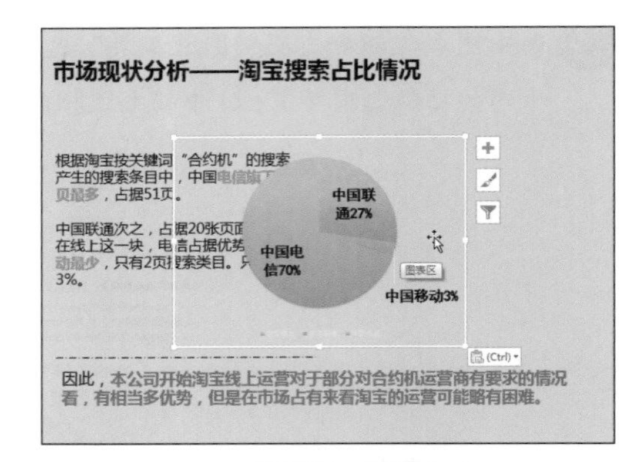

图 7-24 粘贴图表

❸ 合理调整图表的大小与位置，效果如图 7-25 所示。

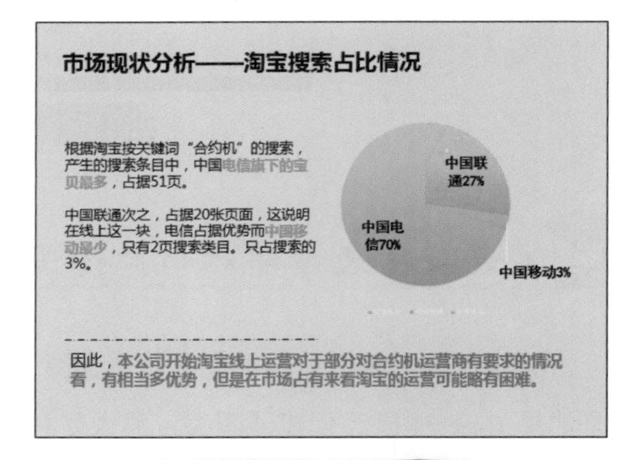

图 7-25 调整图表后的效果

按“Ctrl+V”组合键进行图表粘贴，Excel 默认的“使用目标主题和链接数据”粘贴方式。以此方式粘贴的图表与原数据源是相链接的，即当图表的数据源发生改变时，任何一个复制的图表也会随之改变。当然，也可以将图表以图片的形式粘贴到 PPT 幻灯片中。

第8章

学无止境
——要做多看、多学、多留意的智者

8.1 写报告缺少数据怎么办

创建图表一般都是用于分析数据，然后再将图表写入分析报告中，以达到让分析结果更加直观的目的。对于创建图表的数据来源，一部分来自于公司的销售、财务、人事等部分，如分析本公司的销售情况、利润情况、成本情况、人员流动情况等。另外一部分数据涉及宏观的、横向比较的数据，如市场份额、产品渠道分布，获取这些数据一般需要查询官方统计数据库、年鉴或者专业的咨询调研机构。

Excel 的数据计算与分析能力，包括函数与数据透视表的使用。下面逐一讲解这几项数据的获取及图表的创建。

查询官方统计数据库

统计局是专门拟定、实施各种普查计划，统计各行各业数据的部门。如果经常需要使用到宏观数据，那么可以进入统计局官网查找数据。如果需要做一个交通运输方面的报告，可以进入当地统计信息网站查找相关数据，如图 8-1 所示。

交通运输	1-1月	同比±%
客运量合计（万人）	9911	-12.1
铁路	1047	12.4
公路	8544	-14.7
水路	170	-0.3
民航	151	-0.9
旅客周转量合计（亿人公里）	78.56	-28.5
铁路	39.41	-10.4
公路	38.89	-40.7
水路	0.26	-1.8

交通运输	1-1月	同比±%
货运量合计（万吨）	16582	19.1
铁路	306	-5.6
公路	10252	26.1
水路	6023.87	10.1
货物周转量合计（亿吨公里）	799.53	12.3
铁路	20.14	-2.4
公路	125.80	25.7
水路	653.59	10.6

图 8-1 统计信息网站页面

如果需要更高层次的宏观统计信息，那么可以检索国家统计局的数据库，网址：http://www.stats.gov.cn。通过“统计数据”标签可以实现查询，如工、农、金融、旅游、建筑等行业的统计数据，如图 8-2 所示。

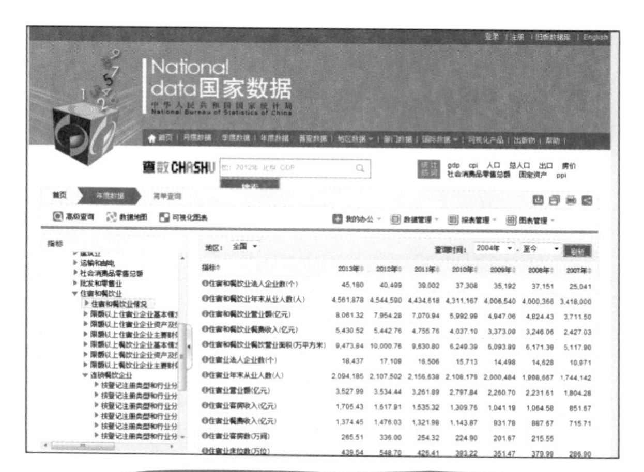

图 8-2 国家统计局数据库页面

在国家统计局数据库网页底部有一个“网站链接”专栏，其中“地方统计网站”标签下有各个地方统计信息网的链接（见图 8-3），通过单击相应链接即可实现快速进入地方统计信息网，如图 8-4 所示。

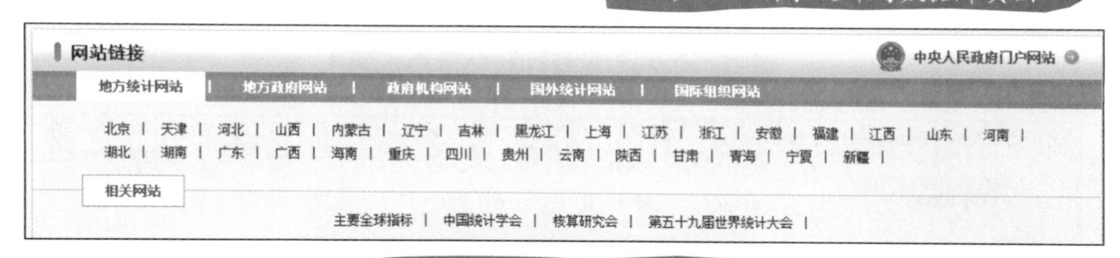

图 8-3 地方统计信息网的链接

图 8-4 进入地方统计信息网

查年鉴

年鉴是记录上一年度社会、经济、行业发展状况的工具书。如果经常制作商务报告，查询年鉴是不错的方法，尤其是那些专业的咨询分析公司，年鉴则是必备工具。

专业年鉴一般报价都比较高，有的甚至高达万元。如果普通办公人员不经常使用时，年年购买会比较浪费。庆幸的是，现在一些统计信息网站，包括国家的、地方的都将年鉴做于网页中，通过单击相关链接即可进入查看，图 8-5 为国家统计局的中国统计年鉴网站。单击想查询的年份，然后通过左侧目录即可查询目标数据信息，如图 8-6 所示。

图 8-5　中国统计年鉴网站页面

项　目	全 国	城 市	农 村
居民消费价格指数	102.6	102.6	102.8
食品	104.7	104.6	104.9
粮食	104.6	104.5	104.8
#大米	102.3	102.3	102.4
面粉	108.8	108.8	108.8
淀粉及制品	103.3	103.6	102.5
干豆类及豆制品	105.3	105.3	105.6
油脂	100.3	100.3	100.4
肉禽及其制品	104.3	104.4	104.0
蛋	104.9	104.9	105.0

图 8-6　中国统计年鉴网站数据页面

当然，地方的统计局、统计信息网站也可以找到年鉴，如图 8-7 所示。

图 8-7 地方统计局年鉴页面

查专业的调研分析机构

专业的调研分析机构、管理咨询公司都是按客户要求专业从事各项调研的机构。它们是对客户内外部状况进行深入调查，收集有关资料、数据等并进行定量、定性分析的基础上，帮助客户找出存在的问题及其产生的原因，做出客观、中肯的评价，提出切实可行的改善方案并指导实施的服务过程。因此，通过数据分析是主要工作流程。

营利性调研机构的报告资料大多数需要付费购买，但是这些网站中一般都会有对研究成果的展示，通过这些报告有时也能找到我们所需要的数据。图 8-8 为“零点研究咨询集团”网站中展示研究成果的页面，通过单击相关链接即可查看相应报告。

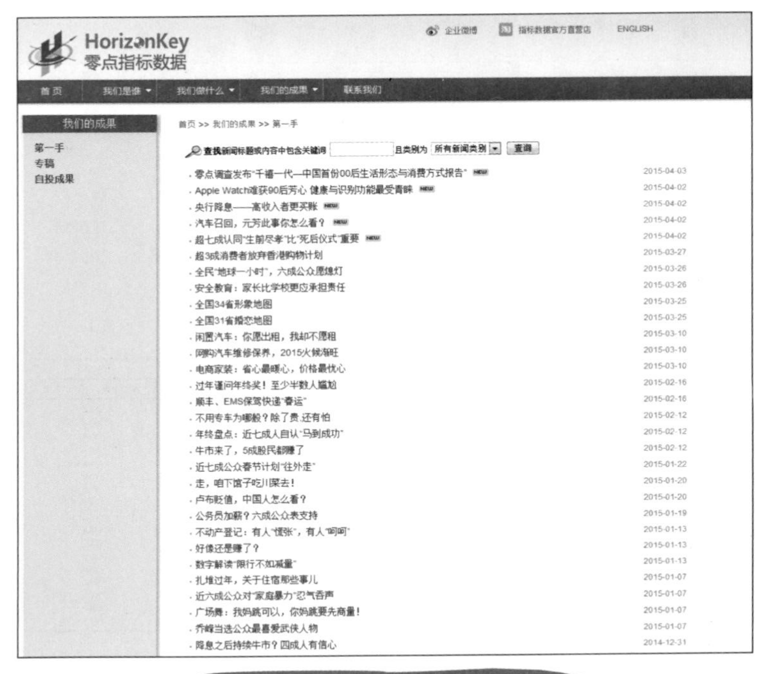

图 8-8　零点研究咨询集团网站页面

另外，还有一些专业网站提供了“数据发布”的板块。例如，艾瑞咨询网站在首页中就提供了“数据发布”板块，并对数据进行了分类，如图 8-9 所示。在这个板块中，我们可以看到非常专业的统计数据，还有分析师给出的结论，如图 8-10 和图 8-11 所示。

UNLOCK THE POWER OF INTERNET　　咨询热线 400-026-2099

数据发布 +
研究产品 +
业务咨询 >

季度数据

行业数据	最新数据	更多						
网络经济核心数据	2014年度	2014年	2013年	2012年	2011年	2010年	2009年	2008年
网络经济	2014年度	2014年	2013年	2012年	2011年	2010年		
电子商务	2014年度	2014年	2013年	2012年	2011年	2010年		
社区交友	2014Q3	2014年	2013年	2012年				
网络广告及搜索引擎	2014年度	2014年	2013年	2012年	2011年	2010年		
网络游戏	2014年度	2014年	2013年	2012年	2011年	2010年		
移动互联网	2014年度	2014年	2013年	2012年	2011年	2010年		
在线视频	2014年度	2014年	2013年	2012年	2011年	2010年		
第三方支付	2014Q3	2014年	2013年	2012年	2011年	2010年		
网民行为和网络广告	2012Q4	2012年	2011年	2010年				

图 8-9　“艾瑞咨询”的网站

图 8-10 “艾瑞咨询”的数据 1

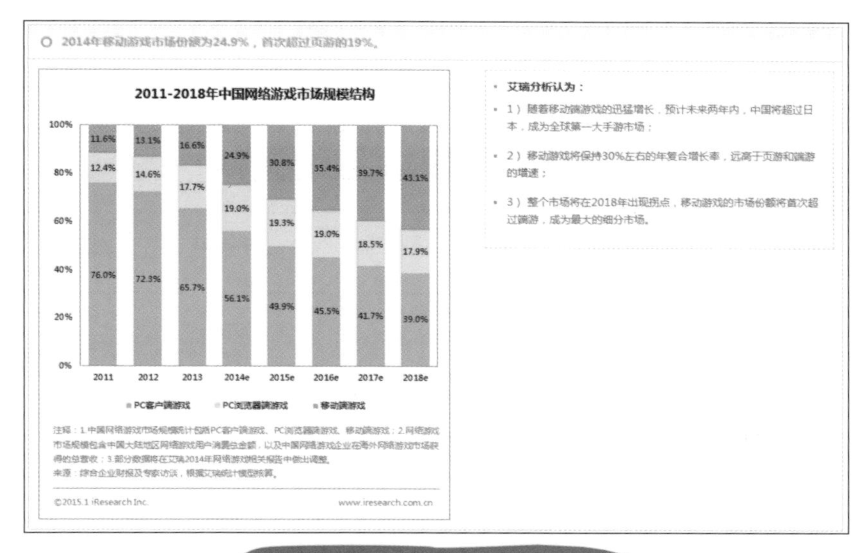

图 8-11 “艾瑞咨询”的数据 2

非营利性的调研机构不以盈利为目的，一般都是大众的信息网站。在找寻数据时，一般按个人行业需要利用百度设置关键字找寻相应网站。例如，中国物流信息中心、中国互联网络信息中心、医药信息网等。图 8-12 为中国物流信息中心网站中关于轮胎参考价的数据。图 8-13 为中国互联网络信息中心网站中关于网民数、网站数的统计数据。

2013年1月份轮胎参考价

作者 本站编辑　发布日期：2013-03-12　查看次数：490 次

2013年1月份轮胎参考价

单位：条

地区	价格	载重子午胎 12.00R20-18PR 一类价	12.00R20-18PR 二类价	11.00R20-16PR 一类价	11.00R20-16PR 二类价	12R22.5-16PR 一类价	12R22.5-16PR 二类价	8.25R16-16PR 一类价	8.25R16-16PR 二类价	轿车子午胎 215/55R16 一类价	215/55R16 二类价	205/55R16 一类价	205/55R16 二类价	195/55R15 一类价	195/55R15 二类价	165/70R14 一类价	165/70R14 二类价	轻卡斜交胎 7.50-16-14PR 一类价	7.50-16-14PR 二类价	6.50-16-12PR 一类价	6.50-16-12PR 二类价
北京	最高	3860	2780	3350	2350	3000	1880	1860	1200	930	550	900	500	500	400	400	230	900	700	700	580
	最低	2520	1950	2200	1580	1850	1300	1350	750	500	400	400	340	350	260	240	160	600	450	450	400
天津	最高	2930	2540	2380	2000	2230	1740	1390	1050	640	380	620	320	470	285	305	245	745	495	525	405
	最低	2890	2480	2290	1990	2080	1640	1290	990	595	380	570	320	375	285	295	235	675	495	505	380
上海	最高	2990	2700	2650	2450	2200	2100	1350	1150	1100	980	850	600	550	450	350	300	800	750	580	550
	最低	2700	2400	2400	2300	2150	1800	1300	1100	1000	950	800	550	500	400	330	280	750	730	560	520
黑龙江	最高	3260	3100	2700	2560	2448	2400	1319	1200	619	568	545	488	412	386	300	270	726	690	549	532
	最低	3100	2900	2580	2400	2325	2256	1130	1080	598	540	505	460	380	375	240	245	695	676	522	499
重庆	最高	4100	3400	3600	3000	3800	2600	2000	1500	1350	830	1300	650	800	660	430	300	1450	1050	1000	900
	最低	3800	3100	3100	2500	3300	2300	1800	1200	880	600	650	500	550	400	300	250	1180	700	650	500
河北	最高	3280	1960	2620	1730	2220	1550	1290	920	1180	850	920	660	760	550	410	290	880	750	720	700
	最低	2620	1870	2050	1660	1600	1350	1220	870	1080	630	830	530	660	420	310	290	760	730	450	400
山东	最高	4080	3570	3876	3060	3060	2346	1734	1428	1120	660	800	660	660	580	330	280	950	760	660	450
	最低	3060	2300	2550	1938	2142	1377	1380	918	660	480	620	470	520	420	260	210	760	660	470	360
山西	最高	3100	2850	2880	2135	2120	1855	1100	990	850	830	500	280	400	380	150	150	620	585	420	385
	最低	2710	2465	2525	2215	1930	1765	1050	895	350	320	280	250	200	320	140	135	560	290	380	325
辽宁	最高	4000	3100	3450	2620	3250	2400	2400	1330	1330	700	795	600	660	630	420	300	850	830	620	550
	最低	3500	2850	3000	2470	2950	2200	1820	1000	1100	600	740	540	450	400	380	200	820	800	590	500

图 8-12　中国物流信息中心网站页面

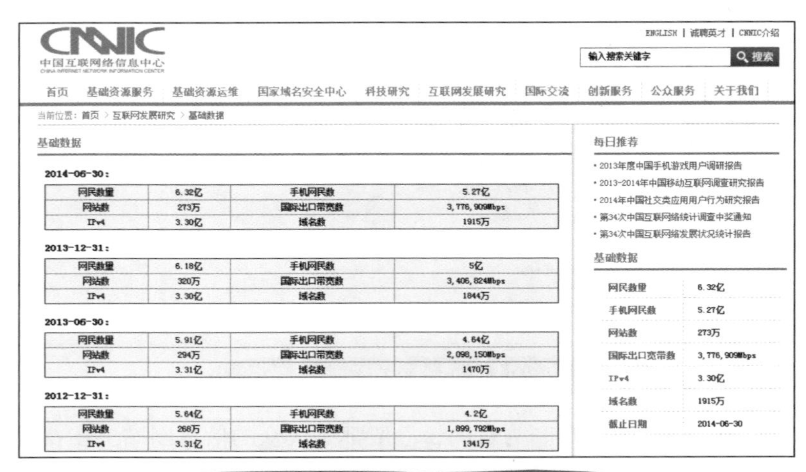

当前位置：首页 > 互联网发展研究 > 基础数据

基础数据

2014-06-30：

网民数量	6.32亿	手机网民数	5.27亿
网站数	273万	国际出口带宽数	3,776,909Mbps
IPv4	3.30亿	域名数	1915万

2013-12-31：

网民数量	6.18亿	手机网民数	5亿
网站数	320万	国际出口带宽数	3,406,824Mbps
IPv4	3.30亿	域名数	1844万

2013-06-30：

网民数量	5.91亿	手机网民数	4.64亿
网站数	294万	国际出口带宽数	2,098,150Mbps
IPv4	3.31亿	域名数	1470万

2012-12-31：

网民数量	5.64亿	手机网民数	4.2亿
网站数	268万	国际出口带宽数	1,899,792Mbps
IPv4	3.31亿	域名数	1341万

图 8-13　中国互联网络信息中心网站页面

8.2 时刻不忘学习专业图表

我们常说，学习一件新事物最快、最有效的方法是模仿。因此，当缺乏设计灵感、设计思路时，必须通过多看、多学才能找到新的想法。“仿”商务图表不是一种错误的观念，而是一个节约时间，不断提高自己能力的有效办公法。

建议一：专业管理咨询公司的图表

我们知道麦肯锡、罗兰·贝格、埃森哲、毕博等都是专业的管理咨询机构，它们的图表都是非常专业的商务图表，如表 8-1 所示。

表8-1 专业的管理咨询公司

咨询公司	地址
麦肯锡	http://www.mckinsey.com.cn
罗兰·贝格	http://www.rolandberger.com.cn
埃森哲	http://www.accenture.com.cn
毕博	http://www.bearingpoint.com.cn
科尔尼	http://www.atkearney.cn
汉普	http://www.hanconsulting.com

例如，进入麦肯锡网站的主页，可以通过单击“洞见”标签（见图 8-14）查看麦肯锡季刊，从而查看到一些图表，如图 8-15 所示。

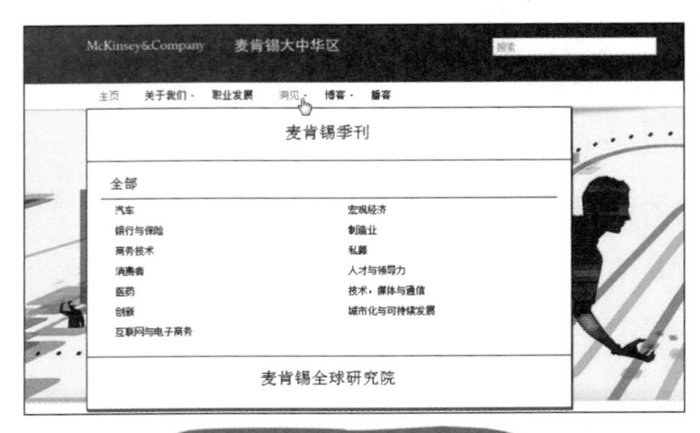

图 8-14　麦肯锡网站的主页

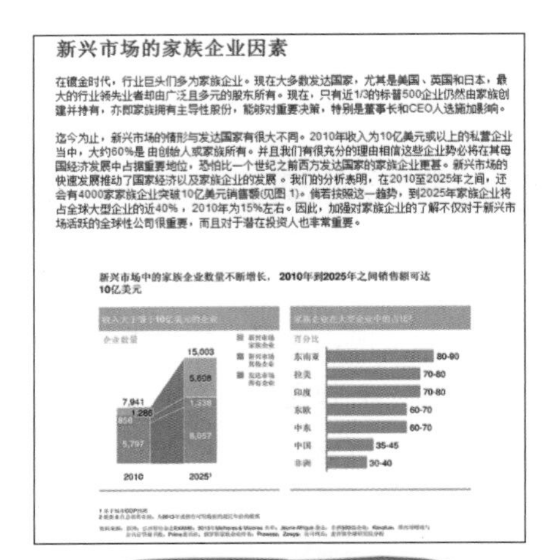

新兴市场的家族企业因素

在镀金时代，行业巨头们多为家族企业。现在大多数发达国家，尤其是美国、英国和日本，最大的行业领先业者却由广泛且多元的股东所有。现在，只有近1/3的标普500企业仍然由家族创建并持有，亦即家族拥有主导性股份，能够对重要决策，特别是董事长和CEO人选施加影响。

迄今为止，新兴市场的情形与发达国家有很大不同。2010年收入为10亿美元或以上的私营企业当中，大约60%是由创始人或家族所有。并且我们有很充分的理由相信这些企业势必将在其母国经济发展中占据重要地位，恐怕比一个世纪之前西方发达国家的家族企业更甚。新兴市场的快速发展推动了国家经济以及家族企业的发展。我们的分析表明，在2010至2025年之间，还会有4000家家族企业突破10亿美元销售额(见图 1)。倘若按照这一趋势，到2025年家族企业将占全球大型企业的近40%，2010年为15%左右。因此，加强对家族企业的了解不仅对于新兴市场活跃的全球性公司很重要，而且对于潜在投资人也非常重要。

图 8-15　麦肯锡的图表

建议二：门户网站财经频道

有些门户网站有“图解财经”频道，一般是对宏观数据的分析。这些图表主要注重排版的效果，其数据一般都很简单，整体感觉比较活跃，大多数是利用图形图片辅助设计，这也是值得我们学习与借鉴的。表 8-2 为提供“图解财经”的网站。

表 8-2　提供“图解财经”的网站

网站	频道
搜狐网	图解财经
新华网	图解财经
中国青年网	图解财经

例如，进入搜狐网“图解财经”频道，我们可以看到不少个性鲜明的图表，如图 8-16 所示。

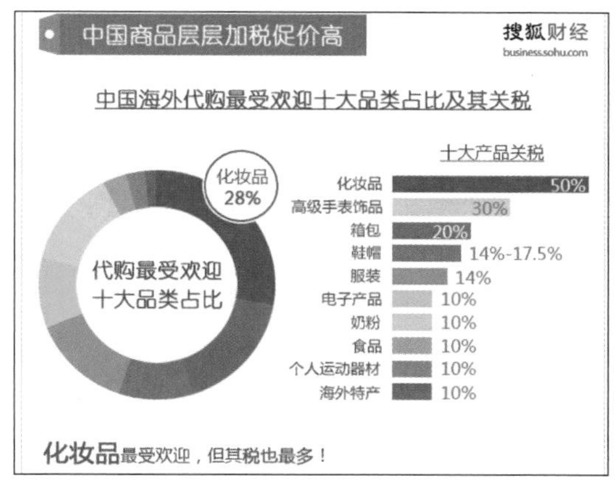

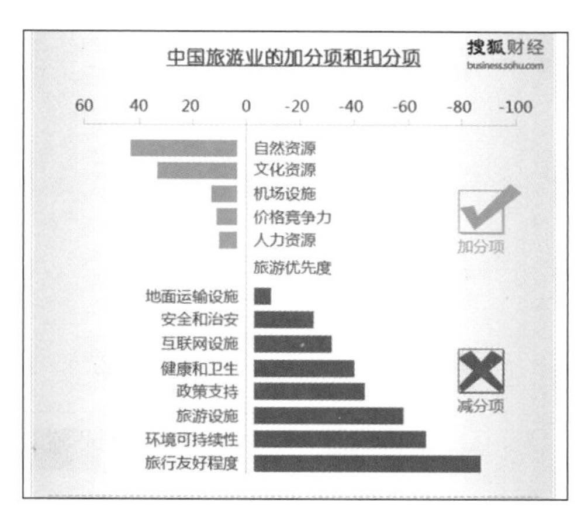

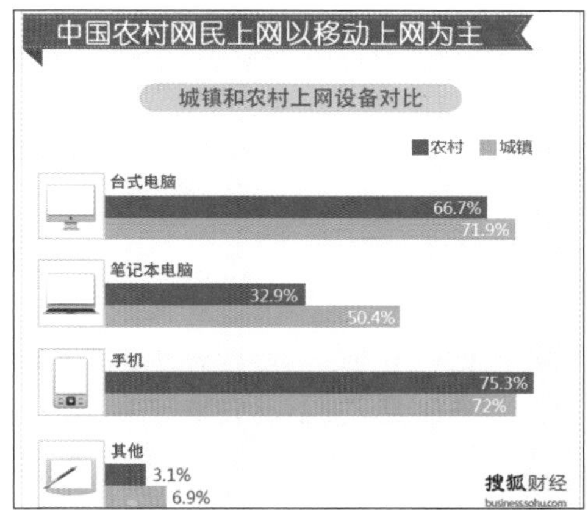

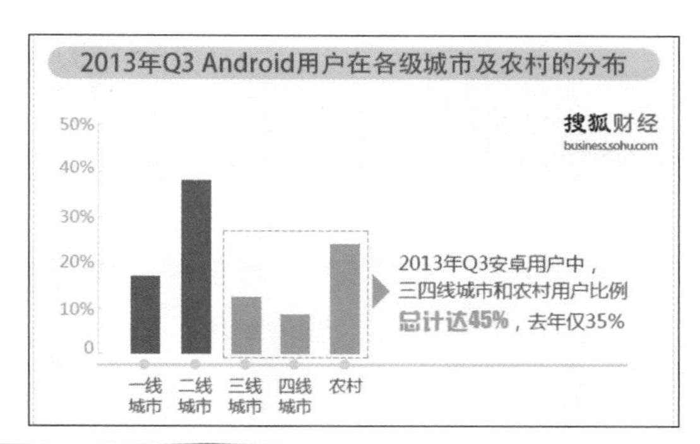

图 8-16 搜狐网“财经频道”中的图表

建议三：百度图片搜索

我们在模仿制作图表的过程中，一个最大特色就是用自己的数据去借鉴别人的设计模式。当我们掌握了图表编辑、处理技术后，可能最缺少的就是设计思路，如果能找到一些好的图表图片，再制作图表时一定会豁然开朗。

百度图片搜索可以利用关键搜索找寻一些图片，如以关键字“麦肯锡图表”去搜索，则可以找到一些不错的图表图片，如图 8-17 所示。

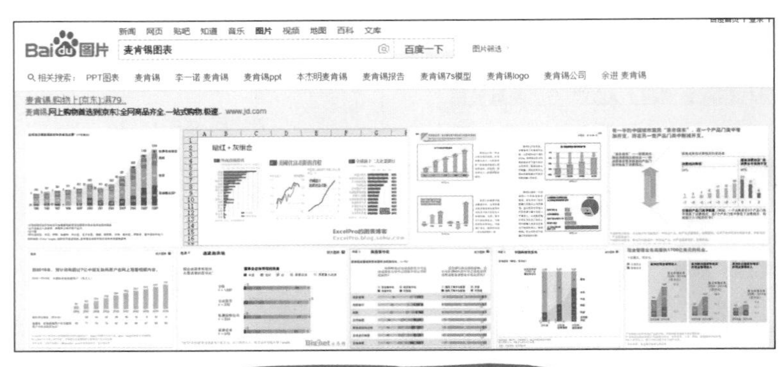

图 8-17 百度图表图片搜索

通过单击图片相应的链接，还可以追溯到图片来源，查看相关的分析报告。

8.3 图表博客和网站

在图表处理领域总是有一些精通技术又热心的作者们利用自己的博客为读者们无私共享着一些操作技术，帮助我们解决一些棘手的问题。这些博客是我们的知识宝库，值得我们带着感恩的心去学习。表 8-3 为五位老师的博客地址。

表8-3 知名博客图表及其地址

频道	名称
搜狐博客	Rongson_chart （图表艺术）
搜狐博客	ExcelPro的图表博客
新浪博客	图表汇
网易博客	雪上一枝蒿的日志
搜狐博客	沈浩老师的博客

另外，Excelhome 网站也是学习 Excel 的好去处，其网站中设有“图表”板块，我们可以注册用户查看他人的帖子，当有特殊问题时也可以自行发帖求助。